理工系基礎レクチャー
無機化学

鵜沼英郎
尾形健明
［著］

化学同人

はじめに

"無機化学は勉強しにくい"という言葉を，たびたび学生からきくことがある．それと同時に"無機化学の講義はやりにくい"という言葉を，大学で教える友人たちからきくこともある．無機化学が勉強しにくく，教えにくい科目であることの最大の原因は，対象となる元素が百種を超えること，無機化合物の物理的・化学的性質が多岐にわたっていることなど，その領域があまりにも広すぎることにある．その一方で講義の回数は限られているから，担当教員は分厚い無機化学の本のなかから，自分が教えようとする内容を自分で拾いださなくてはならない．学生にしてみれば，分厚い教科書の部分部分をつまみ食いするような講義を受けることになり，なにをどう勉強してよいかわからなくなるのも無理からぬことであろう．

工業高等専門学校の四，五年生および大学理工系学部の一，二年生に，専門科目の基礎としての化学を教授する場合には，15回程度の講義で教えるべき項目とポイントが精選されていて，学生が自主学習もできるようなテキストを使いたい．本書はこのような意図に基づき，さらに下記の事項に配慮して執筆されたものである．

① 各章内の随所に **例題** を設け，学生が理解の度合いを確認しながら読み進められるようにした．
② 各章で学ぶべき重要項目やポイントを明示した．
③ 他の講義でとりあげられる項目（たとえば量子化学や物理化学的な色合いの濃い項目）はできるだけ省いた．
④ 元素の各論においては，単なる暗記にとどまる項目は極力減らし，族や周期に特徴的な性質にスポットを当てて理解しやすくした．

本書は4単位（2科目）ないし6単位（3科目）の講義を想定して書かれている．著者らの所属する物質化学工学科では，補遺と第3章までで2単位，第3章から第13章までで2単位，錯体を中心とした第14章から第20章までで2単位の講義を行っている．おおむね一回か二回の講義で一つの章を進むというペースである．

著者らの所属する学科の教育プログラムは2003年度からJABEE（日本技術

者教育認定機構）の認定を受けている．認定プログラムの講義においては，シラバスに学習項目と単位修得のための達成度基準を明示する必要があるが，本書ではこの学習項目を明示することによって，教員と学生の双方が〝なにを教え，なにを学ぶべきか〟を常に確認できるようにした．

　本書は，あくまでも15回程度の講義2〜3科目分の内容に限定した項目のみを記載したものであるが，さらに深い専門（たとえば生物無機化学，無機固体化学，無機計測化学など）を学ぶ場合に必要となる重要項目についても，もらさず記載されていると自負している．講義で使用したあとでも，いつでも本書に立ち帰って基礎知識の確認に用いてもらえるならば幸いである．

　最後に本書の執筆の機会と，適切なアドバイスをくださった（株）化学同人の亀井祐樹氏に深く感謝致します．

　2007年2月

著者しるす

増刷に当たって

　本書の初版第1刷は2007年4月に刊行されたが，これまで幸いにも多くの読者に支えられ，たびたび増刷の機会を得ることができた．

　このたび第5刷の刊行に当たっては，IUPAC 2005年勧告〝無機化学命名法〟に基づいて，全編にわたり化合物名の見直しを行った．旧来の命名法に慣れた読者にとっては多少の違和感を感じるところもあるだろうが，どうかご理解いただきたい．

　なお，この新しい命名法については

　　　日本化学会化合物命名法委員会訳著，『無機化学命名法 ― IUPAC 2005年勧告 ―』，東京化学同人（2010）．

にくわしい．

2011年2月　著　　者

目　次

第 1 章　原子の構造と電子配置　　1

1.1 原子と元素 ─────────────── 1
1.2 原子核 ─────────────────── 2
1.3 電子の軌道と量子数 ─────────── 4
 1.3.1　原子の描像　4
 1.3.2　電子殻，原子軌道，量子数　4
1.4 電子配置のルール ─────────── 7
1.5 元素とイオンの電子配置 ─────── 8
 1.5.1　元素の電子配置　8
 1.5.2　イオンの電子配置　11
 章末問題　12

第 2 章　元素の一般的性質と周期性　　13

2.1 遮蔽と有効核電荷 ─────────── 13
2.2 スレーターの規則 ─────────── 14
2.3 原子およびイオンの大きさ ─────── 16
 2.3.1　原子の大きさ　16
 2.3.2　イオンの大きさ　17
2.4 イオン化エネルギー ────────── 18
2.5 電子親和力 ───────────────── 20
2.6 電気陰性度 ───────────────── 22
 章末問題　26

第 3 章　化学結合　　27

3.1 化学結合の種類 ─────────── 27
 3.1.1　イオン結合　27

3.1.2 　共有結合　28
3.1.3 　金属結合　28
3.1.4 　配位結合　29
3.2 　分子軌道に基づく共有結合の考え方 — 29
3.2.1 　σ結合とπ結合　29
3.2.2 　結合性軌道と反結合性軌道　30
3.3 　簡単な等核二原子分子の分子軌道 — 32
章末問題　35

第4章　酸と塩基　37

4.1 　酸と塩基の定義 — 37
4.1.1 　アレニウスの定義　37
4.1.2 　ブレンステッド・ロウリーの定義　38
4.1.3 　ルイスの定義　40
4.2 　ブレンステッド酸および塩基の強弱に影響する因子 — 42
4.3 　ルイス酸および塩基の硬さ・軟らかさ — 45
章末問題　47

第5章　酸化と還元　49

5.1 　イオン化傾向の定量的表現 — 標準酸化還元電位 — 49
5.1.1 　電極電位　49
5.1.2 　二つの半電池の電極電位の差 — 電池の起電力 —　50
5.1.3 　標準水素電極と標準酸化還元電位　51
5.1.4 　標準酸化還元電位の使い方　53
5.2 　ネルンストの式 — 55
5.3 　標準酸化還元電位と自由エネルギー変化との関係 — 57
章末問題　59

第6章　17族元素　61

6.1 　単体の性質 — 61
6.2 　ハロゲン化水素 — 65
6.3 　ハロゲン間化合物 — 68
6.3.1 　超原子価化合物　68
6.3.2 　VSEPR則　68
6.4 　酸化物とオキソ酸 — 71
6.4.1 　酸化物とオキソ酸の種類　71

6.4.2 オキソ酸イオンの構造　72
6.4.3 オキソ酸の酸化作用　73
章末問題　74

第7章　16族元素　75

7.1　単体の性質　75
7.1.1 酸素　75
7.1.2 硫黄　77
7.1.3 セレン　77
7.1.4 テルル　77
7.2　水素との化合物　79
7.3　ハロゲン化物　81
7.4　酸化物とオキソ酸　83
章末問題　86

第8章　15族元素　87

8.1　単体の性質　87
8.2　水素との化合物　89
8.3　酸化物とオキソ酸　92
8.3.1 窒素の酸化物とオキソ酸　92
8.3.2 リンの酸化物とオキソ酸　95
8.3.3 ヒ素，アンチモン，ビスマスの酸化物　95
8.4　ハロゲン化物　95
章末問題　96

第9章　14族元素　97

9.1　単体の性質　97
9.1.1 炭素　97
9.1.2 ケイ素とゲルマニウム　99
9.1.3 スズと鉛　99
9.2　水素との化合物　99
9.3　ハロゲン化物　100
9.4　酸化物　101
9.4.1 炭素の酸化物　101
9.4.2 ケイ素の酸化物　103
9.4.3 スズと鉛の酸化物　104

9.5 炭化物および，その他の化合物 ———— 105
章末問題　106

第 10 章　13 族元素　107

10.1 単体の性質 ———— 107
10.2 水素，ハロゲン，酸素との化合物 ———— 108
10.2.1 ホウ素の化合物　108
10.2.2 アルミニウムの化合物　111
10.2.3 その他の化合物　112
10.3 ホウ化物 ———— 112
章末問題　113

第 11 章　1 族元素と 2 族元素　115

11.1 単体の性質 ———— 115
11.1.1 1 族元素の単体　115
11.1.2 2 族元素の単体　116
11.2 化学的性質 ———— 116
11.2.1 1 族元素の化学的性質　116
11.2.2 2 族元素の化学的性質　119
章末問題　121

第 12 章　水素と希ガス　123

12.1 水素 ———— 123
12.1.1 単体の性質　123
12.1.2 水素が関与する化学結合と化合物　124
12.1.3 水素結合　125
12.1.4 クラスレートハイドレート　126
12.2 希ガス ———— 126
12.2.1 単体の性質　126
12.2.2 希ガスの化合物　127
章末問題　128

第 13 章　固体の構造と格子エネルギー　129

13.1 固体の結晶構造 ———— 129
13.1.1 金属　129

13.1.2　共有結合性結晶　　131
　　　13.1.3　イオン結合性結晶　　131
　13.2　**格子エネルギー**　　***134***
　章末問題　　139

第 14 章　錯体化学の基礎　　141

14.1　**錯体とは**　　***141***
14.2　**ウェルナーの配位説**　　***142***
14.3　**配位子の種類**　　***144***
14.4　**錯体の立体構造**　　***146***
14.5　**錯体の結合 ― 配位結合 ―**　　***147***
14.6　**錯体の化学式の書き方**　　***147***
14.7　**錯体の名称のつけ方**　　***147***
　章末問題　　150

第 15 章　異性現象　　151

15.1　**異性体**　　***151***
　　　15.1.1　イオン化異性体　　151
　　　15.1.2　連結異性体　　151
　　　15.1.3　配位異性体　　152
　　　15.1.4　幾何異性体　　152
　　　15.1.5　光学異性体　　153
　　　15.1.6　6配位八面体型錯体の光学異性　　154
15.2　**ウェルナーによる錯体の立体構造の絶対証明**　　***155***
　章末問題　　156

第 16 章　d 軌道　　157

16.1　**d 軌道の方向性**　　***157***
16.2　**d 軌道の分裂**　　***157***
16.3　**高スピン型錯体と低スピン型錯体**　　***160***
　章末問題　　161

第 17 章　錯体の物理的性質　　163

17.1　**錯体の磁性**　　***163***
　　　17.1.1　常磁性と反磁性　　163

  17.1.2 高スピン型錯体と低スピン型錯体の判別 164
17.2 錯体の色 ——————————————————————————— **166**
  17.2.1 着色の原因 166
  17.2.2 コバルト(III)錯体の紫外可視吸収スペクトル 166
  17.2.3 d-d 遷移吸収と分光化学系列 167
  17.2.4 電荷移動吸収 168
  17.2.5 π-π 遷移吸収 169
 章末問題 170

第 18 章 錯体の安定度 171

18.1 安定度定数 ——————————————————————————— **171**
18.2 安定度を支配する因子 ————————————————————— **174**
  18.2.1 金属イオンの陽イオン価とイオン半径 174
  18.2.2 アーヴィング・ウィリアムズ系列 174
  18.2.3 配位子の塩基性 176
  18.2.4 キレート効果 176
  18.2.5 HSAB 則 178
 章末問題 179

第 19 章 錯体の反応 181

19.1 配位子置換反応 ——————————————————————— **181**
  19.1.1 反応機構 181
  19.1.2 トランス効果 183
19.2 電子移動反応 ——————————————————————————— **184**
  19.2.1 内圏型反応機構 184
  19.2.2 外圏型反応機構 185
 章末問題 186

第 20 章 有機金属錯体 187

20.1 金属カルボニル錯体 ————————————————————— **187**
20.2 オレフィン錯体 ——————————————————————— **188**
20.3 逆供与 ——————————————————————————————— **189**
 章末問題 190

補遺 A　有効数字　　191

- A.1　物理量と測定値 — 191
- A.2　有効数字と絶対数 — 191
- A.3　有効数字の全桁数の数え方と表し方 — 192
- A.4　数値の丸め方 — 193
- A.5　測定値の加減算 — 193
- A.6　測定値の乗除算 — 194
- A.7　計算に必要な定数の桁 — 195

演習問題　195

補遺 B　濃度の表し方と慣例的な単位　　196

- B.1　濃度の表し方 — 196
- B.2　慣例的な単位に関する注意 — 197
- B.3　水素イオン濃度と pH — 197

演習問題　198

補遺 C　酸化数　　199

- C.1　酸化数とは — 199
- C.2　酸化数の決め方 — 199

演習問題　201

補遺 D　無機化合物の命名法　　202

- D.1　命名法について — 202
- D.2　イオンの名称 — 202
- D.3　化合物の名称 — 203

演習問題　204

補遺 E　化学反応式の立て方　　205

- E.1　基本的な方法 — 205
- E.2　より複雑な場合の方法 — 206

演習問題　207

もっと学習するために — 208
章末問題の略解 — 209
索　引 — 215

Chapter 1 原子の構造と電子配置

■この章の目標■

化学の理解は原子の理解から始まる．原子やイオンの化学的性質は，ひとえにそれらのなかの電子配置に基づいて現れる．

本章では原子の構造，原子中の電子殻を構成する原子軌道の名称と形状，および原子軌道に電子が配置されるときの順序を学ぶ．それとともに，原子軌道に付随する三種類の量子数，および電子に付随する一つの量子数についても，ここでしっかりと理解する必要がある．

1.1 原子と元素

原子（atom）とは，**原子核**（nucleus．複数形は nuclei）と**電子**（electron）からなる粒子である．原子核は正の電荷をもった**陽子**（proton）と，電荷をもたない**中性子**（neutron）からできている．陽子の正電荷と電子の負電荷の絶対値は厳密に等しい．陽子1個の電荷は約 $+1.602 \times 10^{-19}$ C であり，電子のそれは約 -1.602×10^{-19} C である．便宜上，陽子の正電荷を "+1"，電子の負電荷を "-1" と表現することもあるが，この場合には電荷に単位をつけることができない．通常，単に原子という場合には，原子核の電荷と電子の電荷の総和がゼロであるような，電気的に中性の粒子を指す．原子核の電荷に対して，電子の電荷に過不足があるような粒子は**イオン**（ion）と呼ばれる．

一方，**元素**（element）という言葉には二つの意味がある．一つは原子を，その種類を識別して指す意味であり，もう一つは同じ種類の原子だけからできている物質〔**単体**（simple substance）ともいう〕という意味である．

> **例題** 次の空欄に〝原子〟または〝元素〟という言葉を正しく入れよ．
> (a) ベンゼンは 12 個の ① からできている．また，二種類の ② を含んでいる．
> (b) 炭素の ③ 記号は C である．

解答 ① 原子，② 元素，③ 元素．◆

原子の大きさは原子核の大きさではなく，電子の軌道の大きさで決まる．原子の種類（元素）によって異なるが，おおむね 10^{-10} m（100 pm）のオーダーである．一方，原子核の大きさはおおむね 10^{-15} m（1 fm）のオーダーである．両者の間には 10 万倍程度の差がある．したがって原子核を直径 10 cm の円で描いたとすると，電子の軌道の直径はおよそ 10 km ということになる．原子の体積に対する原子核の体積の割合は，きわめて小さい．

1.2 原子核

原子核は陽子と中性子から構成されている．陽子と中性子を総称して**核子**（nucleon）という．原子核という小さな空間に，核子を何個も共存させるにはきわめて大きな力が必要である．その力の源となる**原子核の結合エネルギー**（nuclear binding energy）は，**質量欠損**（mass defect）によってもたらされる．

相対性原理（principle of relativity）によると，M [kg] の質量が失われるときに発生するエネルギー E [J] は

$$E = M \times c^2 \tag{1.1}$$

で与えられる．ここで c は光速で 3.0×10^8 m/s である．陽子と中性子がそれぞれ単独で存在する場合，それぞれの質量は $1.6726216 \times 10^{-27}$ kg および $1.6749272 \times 10^{-27}$ kg であるが，原子核を構成する核子の質量は，原子核の結合エネルギーを供給している分だけ軽くなっている．したがって**陽子や中性子の質量は，それらが含まれる原子核の種類によって若干変化する**．

一方，電子の質量は約 9.11×10^{-31} kg である．1 個の電子は 1 個の核子のおよそ 1/1840 の質量をもつにすぎないため，原子の質量はほぼ核子の質量で決まる．原子の質量を表す**原子量**（atomic weight）には

電子の質量も含まれる.

　原子核に含まれる陽子の数を**原子番号**（atomic number）という．一種類の原子，たとえば炭素原子中の陽子の数は常に6である．一方，中性子の数は必ずしも常に一定とは限らない．このように，中性子の数が異なる原子を**同位体**（isotope）と呼ぶ．同位体には放射壊変する同位体〔**放射性同位体**（radioisotope）〕と，放射壊変しない同位体〔**安定同位体**（stable isotope）〕がある．1個の原子核に含まれる核子の数を**質量数**（mass number）という．質量数は当然のことながら，常に自然数になる．

　原子量は陽子6個，中性子6個，電子6個からなる炭素原子（^{12}C または炭素12という）の質量の1/12を "1" とする単位〔**原子質量単位**（atomic mass unit. 記号は amu）〕で記述する方法が便利である．1 amu は $1.6605388 \times 10^{-27}$ kg に相当する．^{12}C がアボガドロ数だけ集まれば，厳密に 12 g になる．ただし各元素には同位体が存在し，また核子の質量も元素に依存して質量欠損のために微妙に変化するから，原子量は自然数にはならない．たとえば安定同位体の存在比が 100% であるような Na，Al，P の質量数はそれぞれ自然数の 23，27，31 であるが，原子量はそれぞれ約 22.9898，約 26.9815，約 30.9738 と自然数ではない．

例題　重水素核，陽子，中性子の質量はそれぞれ 3.3435×10^{-27} kg，1.6726×10^{-27} kg，1.6749×10^{-27} kg である．重水素核の結合エネルギーはいくらか．ただしエネルギーの単位である J は kg·m^2/s^2 に等しい．また重水素核とは陽子1個，中性子1個からなる原子核のことである．

解答　質量欠損 ΔM は
$$\Delta M = (1.6726 \times 10^{-27}) + (1.6749 \times 10^{-27}) - (3.3435 \times 10^{-27})$$
$$= 4.0 \times 10^{-30} \text{ kg}$$
ここで式（1.1）より重水素核の結合エネルギー E は
$$E = (4.0 \times 10^{-30}) \times (3.0 \times 10^{8})^2$$
$$= 3.6 \times 10^{-13} \text{ kg·m}^2/\text{s}^2$$
$$= 3.6 \times 10^{-13} \text{ J}$$
このエネルギーは陽子1個と中性子1個から重水素原子が1個できるときに放出されるものである．1 mol の重水素原子ができる場合には，およそ 2.2×10^{11} J という莫大なエネルギーが放出される．　◆

1.3 電子の軌道と量子数

1.3.1 原子の描像

高校の教科書などでは，原子中の電子の存在場所を図1.1のような，原子核を中心とした同心円の模型で表すことが多い．しかし実際には，電子はそのような円周軌道上をまわっているのではない．

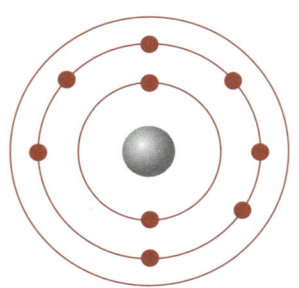

図1.1 よく用いられる原子の構造の模型
実際の原子中の電子は，このような同心円の軌道上を周回しているのではない．

不確定性原理（uncertainty principle）によれば，私たちはそれぞれの瞬間における電子の位置を正確に知ることはできず，空間のどの部分にどの程度の確率で電子が存在するかということしか知りえない．電子が存在しうる空間を，電子の存在確率に応じて図に表そうとすると，原子核の周囲を取り囲む雲のように表現するしかない．存在確率の高い場所は厚い雲で，存在確率の低い場所は薄い雲で表現される．そのようなやり方で表現される原子軌道を**電子雲**（electron cloud）と呼ぶこともある．水素原子の電子雲は図1.2のようにはっきりした境界線をもたず，無限に遠くまで広がっている．

図1.2 水素原子の電子雲
電子の存在確率が雲の厚さで表現される．

1.3.2 電子殻，原子軌道，量子数

K殻，L殻，M殻，……と名づけられる**電子殻**（electron shell）は，さらに細かな**原子軌道**（atomic orbital）から成り立っている．また，それぞれの原子軌道には**量子数**（quantum number）と呼ばれる番号がつけられているとともに，量子数に対応した名称が決められている．まず電子殻がどのように細分されるか，そして細分された原子軌道にはどのような名称がつけられており，どのような量子数と対応づけられるかを覚えなくてはならない．

① 主量子数

K殻から始まる電子殻には，1から順に自然数が割り当てられている．

これを**主量子数**（principal quantum number）と呼び，一般に n で表す．$n = 1, 2, 3$ の電子殻はそれぞれ K 殻，L 殻，M 殻に対応する．

主量子数は電子殻のエネルギーと対応しており，おおまかには主量子数の小さな電子殻ほど原子核の近くに引き寄せられていて，エネルギーは低い．

② 方位量子数

主量子数が n の電子殻は，n 種類の原子軌道から構成される．これらの原子軌道には一般に l で表される**方位量子数**〔azimuthal quantum number．または**角運動量量子数**（angular momentum quantum number）ともいう〕が割り当てられており，l は $0, 1, \ldots\ldots, n-1$ の値をもつ．

$l = 0, 1, 2, 3$ の原子軌道は，それぞれ s 軌道，p 軌道，d 軌道，f 軌道という名称がつけられている．f 軌道以降は g 軌道，h 軌道，……とアルファベット順に名づけられる．

方位量子数 l は原子軌道（電子雲）の形に対応している．図 1.3 を見

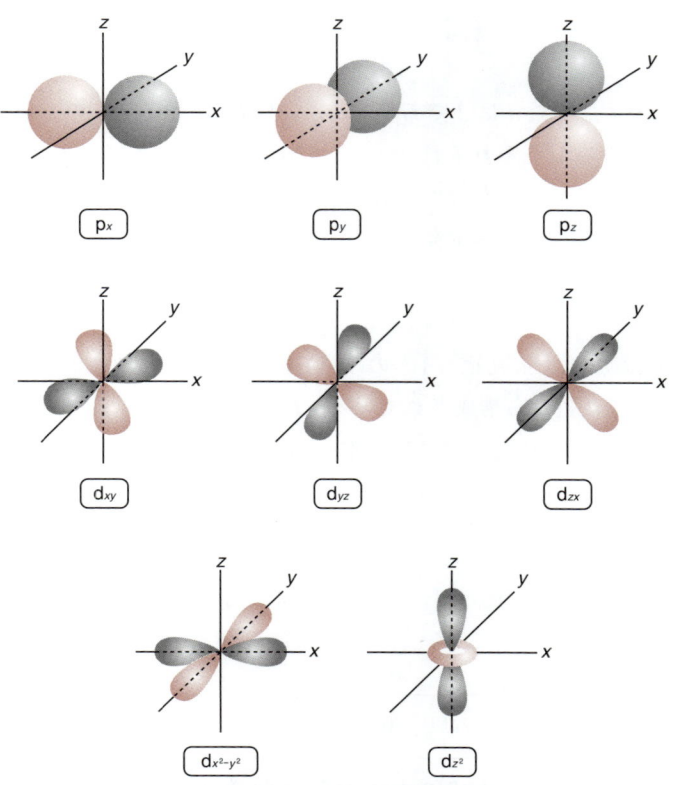

図 1.3　方位量子数に対応する原子軌道の形状

てほしい．l の値は原子軌道の"くびれ"〔正しくは節（せつ）という〕の数と等しい．また水素以外の元素では，l の値が大きい軌道ほど高いエネルギーをもつ．

③ 磁気量子数

方位量子数 l の原子軌道は $2l + 1$ 本だけ存在する．それぞれの原子軌道には一般に m で表される**磁気量子数**（magnetic quantum number）が割り当てられ，m は $-l$，$-l + 1$，……，0，……，$l - 1$，l の整数値をもつ．したがって s 軌道（$l = 0$）は 1 本，p 軌道（$l = 1$）は 3 本，d 軌道（$l = 2$）は 5 本，f 軌道（$l = 3$）は 7 本存在する．

m の値は，座標軸に対する原子軌道の向きを区別する．

さて，ここまで述べたことをそれぞれの電子殻について記すと，以下のようになる．

① K 殻

K 殻の主量子数 n は 1 である．K 殻を構成している原子軌道は方位量子数が 0 であるような原子軌道，すなわち s 軌道の一種類のみであって，その数は 1 本である．この原子軌道は主量子数の"1"と，方位量子数由来の名称"s"を用いて 1s 軌道と呼ばれる．

② L 殻

L 殻の主量子数 n は 2 である．ここには $l = 0$ と $l = 1$ の二種類の原子軌道が存在し，それぞれ 2s 軌道，2p 軌道と呼ばれる．2s 軌道は $m = 0$ のみなので 1 本だけが存在し，2p 軌道は m が -1，0，$+1$ の三通りの値をもつので 3 本存在する．したがって L 殻は 4 本の原子軌道から構成されている．

③ M 殻以降

M 殻は 1 本の 3s 軌道，3 本の 3p 軌道，および 5 本の 3d 軌道，合計 9 本の原子軌道から構成されている．N 殻は 1 本の 4s 軌道，3 本の 4p 軌道，5 本の 4d 軌道，および 7 本の 4f 軌道，合計 16 本の原子軌道から構成されている．

このように見てみると，主量子数 $n = 1$，2，3，4，…… の電子殻はそれぞれ 1，4，9，16，…… という n^2 本の原子軌道から構成されていることがわかる．

> **例題** O 殻を構成する原子軌道の名称と，それぞれの本数を答えよ．
>
> **解答** 主量子数 n は 5 であるから 5s 軌道（1 本），5p 軌道（3 本），5d 軌道（5 本），5f 軌道（7 本），5g 軌道（9 本）となる．◆

1.4 電子配置のルール

原子中の電子は，以下の ① から ③ の三つのルールに従って原子軌道に配置される．

① 構成原理

電子はエネルギーの低い原子軌道から順番に配置される．このことを**構成原理**（Aufbau principle）という．原子軌道のエネルギーは，おおむね $n+l$ の値に依存しており，$n+l$ の値が等しい場合には n の小さい軌道ほどエネルギーが低い．構成原理をすぐに思いだすためには図1.4を覚えておくとよい．

② パウリの排他原理

1本の原子軌道には，最大2個までの電子しか配置されない．このことを**パウリの排他原理**（Pauli exclusion principle）という．したがって水素の場合，電子は1s軌道に1個，ヘリウムでは1s軌道に2個配置されているが，リチウムの場合には3個目の電子はもはや1s軌道には配置されず，2s軌道に配置されることになる．したがってK殻，L殻，M殻に入りうる電子の最大数はそれぞれ2個，8個，18個となる．

パウリの排他原理をより正確に表現すると

> 原子中のどの電子も，ほかの電子とはスピン量子数を含めた四つの量子数がすべて等しい状態をとることができない．

となる．**スピン量子数**（spin quantum number）とは，電子に割り振られた量子数であり，$-1/2$ または $+1/2$ のいずれかの値である．1本の原子軌道に入っている2個の電子には，それぞれ異なるスピン量子数が

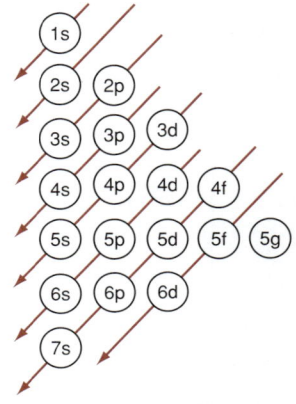

図1.4 構成原理に従って電子が配置される順序

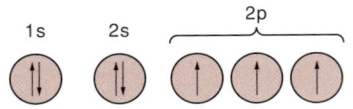

図 1.5 電子配置の表し方

たとえば上に示した窒素原子中の電子配置は，しばしば下のように表現される．

$$1s^2\,2s^2\,2p^3 \quad または \quad 1s(2)\,2s(2)\,2p(3)$$

与えられる．

スピン量子数という名称は昔，電子が自転していると考えられていたことに由来している．しかし実際には，電子は自転しているわけではない．電子のスピン量子数は，化合物の反応性や磁気的性質に深くかかわっている重要な概念である．便宜上，電子のスピン量子数が $+1/2$ または $-1/2$ であることを〝上向き〟または〝下向き〟などと表現することもある．

③ フントの規則

エネルギーの等しい複数の軌道に（たとえば 2p 軌道に），2 個以上の電子が入るときには，電子はできるだけ別べつの軌道に，スピン量子数の符号を同じくして入ろうとする．これを**フントの規則**（Hund's rule）と呼ぶ．たとえば窒素では 1s 軌道に 2 個，2s 軌道に 2 個，そして $2p_x$, $2p_y$, $2p_z$ 軌道に 1 個ずつ電子が配置されている．この様子は，しばしば図 1.5 のように表される．このとき 2p 軌道の 3 個の電子のスピン量子数の符号は皆，同じである（別の言葉では，スピンの向きが同じである，という）．

1.5 元素とイオンの電子配置

1.5.1 元素の電子配置

前節のルールに従えば，それぞれの元素の電子配置をほぼ正確に予想できる．表 1.1 に，分光学的方法などで決定された元素の電子配置を示す．

表 1.1 からいくつかのことがらがわかる．まず，元素のなかで最も化学的に不活性な一群の元素である 18 族元素（希ガスという）では，最外電子殻の電子配置がすべて

$$ns^2\,np^6$$

となっていることである．電子殻と対応させると He は $1s^2$，Ne は

1.5 元素とイオンの電子配置

表 1.1　原子の基底状態における電子配置[a]

族\周期	1	2	3	4	5	6	7	8	9	10	11	12	13	14	15	16	17	18
1	H 1s(1)																	He 1s(2)
2	Li [He] 2s(1)	Be [He] 2s(2)											B [He] 2s(2) 2p(1)	C [He] 2s(2) 2p(2)	N [He] 2s(2) 2p(3)	O [He] 2s(2) 2p(4)	F [He] 2s(2) 2p(5)	Ne [He] 2s(2) 2p(6)
3	Na [Ne] 3s(1)	Mg [Ne] 3s(2)											Al [Ne] 3s(2) 3p(1)	Si [Ne] 3s(2) 3p(2)	P [Ne] 3s(2) 3p(3)	S [Ne] 3s(2) 3p(4)	Cl [Ne] 3s(2) 3p(5)	Ar [Ne] 3s(2) 3p(6)
4	K [Ar] 4s(1)	Ca [Ar] 4s(2)	Sc [Ar] 4s(2) 3d(1)	Ti [Ar] 4s(2) 3d(2)	V [Ar] 4s(2) 3d(3)	Cr [Ar] 4s(1) 3d(5)	Mn [Ar] 4s(2) 3d(5)	Fe [Ar] 4s(2) 3d(6)	Co [Ar] 4s(2) 3d(7)	Ni [Ar] 4s(2) 3d(8)	Cu [Ar] 4s(1) 3d(10)	Zn [Ar] 4s(2) 3d(10)	Ga [Ar] 3d(10) 4s(2) 4p(1)	Ge [Ar] 3d(10) 4s(2) 4p(2)	As [Ar] 3d(10) 4s(2) 4p(3)	Se [Ar] 3d(10) 4s(2) 4p(4)	Br [Ar] 3d(10) 4s(2) 4p(5)	Kr [Ar] 3d(10) 4s(2) 4p(6)
5	Rb [Kr] 5s(1)	Sr [Kr] 5s(2)	Y [Kr] 5s(2) 4d(1)	Zr [Kr] 5s(2) 4d(2)	Nb [Kr] 5s(1) 4d(4)	Mo [Kr] 5s(1) 4d(5)	Tc [Kr] 5s(2) 4d(5)	Ru [Kr] 5s(1) 4d(7)	Rh [Kr] 5s(1) 4d(8)	Pd [Kr] 4d(10)	Ag [Kr] 5s(1) 4d(10)	Cd [Kr] 5s(2) 4d(10)	In [Kr] 4d(10) 5s(2) 5p(1)	Sn [Kr] 4d(10) 5s(2) 5p(2)	Sb [Kr] 4d(10) 5s(2) 5p(3)	Te [Kr] 4d(10) 5s(2) 5p(4)	I [Kr] 4d(10) 5s(2) 5p(5)	Xe [Kr] 4d(10) 5s(2) 5p(6)
6	Cs [Xe] 6s(1)	Ba [Xe] 6s(2)	ランタノイド	Hf [Xe] 6s(2) 4f(14) 5d(2)	Ta [Xe] 6s(2) 4f(14) 5d(3)	W [Xe] 6s(2) 4f(14) 5d(4)	Re [Xe] 6s(2) 4f(14) 5d(5)	Os [Xe] 6s(2) 4f(14) 5d(6)	Ir [Xe] 6s(2) 4f(14) 5d(7)	Pt [Xe] 6s(1) 4f(14) 5d(9)	Au [Xe] 6s(1) 4f(14) 5d(10)	Hg [Xe] 6s(2) 4f(14) 5d(10)	Tl [Xe] 4f(14) 5d(10) 6s(2) 6p(1)	Pb [Xe] 4f(14) 5d(10) 6s(2) 6p(2)	Bi [Xe] 4f(14) 5d(10) 6s(2) 6p(3)	Po [Xe] 4f(14) 5d(10) 6s(2) 6p(4)	At [Xe] 4f(14) 5d(10) 6s(2) 6p(5)	Rn [Xe] 4f(14) 5d(10) 6s(2) 6p(6)
7	Fr [Rn] 7s(1)	Ra [Rn] 7s(2)	アクチノイド	Rf [Rn] 7s(2) 5f(14) 6d(2)	Db [Rn] 7s(2) 5f(14) 6d(3)	Sg [Rn] 7s(2) 5f(14) 6d(4)	Bh [Rn] 7s(2) 5f(14) 6d(5)	Hs [Rn] 7s(2) 5f(14) 6d(6)	Mt [Rn] 7s(2) 5f(14) 6d(7)	Ds [Rn] 7s(2) 5f(14) 6d(8)	Rg [Rn] 7s(1) 5f(14) 6d(10)							

ランタノイド	La [Xe] 6s(2) 5d(1)	Ce [Xe] 6s(2) 4f(1) 5d(1)	Pr [Xe] 6s(2) 4f(3)	Nd [Xe] 6s(2) 4f(4)	Pm [Xe] 6s(2) 4f(5)	Sm [Xe] 6s(2) 4f(6)	Eu [Xe] 6s(2) 4f(7)	Gd [Xe] 6s(2) 4f(7) 5d(1)	Tb [Xe] 6s(2) 4f(9)	Dy [Xe] 6s(2) 4f(10)	Ho [Xe] 6s(2) 4f(11)	Er [Xe] 6s(2) 4f(12)	Tm [Xe] 6s(2) 4f(13)	Yb [Xe] 6s(2) 4f(14)	Lu [Xe] 6s(2) 4f(14) 5d(1)
アクチノイド	Ac [Rn] 7s(2) 6d(1)	Th [Rn] 7s(2) 6d(2)	Pa [Rn] 7s(2) 5f(2) 6d(1)	U [Rn] 7s(2) 5f(3) 6d(1)	Np [Rn] 7s(2) 5f(4) 6d(1)	Pu [Rn] 7s(2) 5f(6)	Am [Rn] 7s(2) 5f(7)	Cm [Rn] 7s(2) 5f(7) 6d(1)	Bk [Rn] 7s(2) 5f(9)	Cf [Rn] 7s(2) 5f(10)	Es [Rn] 7s(2) 5f(11)	Fm [Rn] 7s(2) 5f(12)	Md [Rn] 7s(2) 5f(13)	No [Rn] 7s(2) 5f(14)	Lr [Rn] 7s(2) 5f(14) 6d(1)

a) 本文中では1s²などと表した配置を、ここでは1s(2)などと表した。図1.5の説明を参照のこと。赤は電子で満たされつつある原子軌道、グレーは例外的な電子配置になる原子軌道を示す。データはhttp://www.webelements.comによる。

$2s^2 2p^6$ でそれぞれ K 殻, L 殻が完全に満ちた状態 〔**閉殻**（closed shell）〕となっている. しかし, 続く Ar では M 殻が満ちた状態ではなく, $3s^2 3p^6$ という電子配置になっている. Kr 以下も同様である. このことから, 元素が化学的に不活性になるのは電子殻が完全に満ちた状態（実際にそのような電子配置をもつ元素は He と Ne しかない）ではなく, $ns^2 np^6$ という電子配置になるときであることがわかる[†].

1 族と 2 族の元素は, 希ガスに s 電子が加わった電子配置をもつので s-ブロック元素と総称されることもある. 13〜17 族の元素は, 同様に p-ブロック元素と総称される. また 1 族と 2 族, および 13〜18 族の元素の最外電子殻の電子配置は主量子数が異なるだけで, 族のなかでは共通していることがわかる. これらの族の元素は **典型元素**（typical elements）と呼ばれる[†2].

3〜11 族の元素は, 原子番号の増加とともに d 軌道または f 軌道に電子が入っていく元素で **遷移元素**（transition elements）または **遷移金属**（transition metals）と総称される. このうち f 軌道に電子が入っていくランタノイドとアクチノイドは **内遷移元素**（inner transition elements）とも呼ばれる.

表 1.1 を見ると, 前節のルールから外れる電子配置の元素がいくつかあることもわかる. たとえば Cr と Cu の最外殻の電子配置は, 前節のルールに従えばそれぞれ [Ar] $4s^2 3d^4$, [Ar] $4s^2 3d^9$ となりそうなものだが, 実際には

[Ar] $4s^1 3d^5$ [Ar] $4s^1 3d^{10}$

となっている. これは d 軌道が 10 個の電子で満たされるときには閉殻となり, また 5 個の電子で満たされるときにも閉殻の状態に似た安定な電子配置となるためである. すなわち Cr と Cu では, d 軌道をいち早く閉殻または半閉殻にしようとする傾向が働く結果として, 電子配置が若干不規則になるのである.

ここまで議論してきた電子配置は, それぞれの元素が最も安定な状態になるときの電子配置である. これを **基底状態**（ground state）の電子配置という.

[†] 共有結合に関与する電子は s 軌道と p 軌道の電子である. d 軌道の電子は, ごくまれにしか共有結合には関与せず, おもに物質の磁気的性質, 電気的性質, 色, 触媒作用などに関与する. d 軌道の電子がつくる共有結合（δ結合）については本書の範囲を越えるので, ここでは述べない.

[†2] 12 族元素を含むこともある.

> **例題** 84 番元素 Po の基底状態の電子配置を, 構成原理がわかるようにエネルギーの低い原子軌道から順に示せ.

解答 $1s^2 2s^2 2p^6 3s^2 3p^6 4s^2 3d^{10} 4p^6 5s^2 4d^{10} 5p^6 6s^2 4f^{14} 5d^{10} 6p^4$ ◆

1.5.2 イオンの電子配置

典型元素が比較的安定なイオンになるときには，希ガスと同様の電子配置になるよう電子を失ったり獲得したりする．電子を獲得して陰イオンになる傾向をもつ元素は 15 ～ 17 族元素のうちの一部であり，それらは非金属元素と呼ばれる．この詳細については第 6 章から第 8 章に記す．

その一方で，遷移元素は電子を数個失って陽イオンになる傾向があるが，イオンの電子配置は希ガスと同じにはならないことが多い．とくに重要なことは**遷移元素においては，電子で満たされつつある原子軌道とは異なる原子軌道から，先に電子を失う傾向がある**ということである．たとえば Ni の元素の電子配置は

$$[\mathrm{Ar}]\, 4s^2\, 3d^8$$

であり，満たされつつある原子軌道は 3d 軌道だが，Ni のイオン（Ni^{2+}）ができるときには，3d 軌道からではなく 4s 軌道から電子が奪われて

$$[\mathrm{Ar}]\, 3d^8$$

という電子配置になる．構成原理と逆の順序で電子を失うのだろうと考え，このイオンの電子配置を [Ar] $4s^2\, 3d^6$ と予想するのは誤りである．

Sc から Zn までの元素がイオンになるときには，まず 4s 電子が失われ，その後に 3d 電子が失われる．

例題 (a) Fe^{2+} と (b) Fe^{3+} の電子配置を示せ．

解答 (a) $1s^2\, 2s^2\, 2p^6\, 3s^2\, 3p^6\, 3d^6$，(b) $1s^2\, 2s^2\, 2p^6\, 3s^2\, 3p^6\, 3d^5$． ◆

学習のキーワード

☐ 原子　☐ 原子核　☐ 電子　☐ 陽子　☐ 中性子　☐ イオン　☐ 元素　☐ 単体　☐ 核子　☐ 原子核の結合エネルギー　☐ 質量欠損　☐ 相対性原理　☐ 原子量　☐ 原子番号　☐ 同位体　☐ 放射性同位体　☐ 安定同位体　☐ 質量数　☐ 原子質量単位(amu)　☐ 不確定性原理　☐ 電子雲　☐ 電子殻　☐ 原子軌道　☐ 量子数　☐ 主量子数　☐ 方位量子数(角運動量量子数)　☐ 磁気量子数　☐ 構成原理　☐ パウリの排他原理　☐ スピン量子数　☐ フントの規則　☐ 閉殻　☐ 典型元素　☐ 遷移元素(遷移金属)　☐ 内遷移元素　☐ 基底状態

章末問題

1.1 80番元素 Hg の基底状態の電子配置を，構成原理がわかるようにエネルギーの低い原子軌道から順に示せ．

1.2 次の原子またはイオンの基底状態の電子配置を書け．
(a) Ga (b) V^{3+} (c) Co^{3+} (d) Cu^{2+} (e) Cl^- (f) O^{2-}

1.3 次の原子軌道に対する主量子数 n と方位量子数 l を答えよ．
(a) 1s (b) 2s (c) 2p (d) 3d (e) 4f

1.4 質量数51，中性子数28，4s電子を2個もつような元素がある．この元素の元素記号と電子配置を示せ．

Chapter 2 元素の一般的性質と周期性

■ この章の目標 ■

元素の性質を原子番号順に眺めていったとき，性質の似た元素が周期的に現れる．これを**元素の周期性**（periodicity of elements）という．高校では元素の周期性に関して，たとえば
① 元素のイオン化エネルギーが周期的に変化すること
② 同じ族の元素は同じ価数のイオンになりやすいこと
③ 同じ族の元素の化学的性質は似ていること
④ 元素に陰性と陽性の区別があること
などを学んだ．

本章では，元素の周期性をもう少し多面的に俯瞰する．また周期性を有効核電荷の概念を使って説明する．さらに元素の陰性，陽性の度合いの定量的表現である電気陰性度について学ぶ．

2.1 遮蔽と有効核電荷

原子のさまざまな性質は，最も外側の電子殻に入っている電子〔これを**価電子**（valence electron）という〕の振舞いによって決まる．価電子が失われやすければその元素は陽性であり，同じ電子殻にさらなる電子をとり込みやすければその元素は陰性である．

いま原子を太陽，電子を惑星のように見なす単純なモデルで考え，電子が原子核の正電荷からの静電引力によって原子軌道を運動しているものと考える．このとき電子に及んでいる原子核からの引力は，**電子が感じる原子核の正電荷**と電子までの距離で決まる．

いま，原子のなかの1個の電子に注目することにする．この電子と原子核との間に他の電子が存在していなければ，その電子が感じる正電荷は，原子核の正電荷 $+Z$ そのものになる．しかし水素以外の原子では，

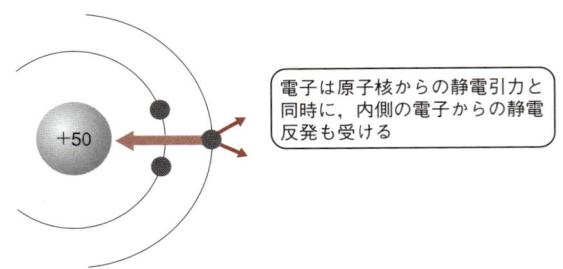

図 2.1 核電荷の遮蔽

他の電子からの静電反発を受けるため，その電子が感じる原子核の正電荷は部分的に相殺されてしまうことになる．図 2.1 に示した，このような現象を**遮蔽**（しゃへい，shielding または screening）という．

遮蔽の強さの程度は通常，**遮蔽定数**（screening constant）S で表す．すなわち，注目している電子が感じる原子核の正電荷は S だけ減って $+(Z-S)e$ になる．注目している電子が感じる原子核の正電荷 $+(Z-S)e$ ($=Z^*e$) を**有効核電荷**（effective nucleus charge）という．

2.2 スレーターの規則

さて実際の原子軌道は，太陽の周りをまわる惑星の軌道のようなものではなく，前章に示したように複雑な形をしているので，遮蔽の大きさを定量的に算出することは困難である．しかしスレーター（Slater）が提案した経験則を用いると，比較的原子番号の小さい元素については遮蔽定数をおおまかに見積ることができる．以下に示す**スレーターの規則**（Slater's rule）を用いて得られる有効核電荷の値は，必ずしも厳密に正確であるとはいえないが計算の仕方が単純なので，遮蔽定数の概略を知るうえでは便利な経験則である．

スレーターの規則

① まず原子軌道を次のようなグループに分ける．
[1s]，[2s 2p]，[3s 3p]，[3d]，[4s 4p]，[4d]，[4f]，
[5s 5p]，[5d]，[5f]，……

② このときすべてのグループについて，それ自身より右側に並んだグループは遮蔽に寄与しない．

③ [*ns np*] の電子に対する遮蔽定数は（ここで n は主量子数）
　● 同じグループの電子1個からは0.35（ただし[1s]からは0.30）

> - $n-1$ のグループの電子 1 個からは 0.85
> - $n-2$ 以下のグループの電子 1 個からは 1.0
> ④ [nd]，[nf] の電子に対する遮蔽定数は
>   - 同じグループの電子 1 個からは 0.35
>   - 左側のすべてのグループの電子 1 個からは 1.0

ではスレーターの規則を適用して，Mg の 3s 電子に対する有効核電荷を計算してみることにする．Mg の基底状態の電子配置は

$1s^2\, 2s^2\, 2p^6\, 3s^2$

である．3s 電子に対する遮蔽定数は，まず [3s 3p] のグループからは自分以外の電子 1 個から 0.35，次に [2s 2p] のグループから

$0.85 \times 8 = 6.8$

さらに [1s] のグループから

$1.0 \times 2 = 2.0$

で合計 9.15 となるので，有効核電荷は

$12 - 9.15 = 2.85$

となる．同様にして B から Ne までの価電子が感じる有効核電荷を計算すると

B 2.60	C 3.25	N 3.90	O 4.55
F 5.20	Ne 5.85		

と求められる．すなわち**価電子への有効核電荷は，原子番号の増加に伴って漸増する**．

有効核電荷の計算をさらに続けると，Ne の 5.85 の次には Na で 2.20，Mg で 2.85 となる．つまり**価電子への有効核電荷は，周期をまたぐと急激に減少する**．これは価電子が属する電子殻が変わるためである．

価電子に及ぶ有効核電荷が小さければ，その電子は失われやすいことになる．このことは，以下の節で記していく元素の周期性の原因を説明する手がかりとなる．

クレメンティ（Clementi）とライモンディ（Raimondi）は量子化学計算に基づいて，より精密な遮蔽の効果を計算している．そこから導か

れる有効核電荷の値とスレーターの方法で算出した値とを比較すると，後者の値が若干小さくなるが，原子番号の変化に伴う有効核電荷の変化の傾向は良く一致する．

> **例題** スレーターの規則に従って，Mn の 3d 電子に対する有効核電荷を計算せよ．

解答 Mn は 3d 電子を 5 個もっている．そのうちの 1 個に着目すると，ほかの 4 個の 3d 電子からの遮蔽定数は 0.35×4，また [3s 3p] のグループからは 1.0×8，[2s 2p] のグループからは 1.0×8，[1s] からは 1.0×2 で合計 19.4 となる．Mn の原子番号は 25 だから，有効核電荷は

$$25 - 19.4 = 5.6$$

となる．ちなみに Fe（原子番号 26）の 4s 電子に対する有効核電荷は以下のようになる．

$$26.0 - \{(0.35 \times 1) + (0.85 \times 14) + (1.0 \times 10)\} = 3.75$$

4s 電子に対しては 3s，3p，3d 電子とも 0.85 だけ遮蔽することに注意する．◆

2.3 原子およびイオンの大きさ

2.3.1 原子の大きさ

原子やイオンの大きさは周期的に変化する．表 2.1 および図 2.2 には元素の**共有結合半径**（covalent radius）を示した．共有結合半径とは，基本的には実験的に求められた同種元素間の結合の長さの 1/2 のことであるが，その値は同素体によっても異なり，結合相手の元素によっても変化しうるので，必ずしも正確に決められるものではない†．表 2.1 および図 2.2 には，報告値の一例を示している．しかし，いずれの報告値を見ても図 2.2 に見られるように，**同じ周期のなかでは原子番号が増えるにつれて共有結合半径がほぼ単純に減少する**ことがわかる．

共有結合半径が図 2.2 のように変化することは，有効核電荷の考えに基づいて定性的に説明することができる．すなわち同じ周期の元素を比較した場合には，原子番号が増えるにつれて有効核電荷が増えていくから，価電子はより強い静電引力で原子核に引きつけられていく結果，共有結合半径が減少していく．ただし F から Na のように周期をまたぐと，電子殻の半径そのものが大きくなることに加えて，有効核電荷も急激に減少するので，原子核への電子の引きつけが急に弱くなる結果，共有結

† 以下，この章でしばしば触れる化学結合については，次の第 3 章であらためてくわしく説明する．

表 2.1 元素の共有結合半径 a)

H																	He
37																	
Li	Be											B	C	N	O	F	Ne
134	90											82	77	75	73	71	
Na	Mg											Al	Si	P	S	Cl	Ar
154	130											118	111	106	102	99	
K	Ca	Sc	Ti	V	Cr	Mn	Fe	Co	Ni	Cu	Zn	Ga	Ge	As	Se	Br	Kr
196	174	144	136	125	127	139	125	126	121	138	131	126	122	119	116	114	110
Rb	Sr	Y	Zr	Nb	Mo	Tc	Ru	Rh	Pd	Ag	Cd	In	Sn	Sb	Te	I	Xe
211	192	162	148	137	145	156	126	135	131	153	148	144	141	138	135	133	130
Cs	Ba	La	Hf	Ta	W	Re	Os	Ir	Pt	Au	Hg	Tl	Pb	Bi			
225	198	169	150	138	146	159	128	137	128	144	149	148	147	146			

a) 数値の単位は pm である．データは http://www.webelements.com による．

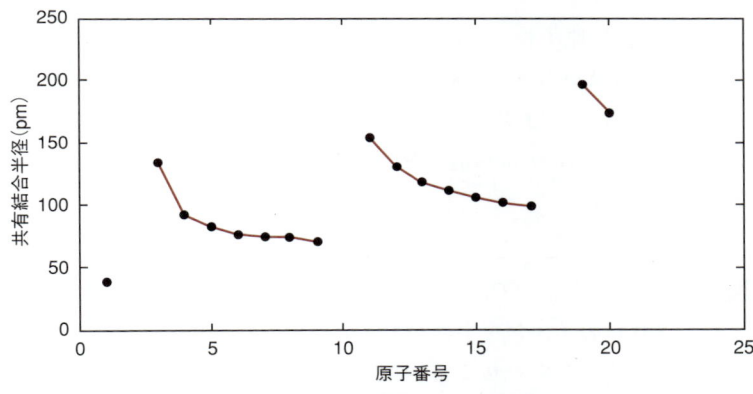

図 2.2 共有結合半径に見られる周期性
データは http://www.webelements.com による．

合半径も大きくなる．

なお同じ族の元素を比較すると，下の周期の元素ほど共有結合半径が大きい．これは原子軌道の半径そのものが大きくなるためである（たとえば 1s 軌道 → 2s 軌道 → 3s 軌道の順に原子軌道の半径が大きくなっていく）．

2.3.2 イオンの大きさ

見返しの表には**イオン半径**（ionic radius）を記した．イオン半径は，結晶性化合物中における陽イオンと陰イオンの結合距離を，適当な比率で双方の半径に按分したものである[†]．現在はシャノンとプレウィット

[†] H^+ のイオン半径は負の数値で表されている．水やアンモニアなどの化合物では，H は O や N の原子軌道の内部にもぐりこんだような位置にある．このため H^+ のイオン半径には負の数値を与えておくことが妥当なのである．

(Shannon & Prewitt) の値が広く採用されている．表中の配位数とは，自分自身の周囲にある反対符号のイオンの数を表している．

イオン半径については，以下の ① ～ ③ に示すような傾向が一般に見られる．

① 同じ元素が異なるイオン価をとる場合，大きな価数のイオンほど半径が小さい．たとえば V^{2+}, V^{3+}, V^{4+} のイオン半径はそれぞれ 93，78，72 pm である．これは 3d 電子への有効核電荷がこの順に大きくなる（正電荷を遮蔽する電子が減っていく）からである．

② 同じ数の電子をもつイオンどうし，たとえば F^-, Na^+, Mg^{2+} を比較すると，原子番号が大きい元素のイオンほど半径が小さい．いまの例では $F^- \rightarrow Na^+ \rightarrow Mg^{2+}$ の順に半径が小さくなっていく．これは電子配置が同じであれば，原子核の正電荷が大きいほど 2p 電子が強く引きつけられるからである．

③ ランタノイドはすべて +3 価のイオンになりうるが，これらのイオン半径は原子番号が増えるにつれて小さくなる．これは 4f 電子の遮蔽効果が小さいためである．アクチノイドについても同様のことが当てはまる．このことは，とくに**ランタノイド収縮**（lanthanoid contraction），**アクチノイド収縮**（actinoid contraction）と呼ばれる．

例題 Cl^-, K^+ および Ca^{2+} には，それぞれ何個の電子が含まれるか．また，これらのイオンを半径が大きいと思われる順に並べ，そのように考えた理由をあわせて述べよ．

解答 電子の数はすべて 18 個．半径については Cl^- が最大，Ca^{2+} が最小である．これは最も外側の電子（この場合は 3p 電子）に対する有効核電荷が大きいほどイオン半径は小さくなるから．◆

2.4 イオン化エネルギー

気相の原子から電子 1 個を取り去ってイオン化するのに必要なエネルギーを**イオン化エネルギー**（ionization energy）と呼ぶ．とくに気相の原子 M から 1 個の電子 e^- を取り除いて M^+ をつくるために必要なエネルギーを第一イオン化エネルギーといい，一般に E_I で表す[†]．

$$M \longrightarrow M^+ + e^- \quad (E_I に相当する\textbf{吸熱}が起こる) \qquad (2.1)$$

M^+ からさらに電子 1 個を取り除いて M^{2+} をつくるために必要なエネル

[†] 以下では第一イオン化エネルギーのことをとくに断らず，単にイオン化エネルギーとも呼ぶ．

ギーを第二イオン化エネルギーという．以下同様に第三イオン化エネルギー，第四イオン化エネルギー，…… が定義される．表 2.2 と図 2.3 に元素の第一イオン化エネルギーを示す[†]．

表 2.2 および図 2.3 から，イオン化エネルギーの明確な周期性がわかる．すなわち 18 族元素（希ガス）に極大があること，1 族元素に極小が現れること，周期表を左から右に見ていくとイオン化エネルギーがほぼ単調に増加していくことなどである．さらに同じ族の元素を比較すると，下の周期の元素ほどイオン化エネルギーが小さくなっていく．イオン化エネルギーが小さいことは，容易に陽イオンになることと対応している．

[†] イオン化エネルギーは次のようにして求められる．まず，気相の原子を入れた容器のなかで原子に光や電子を当てると，そのエネルギーによって電子の離脱が生じ，陽イオンが生成する．その際，原子に当てる光や電子のエネルギーから原子のイオン化の難易を知ることができ，イオン化エネルギーが算出できる．このような測定方法は **電子衝撃法**（electron impact method）や **光イオン化法**（photoionization method）と呼ばれる．

表 2.2 元素の第一イオン化エネルギー[a]

	1	2	3	4	5	6	7	8	9	10	11	12	13	14	15	16	17	18
1	H 1312																	He 2372
2	Li 520	Be 900											B 801	C 1087	N 1402	O 1314	F 1681	Ne 2081
3	Na 496	Mg 738											Al 578	Si 787	P 1012	S 1000	Cl 1251	Ar 1521
4	K 419	Ca 590	Sc 633	Ti 659	V 651	Cr 653	Mn 717	Fe 763	Co 760	Ni 737	Cu 746	Zn 906	Ga 579	Ge 762	As 947	Se 941	Br 1140	Kr 1351
5	Rb 403	Sr 550	Y 600	Zr 640	Nb 652	Mo 684	Tc 702	Ru 710	Rh 720	Pd 804	Ag 731	Cd 868	In 558	Sn 709	Sb 834	Te 869	I 1008	Xe 1170
6	Cs 376	Ba 503	ランタノイド	Hf 659	Ta 761	W 770	Re 760	Os 840	Ir 880	Pt 870	Au 890	Hg 1007	Tl 589	Pb 716	Bi 703	Po 812	At 920	Rn 1037

ランタノイド	La 538	Ce 534	Pr 527	Nd 533	Pm 540	Sm 545	Eu 547	Gd 593	Tb 566	Dy 573	Ho 581	Er 589	Tm 597	Yb 603	Lu 524

a) 数値の単位は kJ/mol である．データは http://www.webelements.com による．

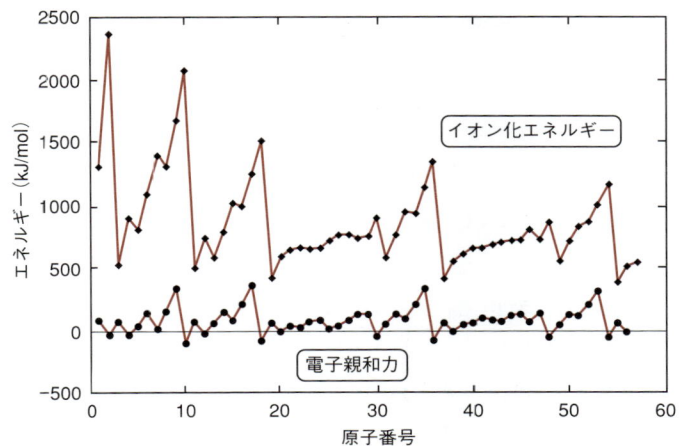

図 2.3 原子番号に対する第一イオン化エネルギーと第一電子親和力の変化
データは http://www.webelements.com による．

イオン化エネルギーにこのような周期性が認められる原因について考えてみる．古典力学では，正電荷 $+Z^*e$ と負電荷 $-e$ (ここでは電子に対応する) が距離 r だけ離れているとき，両者を無限遠まで引き離すために必要なエネルギー U は

$$U = \frac{Z^*e^2}{4\pi\varepsilon_0 r} \tag{2.2}$$

で与えられる．ここで ε_0 は真空の誘電率で 8.854×10^{-12} F/m, Z^* は 2.1 節に記した価電子が感じる有効核電荷の価数である．

同じ周期のなかで，原子番号が増えるにつれてイオン化エネルギーが大きくなることは

① 有効核電荷の価数 Z^* が大きくなる
② 共有結合半径 (原子核と価電子との距離 r) が小さくなる

という二つの効果があいまって，式 (2.2) のエネルギー U が大きくなるためであると説明できる．また周期表を縦に眺めたとき，下の周期の元素ほどイオン化エネルギーが小さくなるのは，価電子と原子核との距離が大きくなるためと考えれば，うまく説明がつく．

図 2.3 を見ると，原子番号とイオン化エネルギーとの関係において，ところどころに不規則性が現れることに気づく．たとえば，酸素は窒素よりもイオン化エネルギーが小さくなっている．このことは次のように説明される．窒素の 3 個の 2p 電子はフントの規則に従って 3 本の p 軌道に 1 個ずつ配置されていて，互いの静電反発が最小になっている．それに対して酸素の場合には，3 本の p 軌道のうちの 1 本には 2 個の電子が入っているため，電子どうしの静電反発が生じている．その静電反発が電子の引抜き，すなわちイオン化を助けているのである†．

2.5 電子親和力

イオン化エネルギーが陽イオンへのなりにくさを示す指標であるのに対して，陰イオンへのなりやすさを表す指標に**電子親和力**（electron affinity）がある．気相に存在する中性の原子 M に 1 個の電子 e^- をつけ加えて，1 価の陰イオン M^- にするときに放出されるエネルギーのことをとくに第一電子親和力 E_A といい，イオン化エネルギーと同様に第二電子親和力，第三電子親和力，……を定義することができる†2．

$$M + e^- \longrightarrow M^- \quad (E_A \text{ に相当する} \textbf{発熱が起こる}) \tag{2.3}$$

---

† 高校では"アルカリ金属は 1 価の陽イオンになりやすい"と教わるが，これは自発的に陽イオンになるという意味ではない．アルカリ金属のイオン化エネルギーは正だから，陽イオンになるときには吸熱を伴う．つまり外からエネルギーを供給しなくてはならない．たしかにアルカリ金属は結晶中や水中で 1 価の陽イオンとして振る舞うことが多いが，そのときには第 13 章で述べる格子エネルギーや第 11 章で触れる水和エネルギーによってイオン化エネルギーがまかなわれているのである．

†2 以下では第一電子親和力のことをとくに断らず，単に電子親和力ともいう．またここで電子親和力について，いくつかの注意をしておく．
① イオン化エネルギーの場合には，その値が正のときには"外からエネルギーを与えられることを要する"という意味であるのに対し，電子親和力の値が正のときには"外にエネルギーを放出する"という意味をもつ．両者が互いに正反対の意味であることに注意する．
② 電子親和力とは，物理的にはエネルギー (エンタルピー変化) であり，"力"ではない．その意味では不適切な術語であるが，慣例的に現在までこの言葉が使用されている．いくつかの教科書では，電子親和力の逆符号の値を"電子付与エンタルピー"として紹介している．こちらの言葉のほうがイオン化エネルギーとの符号も一致しているので適切といえる．
③ ほとんどの元素の電子親和力は正である．すなわち陰イオンになるときに発熱が起こる．しかし 18 族や 2 族の元素の電子親和力は負になっている．

表2.3 元素の第一電子親和力[a]

	1	2	3	4	5	6	7	8	9	10	11	12	13	14	15	16	17	18
1	H 73																	He -50
2	Li 60	Be -50											B 27	C 122	N -7	O 141	F 328	Ne -116
3	Na 53	Mg -39											Al 43	Si 134	P 72	S 200	Cl 349	Ar -97
4	K 48	Ca -29	Sc 18	Ti 8	V 51	Cr 64	Mn <0	Fe 16	Co 64	Ni 112	Cu 119	Zn -58	Ga 29	Ge 116	As 78	Se 195	Br 325	Kr -97
5	Rb 47	Sr -29	Y 30	Zr 41	Nb 86	Mo 72	Tc 53	Ru 101	Rh 110	Pd 54	Ag 126	Cd -68	In 29	Sn 116	Sb 103	Te 190	I 295	Xe -77
6	Cs 46	Ba -29	ランタ ノイド	Hf ~0	Ta 31	W 79	Re 15	Os 106	Ir 151	Pt 205	Au 223	Hg -48	Tl 19	Pb 35	Bi 91	Po 183	At 270	Rn -68

ランタノイド	La 48	Ce <48	Pr <48	Nd <48	Pm <48	Sm <48	Eu <48	Gd <48	Tb <48	Dy <48	Ho <48	Er <48	Tm <48	Yb <48	Lu <48

a) 数値の単位はkJ/molである．データはW. Hotop and W. C. Lineberger, *J. Phys. Chem. Ref. Data*, 14, 731 (1985) および S. G. Bratsch and J. J. Lagowski, *Polyhedron*, 5, 1763 (1986) による．

元素の第一電子親和力を表2.3および図2.3に示す[†]．電子親和力はイオン化エネルギーの場合ほど原子番号に対して単調な変化を示さないが，それでもおおまかな周期性を認めることができる．すなわち周期表の右の元素ほど電子親和力が大きく，陰イオンになりやすい．この周期性も，やはり新たにつけ加わる電子に対する有効核電荷の点から説明することができよう．

電子親和力について若干説明を加えておく．まず，2族元素と12族元素の電子親和力は負である．これは新たな電子を迎え入れることに対して"抵抗"があることに対応する．2族と12族の元素は ns^2 という電子配置をもっているため，新たな電子は ns 軌道よりも原子核から遠い np 軌道に入らなくてはならない．すると放出される静電引力エネルギーが小さなものにならざるを得ず，新たにp軌道に入ってくる電子と，もともとs軌道にあった電子との間に生じる静電反発エネルギーを上まわることができなくなってしまうのである．同様に，15族元素の電子親和力も小さい．15族元素は $ns^2 np^3$ という電子配置をもっているため，p軌道の電子は互いの静電反発が最小になるように三つのp軌道に別れて入っている．そこに新たな電子を収容しようとすると，すでに1個の電子が配置されている軌道に，静電反発を伴う"相席"を強いざるを得なくなる．そのため，新たな電子を迎え入れることに若干の"抵抗"を示すのである．

[†] 電子親和力を実験的に測定することは困難とされているが，具体的には中性の原子に電子がつけ加わって陰イオンになるときに光を放つ現象 (electron capture) や，測定対象の元素の陰イオンに光を照射し，そこから電子を分離する方法 (photodetachment) を利用して測定される．電子親和力は見方を変えると，陰イオンから電子を奪いとって中性の原子にするために外から供給しなくてはならないエネルギーともいえる．

> **例題** 次の元素をイオン化エネルギーの大きいほうから順に（すなわち陽イオンになりにくいほうから順に），および電子親和力の大きいほうから順に（つまり陰イオンになりやすいほうから順に）並べよ．両者の順序は一致するか．また，なにか傾向が見つかるだろうか．
>
> Na　O　Mg　B　N　Si　F　K

解答 イオン化エネルギーについては

F → N → O → B → Si → Mg → Na → K

電子親和力については

F → O → Si → Na → K → B → N → Mg

となる．両者の順序は一致しない．しかしフッ素 F や酸素 O は陰性，アルカリ金属は陽性というような，おおまかな傾向は見られる[†]．

[†] このことは，イオン化エネルギーや電子親和力は元素の陰性，陽性をある程度は反映しているものの，それらの一方だけで元素の陰性，陽性を判断することはできないということを意味している．そこで，元素の陰性，陽性の度合いを包括的に表現しようとする指標として，次に述べる電気陰性度が定義された．

2.6　電気陰性度

私たちはすでに，元素には陽性なものと陰性なものがあることを感覚的に知っている．たとえばアルカリ金属のように陽イオンになりやすい元素は陽性であり，ハロゲンのように陰イオンになりやすいものは陰性である．また明確なイオン結合性の化合物をつくらない場合でも，たとえば〝炭化水素鎖に対して水酸基は陰性である〟というように，分子内の**極性**（polarity）を考える場合にも元素の陰性，陽性は重要な概念となる．このような元素の陰性，陽性の度合いを数値で表現したものが**電気陰性度**（electronegativity）χ である．

電気陰性度は理論的あるいは実験的に決められるものではなく，また物理量ではないので単位もつかない．以下には，広く受け入れられている電気陰性度の定義を三つ記す．

① マリケンの定義

マリケン（Mulliken）は陰イオンへのなりやすさ，すなわち第一電子親和力 E_A と陽イオンへのなりにくさ，すなわち第一イオン化エネルギー E_I との算術平均で電気陰性度を表現できると考えた．つまり

$$\text{マリケンの電気陰性度}：\chi_M = \frac{E_A + E_I}{2} \tag{2.4}$$

である．

式(2.4)からもわかるとおり，マリケンの電気陰性度の値はエネルギーの次元をもっていることになるが，電気陰性度はあくまで単位のない数

値として扱うにとどめたほうがよい．マリケンの電気陰性度は，後述するポーリングの電気陰性度と比例関係にあることが知られている．そのため，歴史的に先に提唱されたポーリングの電気陰性度と数値がほぼ近くなるように，マリケンの電気陰性度の値を適当な補正係数（270前後の値）で割って表すことが一般的である．

② オールレッドとロコウの定義

オールレッドとロコウ（Allred & Rochow）は電気陰性度を，共有結合半径の位置にある電子を引きつける静電引力と定義した．古典力学では，正電荷 $+Z^*e$（ここでは原子核に対応する）と負電荷 $-e$（電子）が距離 r だけ離れているとき，両者の間にはたらく静電引力 F は

$$F = \frac{Z^* e^2}{4\pi\varepsilon_0 r^2} \tag{2.5}$$

で与えられる．彼らは後述するポーリングの電気陰性度と近い値になるように補正を加え，次式のように電気陰性度を定義した．

$$\text{オールレッド・ロコウの電気陰性度：} \chi_{\text{AR}} = \frac{3590\, Z^*}{r_{\text{cov}}^2} + 0.744 \tag{2.6}$$

ここで r_{cov} は pm で表した共有結合半径である．

このオールレッド・ロコウの電気陰性度は力の次元をもっていることになるが，マリケンの電気陰性度と同様，やはりあくまで単位のない数値と見なしたほうがよい．

③ ポーリングの定義

歴史的にはポーリング（Pauling）の定義が最も古いものである．いま，元素 A と元素 B とに電気陰性度の差がなければ，A と B の間の結合エネルギー D_{AB} は，A と A の間の結合エネルギー D_{AA} と，B と B の間の結合エネルギー D_{BB} との平均になるはずである．しかし両者の電気陰性度が異なる場合，たとえば A がより陰性の場合には，A と B の間の結合ができるときには $A^{\delta-}$ と $B^{\delta+}$ とが結合することになる．すると，本来の共有結合に加えてイオン結合の寄与が生じるから，A と B の間の結合エネルギーは，D_{AA} と D_{BB} の平均よりも大きくなるはずである．両者の差が，A と B の電気陰性度の差 $\chi_{\text{A}} - \chi_{\text{B}}$ に対応するという考えから次の式 (2.7) が導かれた．ここでは，D_{AA} と D_{BB} の平均は幾何平均 $(D_{\text{AA}} D_{\text{BB}})^{1/2}$ で表されている．

$$\text{ポーリングの電気陰性度：} 96.49(\chi_{\text{A}} - \chi_{\text{B}})^2 = D_{\text{AB}} - (D_{\text{AA}} D_{\text{BB}})^{1/2} \tag{2.7}$$

表 2.4 元素の電気陰性度[a]

	1	2	3	4	5	6	7	8	9	10	11	12	13	14	15	16	17	18
1	H 2.20 2.20 2.25																	He 5.50 3.49
2	Li 0.98 0.97 0.97	Be 1.57 1.47 1.54											B 2.04 2.01 2.04	C 2.55 2.50 2.48	N 3.04 3.07 2.90	O 3.44 3.50 3.41	F 3.98 4.10 3.91	Ne 4.84 3.98
3	Na 0.93 1.01 0.91	Mg 1.31 1.23 1.37											Al 1.61 1.47 1.83	Si 1.90 1.74 2.28	P 2.19 2.06 2.30	S 2.58 2.44 2.69	Cl 3.16 2.83 3.10	Ar 3.20 3.19
4	K 0.82 0.91 0.73	Ca 1.00 1.04 1.08	Sc 1.36 1.20	Ti 1.54 1.32	V 1.63 1.45	Cr 1.66 1.56	Mn 1.55 1.60	Fe 1.83 1.64	Co 1.88 1.70	Ni 1.91 1.75	Cu 1.90 1.75 1.49	Zn 1.65 1.66 1.65	Ga 1.81 1.82 2.01	Ge 2.01 2.02 2.33	As 2.18 2.20 2.26	Se 2.55 2.48 2.60	Br 2.96 2.74 2.95	Kr 3.00 2.94 3.00
5	Rb 0.82 0.89 0.69	Sr 0.95 0.99 1.00	Y 1.22 1.11	Zr 1.33 1.22	Nb 1.6 1.23	Mo 2.16 1.30	Tc 1.9 1.36	Ru 2.2 1.42	Rh 2.28 1.45	Pd 2.20 1.35	Ag 1.93 1.42 1.47	Cd 1.69 1.46 1.53	In 1.78 1.49 1.76	Sn 1.96 1.72 2.21	Sb 2.05 1.82 2.12	Te 2.1 2.01 2.41	I 2.66 2.21 2.74	Xe 2.6 2.40 2.73
6	Cs 0.79 0.86 0.62	Ba 0.89 0.97 0.88	ランタノイド	Hf 1.3 1.23	Ta 1.5 1.33	W 2.36 1.40	Re 1.9 1.46	Os 2.2 1.52	Ir 2.20 1.55	Pt 2.28 1.44	Au 2.54 1.42 1.87	Hg 2.00 1.44 1.81	Tl 1.62 1.44 1.96	Pb 2.33 1.55 2.41	Bi 2.02 1.67 2.15	Po 2.0 1.76 2.48	At 2.2 1.90 2.85	Rn 2.59

ランタノイド	La 1.10 1.08	Ce 1.12 1.08	Pr 1.13 1.07	Nd 1.14 1.07	Pm 1.07	Sm 1.17 1.07	Eu 1.01	Gd 1.20 1.11	Tb 1.10	Dy 1.22 1.10	Ho 1.23 1.10	Er 1.24 1.11	Tm 1.25 1.11	Yb 1.06	Lu 1.27 1.14

a) 上段はポーリングの，中段はオールレッド・ロコウの，下段はマリケンの値に基づいたものである．いずれの値も提唱後に修正が施されており，表の値は http://www.webelements.com から引用したものである．

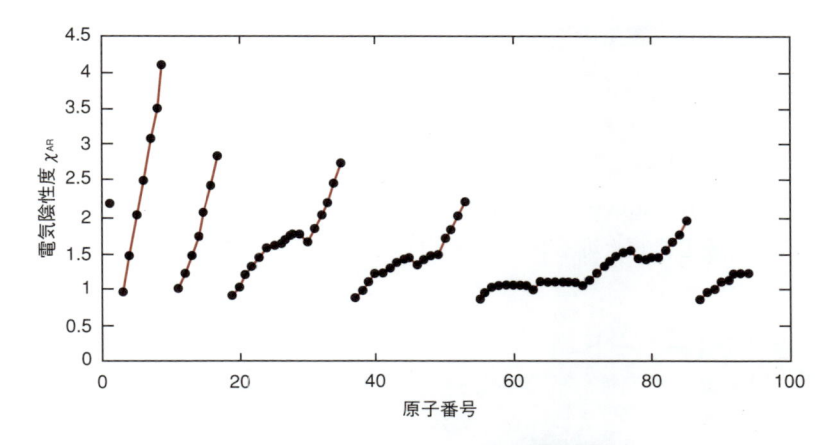

図 2.4 オールレッド・ロコウの電気陰性度
データは http://www.webelements.com による.

この式（2.7）の左辺に含まれる 96.49 は，結合エネルギーを kJ/mol で表すための補正係数である.

ポーリングの定義では二つの元素の電気陰性度の差が決まるだけなので，フッ素の電気陰性度を 3.98 とし，それを基準にして各元素の電気陰性度が決められた.

表 2.4 には，これら三者の電気陰性度の値を示す．また図 2.4 はオールレッド・ロコウの電気陰性度を原子番号に対してプロットしたものである．これらを見ると，以下のことがわかる.

① 三者の電気陰性度は定義の仕方が異なるにもかかわらず，互いに似た値になる.
② フッ素 F が最大，フランシウム Fr（表には示されていない）が最小の値を示す．また周期表上を右から左，上から下へ移動するにつれて小さな値をとるといった周期的な変化が認められる.
③ イオン化エネルギーや電子親和力の原子番号依存性に見られたような不規則性（でこぼこ）がほとんどない.
④ 遷移元素（3 〜 11 族元素）では原子番号に対してやや不規則に変化するが，イオン化エネルギーや電子親和力よりも単調に変化する.

電気陰性度は，化学を学ぶ者にとってイオン化エネルギーや電子親和力よりも使いやすい指標である．元素の化学的性質を厳密に数値化することは困難であるが，電気陰性度は最も手軽な数値化指標といえる.

電気陰性度の近い元素どうしの結合は共有結合性が高い．おおまかな目安として，二つの元素の電気陰性度の差が 1.7 以内であれば，それらの間の結合は共有結合性が高いと見なせる場合が多い．1.7 よりも大き

† ポーリングは，結合のイオン性を数値化する目安として
$$P_{AB} = 1 - \exp\left\{-\frac{1}{4}(\chi_A - \chi_B)^2\right\}$$
という式を提唱したが，これはあくまでも目安であって，この式から得られる値になんらかの物理的・化学的意味があるというわけではない．

な差であれば，電気陰性度の高いほうの元素が陰イオンになったようなイオン結合が主となる†．

またオールレッド・ロコウの電気陰性度が 1.8 以下の元素の単体は金属で，2.1 以上の元素の単体は非金属である．その中間の元素の単体は**半導体**（semiconductor）となる場合が多く，**類金属**（metalloid）とも呼ばれる．しかし金属と非金属との境界は，しばしばあいまいなことがある．

学習のキーワード
☐ 元素の周期性　☐ 価電子　☐ 遮蔽　☐ 遮蔽定数　☐ 有効核電荷　☐ スレーターの規則　☐ 共有結合半径　☐ イオン半径　☐ ランタノイド収縮　☐ アクチノイド収縮　☐ イオン化エネルギー　☐ 電子衝撃法　☐ 光イオン化法　☐ 電子親和力　☐ 極性　☐ 電気陰性度　☐ 半導体　☐ 類金属

━━ 章末問題 ━━

2.1 次の原子の 3s 電子に対する有効核電荷をスレーターの規則に従って計算せよ．
(a) S　(b) Se　(c) Te

2.2 F^-，Na^+，Mg^{2+} はともに同じ数の電子をもっているが，これらイオンの半径は異なる．イオン半径の大小関係を推測して不等号を用いて表せ．また，そのように推測した理由を述べよ．

2.3 次に示す (a) から (e) の元素のうち，陰イオンになるときに外部にエネルギーを放出する元素をすべて元素記号で答えよ．ただし，カッコのなかの数字は電子親和力を kJ/mol で表したものである．
(a) 炭素（122）　(b) マグネシウム（−39）　(c) ガリウム（29）　(d) 窒素（−7）
(e) カルシウム（−29）

2.4 電気陰性度は周期表の右側の元素ほど高いか，それとも低いか．また下の周期の元素ほど高いか，それとも低いか．

2.5 "ナトリウムやカリウムなどのアルカリ金属元素は 1 価の陽イオンになることが多い．よって気相中の 1 個のアルカリ金属原子は，発熱的に 1 価の陽イオンと電子とに分かれる．" これは真か偽か．

2.6 次のデータからヨウ素 I の電気陰性度をポーリングの定義に従って求めよ．ただし塩素 Cl の電気陰性度を 3.16 とする．

	Cl—Cl	I—I	I—Cl
結合エネルギー（kJ/mol）	248	153	212

2.7 次の各組において，どちらの化合物がより共有結合的か．
(a) $MgCl_2$ と $BeCl_2$　(b) $CaCl_2$ と $ZnCl_2$　(c) $CdCl_2$ と CdI_2　(d) ZnO と ZnS
(e) NaF と CaO

2.8 次の 5 個の元素を，周期表上の位置を基にして電気陰性度の小さいほうから順に並べよ．
Si　O　N　K　P

2.9 Ga と Br では，どちらの共有結合半径が大きいと考えられるか．理由とともに答えよ．

Chapter 3 化学結合

■ この章の目標 ■

　原子間に形成される化学結合は便宜上，いくつかの種類に分類される．しかし化学を深く学んでいくにつれ，すべての化学結合は分子軌道の概念で説明できることを知るだろう．

　高校で学習した点電子式の概念だけでは，簡単な分子の性質さえ十分に説明することができない．この章では等核二原子分子を例にとり，分子軌道の概念の導入部分を学ぶ．

3.1　化学結合の種類

　ここではまず化学結合を ① イオン結合，② 共有結合，③ 金属結合，④ 配位結合の四つに分類し，それぞれについて説明を加えていく．

3.1.1　イオン結合

　二つの原子の間で電子の授受が行われた結果，陽イオンと陰イオンが生成し，それらの間の静電引力によってもたらされる結合を**イオン結合**（ionic bond）という．ただし，どのようなイオン結合にも，次に述べる共有結合的な性格が多少なりとも混じっている．一つの目安としては，電気陰性度の差がおおむね 1.7 よりも大きい元素間の結合をイオン結合と見なすということがある．

　イオン結合の特徴は隣接原子の数が一定ではなく，イオンが含まれる化合物によって変わりうるということである．代表的なイオン結合性化合物である NaCl を例にとると，結晶のなかでは Na^+ も Cl^- も，互いに 6 個の相手に隣接している[†]．一方，CsCl 結晶中では Cs^+ も Cl^- も，互いに 8 個の相手と隣接している．

[†] イオン結合では結合相手の数を特定することはできない．NaCl 結晶中では，1 個の Na^+ は隣接する 6 個の Cl^- だけでなく，さらに離れた Cl^- とも静電引力で引き合っている．したがって 1 個の Na^+ の結合相手は無数にあることになる．

3.1.2 共有結合

複数の原子間で不対電子を提供し合い，その結果生じる結合電子対を共有することによってもたらされる結合を**共有結合**（covalent bond）と呼ぶ．同種元素間の結合（たとえば H_2 分子内の結合）は完全な共有結合であるが，電気陰性度に差がある元素間の結合（たとえば HCl 分子内の結合）にはイオン結合的な性格が混じっている．そのようなときには分子に極性が現れる．

共有結合の大きな特徴は二つある．一つは，形成可能な結合の数が元素に特有だという点である．たとえば炭素は 4 本の結合をつくることができ，硫黄は化合物によって 6 本，4 本または 2 本の結合をつくることができる．このことを**結合の飽和性**（saturation）と呼ぶ．もう一つは，ある原子に複数の原子が結合している場合，その原子の周りの結合角がほぼ決まっているという点である．たとえば水分子 H_2O においては H—O—H の結合角は 104.5° である．このことを**結合の方向性**（directionality）と呼ぶ．

高校では価電子を点で表して，たとえば窒素分子 N_2 を

$$:N:::N:$$

などのように表現する方法を学んだ．これは**点電子式**（electron-dot formula）または**ルイス構造**（Lewis structure）と呼ばれ，化学結合の理論のなかの**原子価結合理論**（valence bond theory）に基づく方法である．原子価結合理論の考え方は比較的理解しやすく，混成軌道などの便利な考え方も導くが，化学結合の本質を表現するにはやや不足であり，正確さに劣るという欠点がある．たとえば第 14 章以降で述べる錯体内の結合を原子価結合理論で説明しようとすると，錯体の性質を十分説明できないことが明らかになっている．したがって，おおかたの場合には原子価結合理論（平たくいえば，点電子式のような考え方）は便利であるが，それが常に使えるものではないことを認識する必要がある．

3.1.3 金属結合

金属結合（metallic bond）は固体または液体の金属のなかで形成される結合である．この特徴は，**結合相手の数が金属元素の価電子の数と無関係**な点にある．金属結合は共有結合の一種と見なすことが可能であるが，その理解のためにはまず，次節以降でとりあげる分子軌道の概略を知っておく必要がある．

3.1.4 配位結合

錯体のなかの中心金属イオンと配位子との間に形成される結合を**配位結合**（coordination bond）といい，これも共有結合の一種と見なすことができる．配位結合の詳細は 14.5 節で述べる．

3.2 分子軌道に基づく共有結合の考え方

分子軌道（molecular orbital）とは，分子を構成する原子の原子軌道が組み替えられてできる新たな軌道を指す概念である．

分子軌道を原子軌道の"足し算と引き算"（数学的には線形結合という）で表現する方法を **LCAO 法**（linear combination of atomic orbitals method）という．分子軌道の考え方に基づけば共有結合だけでなくイオン結合や配位結合，さらには金属結合までも，それらの性質をほぼ定量的に説明することができる．ここでは単純な等核二原子分子の共有結合を対象にとりあげ，説明を行う．

3.2.1 σ結合とπ結合

原子間の共有結合を σ 結合と π 結合とに区別する場合がある．ここでとりあげるような比較的軽い元素では，価電子は s 軌道と p 軌道に配置されている．二つの原子が互いに近づいて結合をつくるときには，それらの原子軌道も互いに近づき合って重なり合う．重なり合いの様式によって，結合の種類が区別される．

(1) σ 結合

① s 軌道どうし，② 互いに相手の方向に伸びた p 軌道（ここではこれを p_z 軌道と呼ぶことにする）どうし，また ③ s 軌道と p_z 軌道とが重なり合った場合には，結合軸に沿った原子軌道の重なり部分の投影は図3.1 に示すように円形になる．この投影の形状が s 軌道の投影と同じ形

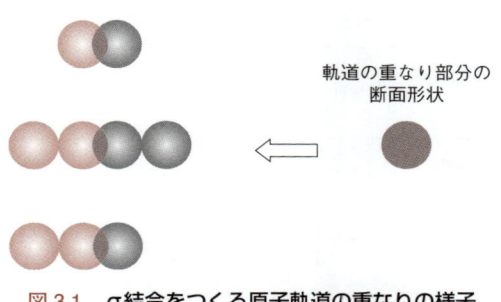

図 3.1 σ 結合をつくる原子軌道の重なりの様子

図 3.2　π 結合をつくる原子軌道の重なりの様子

状であることから，s に対応するギリシャ文字の σ をとって，これらの結合を **σ 結合**（σ bond）と呼ぶ．

(2) π 結合

二つの原子の p 軌道のうち，互いに相手の原子に対して垂直方向に伸びている p 軌道（ここではこれらを p_x 軌道，p_y 軌道と呼ぶことにする）どうしも図 3.2 に示すように，その側面を接触させるようにして小さな重なり合いをつくることができる．軌道どうしが側面で重なったところを結合軸に沿って眺めると，ちょうど元の p 軌道と同じ形が見えることから，p に対応するギリシャ文字の π をとって，このような結合を **π 結合**（π bond）と呼ぶ．π 結合では軌道の重なりが小さいので，一般に σ 結合よりも結合力が弱い．

3.2.2　結合性軌道と反結合性軌道

次に，原子軌道から分子軌道がつくられるプロセスを，2 個の H 原子から 1 個の H_2 分子が生成する場合を例にとって説明する．

2 個の H 原子には，それぞれ 1 本ずつ計 2 本の 1s 軌道がある．両者が接近すると，この 2 本の 1s 原子軌道が空間的に重なり合う．このとき 2 本の 1s 原子軌道は相互作用して，新たな 2 本の分子軌道に姿を変える[†]．

その結果，図 3.3 に示すように，元の 1s 原子軌道よりもエネルギーの低い **結合性軌道**（bonding orbital）と，元の 1s 原子軌道よりもエネ

[†] このことは量子化学では，2 本の 1s 原子軌道の波動関数 $\varphi_a 1s$ と $\varphi_b 1s$ の線形結合
$$\psi = \varphi_a 1s + \varphi_b 1s$$
$$\psi^* = \varphi_a 1s - \varphi_b 1s$$
ができる，と表現される．この ψ と ψ^* が分子軌道の波動関数である．

図 3.3　2 個の H 原子の 1s 軌道から H_2 分子の分子軌道がつくられる様子

```
                    σ*1s
                    ───
    ↑                              ↓
   ───          σ1s ↑              ───
  [H(a)]           ↑↓            [H(b)]
                   ───
                  [H─H]
```

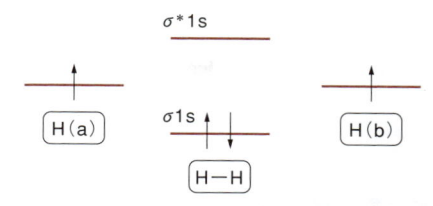

図 3.4 H$_2$ 分子の分子軌道に電子が再配置される様子

ルギーの高い**反結合性軌道**（antibonding orbital）ができる．分子軌道は原子軌道が元になってできるものであるから，分子の形成の前後で軌道の数が増えたり減ったりすることはない．H$_2$ 分子の場合には，元になる原子軌道の数は 2 個の H 原子の 1 本ずつの 1s 軌道の計 2 本だったので，できあがる分子軌道の数も 2 本となる．すなわち結合性軌道が 1 本，反結合性軌道が 1 本できることになる．それぞれの分子軌道には，原子軌道と同様に最大 2 個の電子が入りうる．したがって，依然として合計 4 個の電子が入りうる〝席〟があることになる．

H$_2$ 分子の結合性軌道は，1s 原子軌道どうしの重なり合いによってできるので σ 結合をもたらす．そのため，この結合性軌道を σ1s 軌道と呼ぶ．これに対して，反結合性軌道は * の記号をつけて σ*1s 軌道と呼ぶ．

さて，このようにしてできあがった H$_2$ 分子の分子軌道へ構成原理，パウリの排他原理，フントの規則に従って電子が再配置されていく．もともと 1s 軌道に配置されていた合計 2 個の電子は図 3.4 のように配置される．

電子は H 原子の 1s 軌道に配置されるよりも，H$_2$ 分子の σ1s 軌道に配置されたほうがエネルギーを低くできる．すなわち，電子がもともとの原子軌道よりもエネルギーの低い分子軌道（つまり結合性軌道）に入れば，電子のエネルギーが安定になる．共有結合ができるということは，結合の生成によって電子のエネルギーが安定化するということである．また H$_2$ 分子の形成によって安定化した分の電子のエネルギー（432 kJ/mol）が，H—H 結合の結合エネルギーである．

> **例題** なぜ 2 個の He 原子は He$_2$ という分子をつくらないのか．分子軌道の考えに基づいて説明せよ．

> **解答** 仮に He$_2$ という分子ができるものとして，その分子軌道に電子を配置してみる．まず He$_2$ 分子の分子軌道は，He 原子の 2 本の 1s 原子軌道から構成されるから，上に示した H$_2$ 分子の分子軌道と同じものになる．次に，その分子軌道に 4 個の電子を配置させてみると，

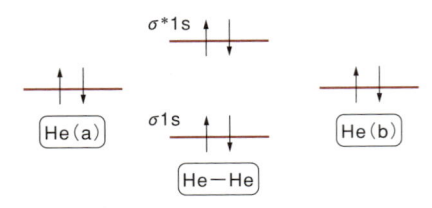

図 3.5　仮想的な He_2 分子の分子軌道への電子の配置
He_2 分子の形成前後で，電子のエネルギーは安定化されていない．

図 3.5 に示すように，電子は結合性の $\sigma 1s$ 軌道に 2 個，反結合性の $\sigma^* 1s$ 軌道に 2 個入ることになる．さて，そのように電子が配置されたときには，電子のエネルギーは結合をつくる前に比べて少しも安定になっていないことがわかる．すなわち He_2 という分子をつくっても電子のエネルギーが安定化しないので，そのような分子はできないことになる．◆

3.3　簡単な等核二原子分子の分子軌道

酸素原子 O の電子配置は図 3.6 のようになっている．このような O 原子 2 個が O_2 分子をつくる過程を考える．

二つの O 原子が接近すると，両者の原子軌道が空間的に重なり合って分子軌道ができる．このうち 1s 軌道どうしと 2s 軌道どうしからできる分子軌道には，結合性軌道と反結合性軌道の両方に電子が配置されるので，これらの分子軌道は正味の結合には寄与しない．ちょうど He_2 分子ができないのと同じ理由である．

次に 2p 軌道どうしからできる分子軌道を考える．いま，結合軸に向いた 2p 軌道を $2p_z$ 軌道とすると，$2p_z$ 軌道どうしは σ 結合をつくる．また $2p_y$ 軌道どうしと $2p_x$ 軌道どうしは π 結合をつくる．σ 結合が π 結合よりも強い結合（つまり安定な結合，いいかえるとエネルギーの低い結

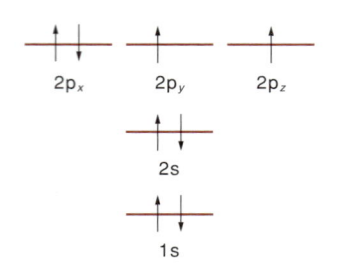

図 3.6　酸素原子 O の電子配置

3.3 簡単な等核二原子分子の分子軌道

図 3.7 2 個の O 原子の 2p 軌道から O$_2$ 分子の分子軌道がつくられる様子

合性軌道）であることを考慮すると，図 3.7 の中央に示すような分子軌道ができることがわかる．

さて，もともと 2 個の O 原子には合計 8 個の 2p 電子があったから，それらをこの分子軌道に配置すると図 3.8 のようになる．すなわち O$_2$ 分子内の O 原子間の化学結合は 6 個の結合性軌道の電子と，2 個の反結合性軌道の電子とによってもたらされている．

分子軌道で結合の多重度を表現する場合には，**結合次数**（bond order）の概念を用いる．結合次数は

$$\{(結合性軌道中の電子数) - (反結合性軌道中の電子数)\} \div 2 \tag{3.1}$$

で定義される．O$_2$ 分子内の結合の結合次数は

$$(6 - 2) \div 2 = 2$$

となる．

このような分子軌道の考え方に基づけば，O$_2$ 分子は 2 個の**不対電子**（unpaired electron）をもっていることになる．不対電子をもつ物質は，必ず**常磁性**（paramagnetism）か**強磁性**（ferromagnetism），あるいは**反強磁性**（antiferromagnetism）と呼ばれる性質を示すことが知られている．O$_2$ で膨らませたゴム風船を試験管につなぎ，試験管を液体窒素（沸点 -195.8 ℃）で冷やすと，やがてゴム風船がしぼむとともに試験管の底に淡青色の液体酸素がたまる．これに磁石を近づけると液体酸素が磁石に引き寄せられることから，O$_2$ が常磁性であることがわかる．このようにして，O$_2$ 分子が不対電子をもつことを実験的に確認することができる．

これに対して図 3.9 に示した点電子式の考え方では，O$_2$ 分子内の不対電子の存在を説明できず，その意味で，点電子式だけでは化学結合を正確に表すことができない場合があることに留意してほしい．

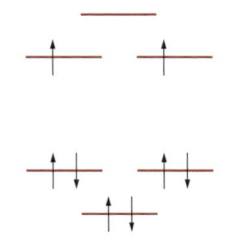

図 3.8 O 原子の 2p 軌道由来の O$_2$ 分子の分子軌道への電子の配置

図 3.9 点電子式で表した O$_2$ 分子の化学結合
不対電子の存在を表すことができない．

表 3.1　O_2 分子とそのイオンの比較

	O_2^+	O_2	O_2^-	O_2^{2-}
結合次数	2.5	2	1.5	1
原子間距離 (pm)	112	120.7	126	148
結合エネルギー (kJ/mol)	641	495	328	210

〔曽根興三著,『酸化と還元』, 培風館 (1978) より引用〕

† IUPAC 2005 年勧告では二酸化（・1＋）イオンである.

†2 一般に結合次数が大きいほど強い結合といえる.

　酸素分子 O_2 から電子を 1 個取り去ると O_2^+ ができる†. このイオンは, 酸素分子よりも反結合性軌道に入っている電子が 1 個少ない. そのため結合次数は 2.5〔＝(6 − 1) ÷ 2〕になる. このことは O_2^+ のなかの O と O の間の結合は, 酸素分子 O_2 中のそれよりも強いことを意味する†2. 反対に, 酸素分子 O_2 に電子が 1 個付与した**超酸化物イオン**（スーパーオキシドイオン, superoxide ion）O_2^- や 2 個付与した**過酸化物イオン**（peroxide ion）O_2^{2-} のなかの O と O の間の結合は酸素分子 O_2 中のそれよりも弱い. 表 3.1 に関連する物質の酸素–酸素原子間距離と結合エネルギーを示す. このような傾向は, 分子軌道の概念を用いることによって, はじめて説明することができる.

　近年, 生体にさまざまな影響をもたらすとして**活性酸素**（active oxygen）が注目されている. 活性酸素は単一の物質の呼称ではなく, 複数の物質群を指す総称であるが, 活性酸素の性質を理解するうえでも, 分子軌道に基づいた考え方が必要である（第 7 章参照）.

　図 3.10 に示すようにフッ素分子 F_2 内の結合も, O_2 分子と同様の分子軌道に電子を配置することによって表現できる. また NO, NO^+, NO^- などの分子やイオンも同様である.

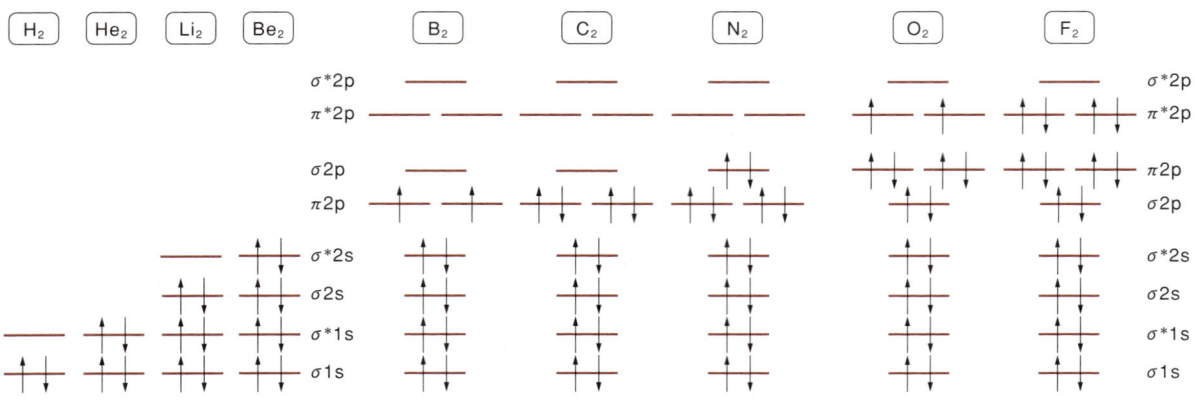

図 3.10　等核二原子分子の電子配置

一方，B_2，C_2，N_2 などの分子の分子軌道では O_2 分子のそれとは異なり，2p 軌道由来の σ 軌道のエネルギーが π 軌道のエネルギーよりも高くなる（図 3.10）．これは B，C，N などでは 2s 軌道と 2p 軌道のエネルギーの差が小さいために，2p 軌道からできる σ 軌道のエネルギーが押し上げられることに起因する．

例題 B_2 という二原子分子はどのような磁性を示すか，図 3.10 から推測せよ．

解答 不対電子が 2 個あるので，常磁性を示すと推測される．◆

例題 Li_2 と Be_2 のうち，安定に存在しない二原子分子はどちらか．

解答 図 3.10 に基づいて，式 (3.1) から結合次数を算出すると，それぞれ 1 と 0 となる．したがって Be_2 が安定に存在しない．◆

例題 O_2^+，O_2，O_2^- および O_2^{2-} には，それぞれ何個の不対電子が存在するか．

解答 図 3.10 より，それぞれ 1 個，2 個，1 個，0 個の不対電子が存在する．◆

学習のキーワード

☐ イオン結合　☐ 共有結合　☐ 結合の飽和性　☐ 結合の方向性　☐ 点電子式（ルイス構造）　☐ 原子価結合理論　☐ 金属結合　☐ 配位結合　☐ 分子軌道　☐ LCAO 法　☐ σ 結合　☐ π 結合　☐ 結合性軌道　☐ 反結合性軌道　☐ 結合次数　☐ 不対電子　☐ 常磁性　☐ 強磁性　☐ 反強磁性　☐ 超酸化物イオン　☐ 過酸化物イオン　☐ 活性酸素

━━━ 章末問題 ━━━

3.1 O_2 分子の分子軌道では，なぜ σ 軌道のエネルギーが π 軌道のエネルギーよりも低くなるのか．

3.2 O_2^+，O_2，O_2^-，O_2^{2-} のそれぞれについて分子軌道に電子を配置し，結合次数を求めよ．また，それに基づいて酸素−酸素原子間距離の長いものから順に並べよ．

3.3 NO，NO^+，NO^- それぞれに含まれる不対電子の数と，N と O の間の結合次数を求めよ．

Chapter 4 酸と塩基

■ この章の目標 ■

古くは酸味を感じさせるものを酸,酸と化合して塩を形成するものを塩基と呼んだ時代があった.しかし酸と塩基の理解が進むにつれ,より根本的な現象に基づいて酸と塩基を定義する必要が生じた.現在ではわずかな例外を除けば,酸化還元反応以外の化学反応は,ルイスの定義に基づく酸塩基反応と見なすことができる.また有機化学を学ぶうえでも,ルイスの定義による酸と塩基の理解が必要である.

この章では,古くて狭い酸と塩基の定義の確認から始めて,ルイスによる酸と塩基の定義までを学ぶ.

4.1 酸と塩基の定義

4.1.1 アレニウスの定義

アレニウス(Arrhenius)は式 (4.1) のように水溶液中で H^+ を放出するものを酸と定義した[†].

$$HCl \rightleftharpoons H^+ + Cl^- \tag{4.1}$$

一方,式 (4.2) と (4.3) のように,OH^- を放出するものを塩基と定義した.

$$NaOH \rightleftharpoons Na^+ + OH^- \tag{4.2}$$

$$NH_3 + H_2O \rightleftharpoons NH_4^+ + OH^- \tag{4.3}$$

したがって,たとえば酢酸(CH_3COOH)水溶液と水酸化ナトリウム($NaOH$)水溶液との反応においては,酸と塩基の関係は式 (4.4) のようになる.

[†] 実際には水溶液中では H^+ は H_3O^+〔**オキソニウムイオン**(oxonium ion)〕として存在する.

$$CH_3COOH + NaOH \longrightarrow CH_3COONa + H_2O \qquad (4.4)$$
　　　　酸　　　　塩基　　　　　塩

　このようなアレニウスの定義は，水溶液中の反応についてしか適用することができない．そのため，希塩酸とアンモニア水から塩化アンモニウム水溶液が生じる反応は酸塩基反応と見なすことができるのに，気体の塩化水素と気体のアンモニアから固体の塩化アンモニウムが生じる反応は酸塩基反応と見なすことができないといった不便が生じる．また氷酢酸や液体アンモニアなどを溶媒とした化学反応にも，アレニウスの定義は用いることができない．

4.1.2　ブレンステッド・ロウリーの定義

　ブレンステッド（Brønsted）とロウリー（Lowry）は互いに独立に，アレニウスの定義の不便さを克服する定義を提唱した．その定義によれば，水溶液中に限らずプロトン性溶媒[†]や気相において，式（4.5）のように H^+ を放出するものを酸，式（4.6）のように H^+ を受けとるものを塩基と見なす．

$$HCl \rightleftharpoons H^+ + Cl^- \qquad (4.5)$$
$$NH_3 + H^+ \rightleftharpoons NH_4^+ \qquad (4.6)$$

するとアレニウスの定義では酸塩基反応と見なすことができなかった，気相での塩化水素とアンモニアとの反応も酸塩基反応と見なすことができるようになる．ブレンステッドとロウリーの定義による酸と塩基を，簡単のために**ブレンステッド酸**（Brønsted acid），**ブレンステッド塩基**（Brønsted base）と呼ぶ．

　水溶液中以外でのブレンステッド・ロウリーの定義による酸塩基反応の例を式（4.7）に示す．これは濃硫酸 H_2SO_4 中の反応であり，生成する HCl は気体である．

$$H_2SO_4 + NaCl \longrightarrow HCl + NaHSO_4 \qquad (4.7)$$
　　酸　　　塩基　　　酸　　　塩基

　ブレンステッド・ロウリーの定義には**共役**（conjugate）という概念が伴う．すなわち**酸が H^+ を放出したあとの化学種**[†2]を共役塩基（conjugate base），**塩基が H^+ を受けとったあとの化学種**を共役酸（conjugate acid）という．

[†] プロトン性溶媒とは，自分自身で解離してプロトン H^+ を生じる溶媒のことで水，酢酸，メタノール，液体アンモニアなどが，その例である．

[†2] 化学種とは物質を構成する種のことで，とくに化学的に見た場合にこう呼ぶ．原子や分子，イオンなどが化学種である．

> **例題** 式 (4.5) および (4.6) 中の，共役な酸と塩基の対を示せ．

解答 式 (4.5) では HCl が酸で，Cl⁻ が塩基．式 (4.6) では NH_3 が塩基で，NH_4^+ が酸．◆

さて溶媒を水と限定した場合には酢酸は酸であり，水酸化ナトリウムは塩基である．では酢酸（CH_3COOH）水溶液と水酸化ナトリウム（NaOH）水溶液とで中和反応を行うときには，酸とその共役塩基，および塩基とその共役酸はどれだろうか．このときの反応は式 (4.8) のように書き表すこともできるし，また式 (4.9) のように CH_3COOH の解離で生じた H_3O^+ が NaOH と反応していると考えれば，式 (4.10) のように書き表すこともできる．

$$CH_3COOH + NaOH \rightleftharpoons CH_3COO^- + Na^+ + H_2O \qquad (4.8)$$
　　酸　　　　塩基　　　　共役塩基　　　　共役酸

あるいは

$$CH_3COOH + H_2O \rightleftharpoons CH_3COO^- + H_3O^+ \qquad (4.9)$$

$$NaOH + H_3O^+ \rightleftharpoons Na^+ + 2H_2O \qquad (4.10)$$
　塩基　　酸　　　　共役塩基かつ共役酸

つまり，酸と塩基とを一義的に示すことが難しい場合もあるということである．

またブレンステッド・ロウリーの定義では，**酸と塩基の強さを定量的に表現することができる**という利点がある．いま例として，式 (4.11) のように酢酸 CH_3COOH が解離している場合を考える．

$$CH_3COOH + H_2O \rightleftharpoons CH_3COO^- + H_3O^+ \qquad (4.11)$$

このとき**酸解離定数**（acid dissociation constant）K_a が定義できる．酢酸の濃度を c，α を電離度（c によって変化する）として，式 (4.11) をそれぞれの化学種の濃度を併記してあらためて示すと

$$CH_3COOH + H_2O \rightleftharpoons CH_3COO^- + H_3O^+ \qquad (4.11)'$$
　$c(1-\alpha)$　　　　　　　　$c\alpha$　　$c\alpha$

となる．このとき

$$K_a = \frac{c\alpha^2}{1-\alpha}$$

である．酸解離定数 K_a は物質（つまり，酸）に固有の値で，温度が一

表 4.1　いろいろな酸の pK_a の値 [a]

酸	pK_a	酸	pK_a	酸	pK_{a1}	pK_{a2}	pK_{a3}
$HClO_4$	<0	CH_3COOH	4.76	H_2SO_4	<0	1.96	
HNO_3	<0	$C_2H_5NH^+$	5.42	シュウ酸	1.27	4.29	
H_3PO_2	1.23	$HClO$	7.53	H_3PO_3	1.5	6.79	
$HClO_2$	1.95	$HBrO$	8.62	H_2SO_3	1.91	7.18	
HNO_2	3.15	HCN	9.21	H_2CO_3	6.35	10.33	
HF	3.17	H_3BO_3	9.24	H_2S	7.02	13.9	
安息香酸	4.19	NH_4^+	9.25	H_3PO_4	2.15	7.2	12.35
HN_3	4.65	フェノール	9.9				
		H_2O_2	11.65				

a) 水溶液, 25℃での値. また pK_{a1}, pK_{a2}, pK_{a3} に含まれる K_{a1}, K_{a2}, K_{a3} は逐次酸解離定数と呼ばれる. 4.2 節を参照のこと.
〔荻野博ほか著, 『基本無機化学』, 東京化学同人 (2000) より改変〕

定なら c に依存せず一定である.

　K_a は通常, 非常に小さい値をとるので, この数値を取り扱いやすくするために

$$pK_a = -\log K_a$$

の値が用いられる. 表 4.1 にいくつかの酸の pK_a の値を示す. なお酸を HA, 共役塩基を A^- と表せば, 水溶液の pH が pK_a の値に等しいときには, HA と A^- のモル濃度は等しくなる.

　水を溶媒とする場合には, 塩化水素や硝酸は完全に解離するので, 両者の酸の強さを比較することはできず, いずれも同じ強さの酸ということになってしまう. この現象を**水平化効果** (leveling effect) という. 氷酢酸などを溶媒とすることによって, なじみの深い強酸を強さの順に左から並べると, 以下のようになることがわかっている[†].

$$HClO_4 \rightarrow HBr \rightarrow H_2SO_4 \rightarrow HCl \rightarrow HNO_3$$

式 (4.7) に示した反応は右に進むことからも, 硫酸 H_2SO_4 は塩化水素 HCl よりも強いブレンステッド酸であることがわかる.

† ブレンステッド酸の強さについては 4.2 節でくわしく述べる.

4.1.3　ルイスの定義

　ルイス (Lewis) は酸と塩基の概念をさらに拡張し, **非共有電子対** 〔unshared electron pair. **孤立電子対** (lone pair) ともいう〕をもっているもの, すなわち**電子対供与体** (electron-pair donor) を塩基, それを収容できる空軌道をもつもの, つまり**電子対受容体** (electron-pair acceptor) を酸と定義した. この定義が最も包括的な定義である.

　端的にいえば

$$A + :B \longrightarrow A:B$$

という結合が形成されるとき A を酸，:B（: は非共有電子対）を塩基と定義したのである．ルイスの定義による酸と塩基を，簡単のために**ルイス酸**（Lewis acid），**ルイス塩基**（Lewis base）と呼ぶ．

この定義によれば，プロトン性溶媒の有無にかかわりなく酸と塩基を定義できる．前項の式 (4.8) から (4.10) でとりあげた，酢酸水溶液と水酸化ナトリウムとの中和反応においては，ルイスの定義によれば，塩基として働いているものは非共有電子対をもっている OH^- のみであり，酸は H^+ のみである．

$$H^+ + OH^- \rightleftharpoons H_2O \qquad (4.12)$$
酸　　塩基

すなわち酢酸ではなく硫酸を用い，水酸化ナトリウムの代わりにアンモニア水を用いて中和反応を進行させた場合でも，酸はあくまでも H^+，塩基はあくまでも OH^- ということになる．

ルイスによる酸と塩基の定義は，一見，酸塩基反応に見えないような反応，たとえば錯形成反応にも拡張することができる[†]．次の反応

$$Cu^{2+} + 4NH_3 \longrightarrow [Cu(NH_3)_4]^{2+} \qquad (4.13)$$

では，Cu^{2+} の空軌道に NH_3 の非共有電子対が配位する．また

$$FeCl_3 + Cl_2 \longrightarrow FeCl_4^- + Cl^+ \qquad (4.14)$$

では，Fe^{3+} の空軌道に Cl^- の非共有電子対が配位する．

陽イオンと陰イオンとが関与するような反応では，陽イオンは常にルイス酸であり，陰イオンは常にルイス塩基である．

ブレンステッド・ロウリーの定義と異なる点は，**ルイスの定義に基づく酸と塩基には強弱の概念がない**ということである．また，当然ながら **pH という概念も無関係**である．したがって〝酢酸は硫酸よりも弱いルイス酸である″などという表現は間違いである．酢酸や硫酸が関与する反応でもルイス酸として働いているのは H^+ であって，酢酸や硫酸分子そのものではない．酸そのものである H^+ が，かつて酢酸分子に属していたか，硫酸分子に属していたかというようなことは，ルイスの定義においては意味をなさない．

[†] 14.5 節を参照のこと．そこでは配位結合についてもくわしく述べる．

> **例題** 次の化学反応式中のルイス酸とルイス塩基を示せ．
> (a) $NH_3(g) + HCl(g) \longrightarrow NH_4Cl(s)$
> (b) $Al^{3+} + 6\,H_2O \longrightarrow [Al(OH_2)_6]^{3+}$
> (c) $BF_3 + NH_3 \longrightarrow F_3B-NH_3$
> (d) $Ag^+ + 2\,NH_3 \longrightarrow [Ag(NH_3)_2]^+$

解答 それぞれ酸，塩基の順に示す．(a) H^+，NH_3．(b) Al^{3+}，H_2O（Al^{3+}の空軌道が電子対を収容）．(c) BF_3，NH_3（B 上には電子が 6 個しかない）．(d) Ag^+，NH_3（Ag^+の空軌道が電子対を収容）．◆

4.2 ブレンステッド酸および塩基の強弱に影響する因子

ブレンステッド酸の強さは，H^+の離れやすさといいかえることができる．強いブレンステッド酸ほど容易に H^+ を放出する傾向が強い．逆に，強い塩基は H^+ を離しにくいものということになる．このことから導かれる，ブレンステッド酸と塩基の強弱に関するいくつかの簡便な判断基準を以下に記す．

> ① 多段解離する酸の場合には，解離が進むほど弱い酸になる．

たとえば，次の反応を考える．

$$H_3PO_4 \rightleftharpoons H^+ + H_2PO_4^- \qquad pK_{a1} = 2.15$$
$$H_2PO_4^- \rightleftharpoons H^+ + HPO_4^{2-} \qquad pK_{a2} = 7.20$$
$$HPO_4^{2-} \rightleftharpoons H^+ + PO_4^{3-} \qquad pK_{a3} = 12.35$$

ここで K_{a1}, K_{a2}, …… を**逐次酸解離定数**（consecutive acid dissociation constant）と呼ぶ．酸の種類にかかわらず，酸解離が一段進むごとに逐次酸解離定数は約 10^{-5} ずつ小さくなる．これは H^+ が解離するにつれて，共役塩基の負電荷が増えていくので，さらなる H^+ の解離が抑制されていくためである．

> ② H^+ を解離したあとに，負電荷の空間的な広がりの大きな陰イオンができる酸ほど強い酸になる．

ブレンステッド酸を，H^+ と残りの陰イオンとが静電引力で引きつけ合っている物質と見なすことは，酸の強さを予測するうえでは良い近似

である．両者の間に働く静電引力は，H^+ と負電荷の中心との距離の2乗に反比例するから，陰イオンのなかの負電荷の空間的な広がりが大きければ H^+ を引きとめておく力がそれだけ弱くなるので，強い酸ということになる．

図4.1には**フッ化水素**(hydrogen fluoride) HF と**ヨウ化水素**(hydrogen iodide) HI の分子を模式的に描いた．ここで，それぞれのハロゲン化物イオン F^- と I^- の半径は 131 pm と 220 pm であるから，HI のほうが HF よりも H^+ を解離しやすい，すなわち強いブレンステッド酸であろうと予測される．事実もその通りになっている．

酢酸はエタノールよりも強いブレンステッド酸である．この場合も，酸解離したあとにできる陰イオンの構造を比較してみるとよい．

エタノール CH_3CH_2OH の場合

$$CH_3CH_2OH \rightleftharpoons CH_3CH_2O^- + H^+ \qquad (4.15)$$

という解離で生じる陰イオンのなかでは，負電荷は末端の O^- 上だけに集中して存在していることになる．一方，酢酸 CH_3COOH の場合には

$$CH_3COOH \rightleftharpoons CH_3COO^- + H^+ \qquad (4.16)$$

という解離で生じる酢酸イオン CH_3COO^- は

$$CH_3C\!-\!O^- \longleftrightarrow CH_3C\!=\!O \qquad (4.17)$$
$$\||$$
$$OO^-$$

のような共鳴混成体をつくることができるため，負電荷はより空間的に広く分布できることになる．このことが酢酸を，エタノールよりも強いブレンステッド酸にしている原因と考えることができる．

> ③ オキソ酸の組成を $EO_m(OH)_n$ と表すとき，H^+ と結合していない酸素 O の数 m が大きいほど，強い酸になる．

これは②の別表現である．**オキソ酸**（oxoacid，**酸素酸**ともいう）とは，解離する H^+ が酸素と結合しているような酸のことである．m と pK_{a1} との間にはおよそ次の表のような関係がある．

m	pK_{a1}
0	7〜9.5
1	2〜3
2	〜 −3
3	大きな負の値

図 4.1 フッ化水素とヨウ化水素の模式図

フッ化水素HF（弱酸）
F^- : 131pm

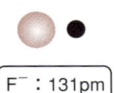

ヨウ化水素HI（強酸）
I^- : 220pm

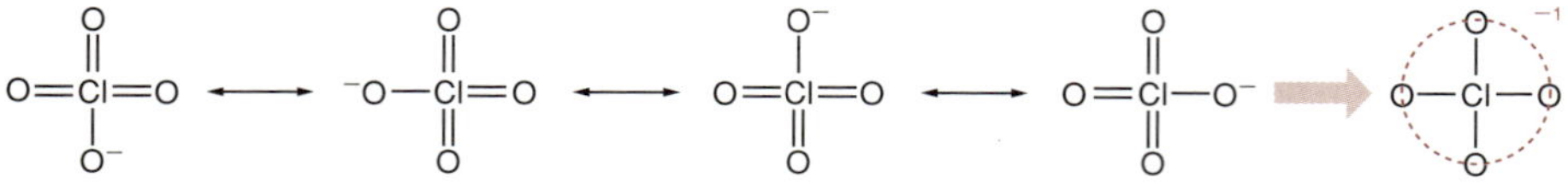

図 4.2　過塩素酸イオンの共鳴構造

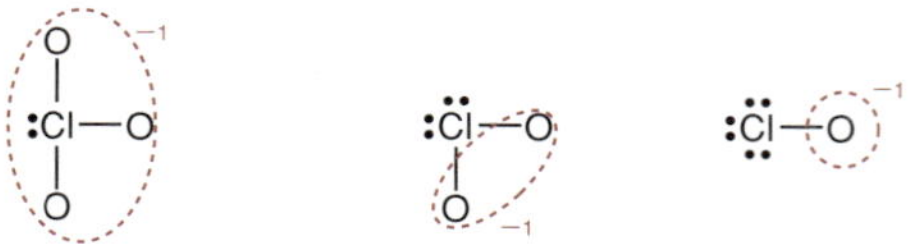

図 4.3　ClO_3^-, ClO_2^-, ClO^- 中の負電荷の分布

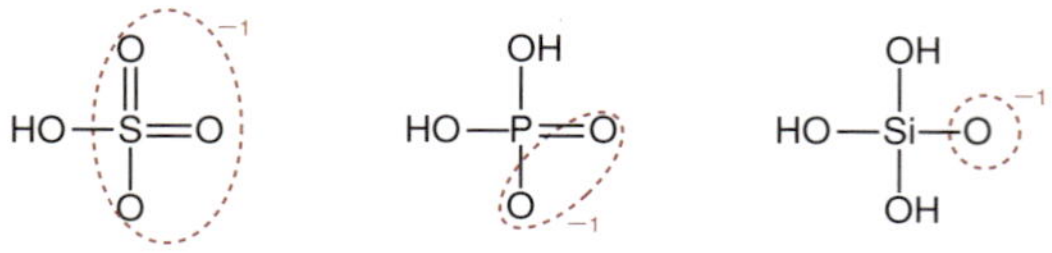

図 4.4　HSO_4^-, $H_2PO_4^-$, $H_3SiO_4^-$ 中の負電荷の分布

† $HClO_4$, H_2SO_4, H_3PO_4, H_4SiO_4 の順に弱い酸になっていくことについては，中心原子の電気陰性度がこの順に低くなっていくためであるという説明も可能である．図 4.5 に示すように中心原子の電気陰性度が低ければ，H^+ と結合している酸素 O 上の負の部分電荷 $\delta-$ が増大し，その分，H^+ と強く結合するようになり，弱い酸になっていくのである．本文とこの注のどちらの説明も理にかなっているが，部分電荷の概念になじみのない時点では，この注のような説明は理解しにくいかもしれない．

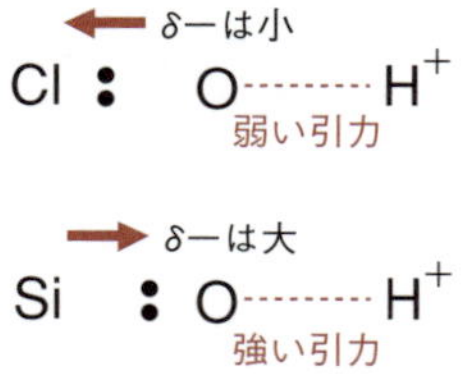

図 4.5

アルカリと塩基について
"アルカリ"と"塩基"という言葉を混用することが多い．これまでの記述のなかの"塩基"を"アルカリ"といいかえることは不適当である．ただし pH が 7.0 よりも高い水溶液を"アルカリ性水溶液"ということはできる．

たとえば**過塩素酸**（perchloric acid）$HClO_4$ は $ClO_3(OH)_1$ と表せるから $m = 3$ で，きわめて強い酸である．**亜塩素酸**（chlorous acid）$HClO_2$, **亜硫酸**（sulfurous acid）H_2SO_3, **リン酸**（phosphoric acid）H_3PO_4 はそれぞれ $ClO_1(OH)_1$, $SO_1(OH)_2$, $PO_1(OH)_3$ と表すことができ，すべて $m = 1$ であることから pK_{a1} が 2〜3 程度であると予想される．実際の pK_{a1} もそれに近い値を示す．

このことは H^+ が解離したあとに残る負電荷を，たくさんの酸素で共同して担うことができるような酸ほど強い酸になるということに対応している．図 4.2 には過塩素酸イオン ClO_4^- の共鳴構造を示すが，このイオンは分子内の負電荷を四つの酸素 O で分担できるような構造をとっている．このような分子では，H^+ を引きつけるための負電荷が広い空間に低密度で分布しているので，H^+ を強く保持できないことが想像できるだろう．

$HClO_3$, $HClO_2$, $HClO$ の順に，H^+ が解離したあとに残る負電荷を担う酸素 O の数が減っていくので，負電荷が狭い空間に高密度に集中するようになり（図 4.3），H^+ が強く引きつけられていく．この結果，この順に弱い酸になっていく．

また H_2SO_4, H_3PO_4, H_4SiO_4 も，それぞれ一段解離したあとの陰イオンは図 4.4 のようになり，この順序で弱い酸になっていくことが理解できるだろう†．

4.3 ルイス酸および塩基の硬さ・軟らかさ

41ページに記したように，ルイスの定義に基づく酸と塩基には強弱の概念を持ち込むことができない．このことを以下に例とともに示していく．

いまCa^{2+}を含む水溶液Aと，Ag^+を含む水溶液Bがあるとする．両者に硫化水素H_2Sを通じると水溶液BではAg_2Sが沈殿するが，Aではなにも起こらない．一方，水溶液AとBにNH_4Fを加えると，AではCaF_2が沈殿するが，BではAgFは容易に沈殿しない．これらのことから，S^{2-}というルイス塩基に対しては，Ag^+はCa^{2+}やH^+よりも反応性が高く，F^-というルイス塩基に対しては，Ca^{2+}はAg^+やNH_4^+よりも反応性が高いことがわかる．ブレンステッド・ロウリーの定義による酸塩基反応では

（強酸・弱塩基の塩）＋（弱酸・強塩基の塩）
⟶（強酸・強塩基の塩）＋（弱酸・弱塩基の塩）

という反応が進行するが，同じような考え方をルイスの定義による酸塩基反応に持ち込もうとすると，塩基の種類によって酸の強弱の順序が変わってしまうことになる．したがってルイス酸とルイス塩基の強弱を論じることは無意味であって，むしろルイス酸とルイス塩基の間には，なんらかの"相性"の良し悪しがあると考えるほうが実際的である．その相性を決める要因は，ピアソン（Pearson）が提唱した"酸と塩基の硬さ・軟らかさ"という概念であり**HSAB**（hard and soft acids and bases）と呼ばれる．

表4.2にHSABに基づいたルイス酸とルイス塩基の分類の例を示す．硬い酸は硬い塩基と結合しやすく，軟らかい酸と軟らかい塩基も互いに結合しやすい．硬さ・軟らかさとは，もともとルイス酸とルイス塩基の周囲の電子雲の変形のしやすさを表現した言葉である．**軟らかい酸・塩**

表4.2 硬い酸・塩基および軟らかい酸・塩基

	硬い	中間	軟らかい
酸	H^+, Li^+, Na^+, K^+, Be^{2+}, Mg^{2+}, Ca^{2+}, Al^{3+}, Co^{3+}, Sc^{3+}, Fe^{3+}, La^{3+}, Sn^{4+}, Pb^{4+}, Ti^{4+}, BF_3	Fe^{2+}, Co^{2+}, Ni^{2+}, Cu^{2+}, Zn^{2+}, Pb^{2+}, Sn^{2+}	Cu^+, Ag^+, Au^+, Tl^+, Pd^{2+}, Cd^{2+}, Pt^{2+}, Hg^{2+}, Hg_2^{2+}
塩基	NH_3, H_2O, O^{2-}, OH^-, F^-, Cl^-, ClO_4^-, NO_3^-, CH_3COO^-, SO_4^{2-}, PO_4^{3-}	N_2, NO_2^-, N_3^-, Br^-, SO_3^{2-}	H^-, CN^-, I^-, CO, S^{2-}, C_2H_4

硬い酸・塩基の対　　　　中間の酸・塩基の対　　　　軟らかい酸・塩基の対

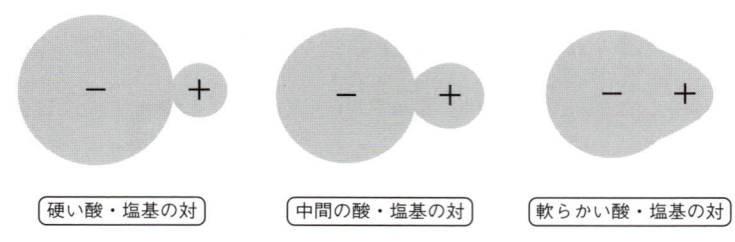

図 4.6　硬さ・軟らかさの異なる酸・塩基の対の結合

基の対は共有結合性の高い結合をつくりやすく，硬い酸・塩基の対はイオン結合性の高い結合をつくりやすい．その様子を図 4.6 に示す．

　硬い酸には①1 族および 2 族の陽イオン，②電荷の大きな陽イオンが含まれ，軟らかい酸には①11 族および 12 族の陽イオン，②電荷の小さな陽イオンが含まれる傾向がある．また同じ価数の陽イオンなら，電気陰性度の低い元素の陽イオンは硬いという傾向も見られるし，同じ元素，たとえば Fe のイオンならば，価数の大きなイオン Fe^{3+} は小さなイオン Fe^{2+} よりも硬いということもわかる．

例題　HSAB に基づいて，次の平衡がどちらに偏っているかを予測せよ．
(a) $HgF_2 + BeI_2 \rightleftharpoons BeF_2 + HgI_2$
(b) $ZnS + CaCl_2 \rightleftharpoons ZnCl_2 + CaS$

解答　(a) 右．(b) 左．◆

例題　次の操作によって沈殿する化合物を予測せよ．
(a) Ag^+ と Fe^{3+} を含む水溶液にヨウ化ナトリウム（NaI）水溶液を加える．
(b) Ca^{2+} と Cu^{2+} を含む水溶液に硫化カリウム（K_2S）水溶液を加える．
(c) Fe^{3+} と Zn^{2+} を含む水溶液に水酸化ナトリウム（NaOH）水溶液を加える．

解答　(a) AgI．(b) CuS．(c) $Fe(OH)_3$ が最初に沈殿する．その後に $Zn(OH)_2$ が沈殿する．◆

学習のキーワード

□オキソニウムイオン □ブレンステッド酸 □ブレンステッド塩基 □共役 □共役塩基 □共役酸 □酸解離定数 □水平化効果 □非共有電子対（孤立電子対） □電子対供与体 □電子対受容体 □ルイス酸 □ルイス塩基 □逐次酸解離定数 □フッ化水素 □ヨウ化水素 □オキソ酸（酸素酸） □過塩素酸 □亜塩素酸 □亜硫酸 □リン酸 □HSAB

章末問題

4.1 Cu^{2+} を含む水溶液に，徐々にアンモニア水を加えていくと，大きく二つの化学変化を観察することができる．それら二つの化学変化の反応式を書け．また，それぞれの反応におけるルイス酸とルイス塩基を示せ．

4.2 次の化学反応式について，カッコ内に示された物質を示せ．
 (a) $H_2PO_4^- + H_3O^+ \rightleftharpoons H_3PO_4 + H_2O$　（左辺のブレンステッド酸）
 (b) $Ca^{2+} + CO_3^{2-} \rightleftharpoons CaCO_3$　（左辺のルイス酸）
 (c) $AlF_3 + F^- \rightleftharpoons AlF_4^-$　（左辺のルイス塩基）

4.3 次の各組の塩基について，プロトン親和性の順序，すなわちブレンステッド塩基の強さの順序を推定せよ．
 (a) N^{3-}, O^{2-}, OH^-　 (b) ClO_4^-, HSO_4^-, $H_2PO_4^-$　 (c) H_2O, H_2S, H_2Se, H_2Te

4.4 H_3O^+ と NH_4^+ とでは，どちらが強いブレンステッド酸か．

4.5 次の平衡は，左右どちらに偏っているか．
 (a) $Cu(OH)_2 + CaI_2 \rightleftharpoons CuI_2 + Ca(OH)_2$
 (b) $AgF + KI \rightleftharpoons AgI + KF$

4.6 酸性水溶液（オキソニウムイオン H_3O^+ を多く含む溶液）にアンモニアを吹き込んで中和反応を起こす．この過程について，ブレンステッドの定義による酸塩基反応の化学反応式を書け．また，その反応式の左辺のブレンステッド酸とその共役塩基を示せ．

Chapter 5 酸化と還元

■この章の目標■

　一つの化学種から他の化学種に電子が移動するとき，電子を奪われるほうの化学種は**酸化**（oxidation）を受け，電子を与えられた化学種は**還元**（reduction）を受けるという．

　イオン化傾向とは，水溶液中で金属が電子を失って陽イオンになろうとする傾向のことである．イオン化傾向の大きな金属は酸化されやすく，小さな金属は酸化されにくい．

　このイオン化傾向は，比較的身近な金属の電子の失いやすさを定性的に示したものにすぎない[†]．イオン化傾向に代わる定量的な尺度が標準酸化還元電位である．

[†] イオン化傾向とイオン化エネルギーとは，おおまかな類似性はあるものの，同じではない．イオン化エネルギーは**気相にある原子を気相の1価の陽イオンにするために必要なエネルギー**のことであり，イオン化傾向とは**室温で固体の金属から，室温で水溶液中の水和イオンになる（価数はまちまち）ときのなりやすさ**のことである．

5.1　イオン化傾向の定量的表現 — 標準酸化還元電位 —

5.1.1　電極電位

　ある金属の**イオン化傾向**（ionization tendency）を定量化するための出発点として，金属板を浸した水溶液の系を考えてみる．いま簡単のため図5.1のように，金属を水に浸したとしよう．このような系は**半電池**（half cell）と呼ばれる．

　金属原子Mは電子e^-を金属中に残しながら，自分自身はM^{n+}にイオン化されて水にわずかに溶けるとする．それにつれて水（水溶液）は正に，金属は負に帯電し，水溶液と金属との間には**電位差**（potential）が発生することになる．水溶液に対して金属が十分に負の電荷を帯びると，水溶液中のM^{n+}を引き戻す傾向が強まるから，金属原子Mの溶出はあるところで停止し，金属と水溶液の間には

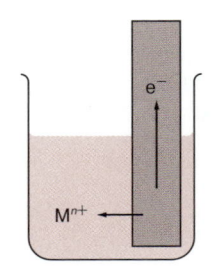

$$M^{n+} + n\,e^- \rightleftharpoons M \tag{5.1}$$

図5.1　半電池

という平衡が成り立つとともに，水溶液と金属との間の電位差も一定のところに落ち着く．式 (5.1) のような反応を**半反応**（half reaction）という．

式 (5.1) 中の M と M^{n+} の対を**酸化還元対**（oxidation-reduction couple）と呼ぶ．酸化還元対を M^{n+}/M のように便宜的に表すこともある．

半反応を表すときには，式 (5.1) のように

$$（酸化体）＋（電子）\longrightarrow（還元体） \tag{5.2}$$

または

$$（酸化体）＋（電子）\rightleftharpoons（還元体） \tag{5.3}$$

のように，**酸化数の大きい化学種を左辺に書く**．

平衡に到達した半電池において，水溶液を基準にした金属の電位を**電極電位**（electrode potential）と呼ぶ．イオン化傾向が大きくて卑な金属ほど，電極電位は負に大きくなる[†]．電極電位を直接に測定することができれば，すぐに金属のイオン化傾向を定量的に表すことが可能になるはずであるが，残念ながら単独の半電池の電極電位を測定することは原理的に不可能である[†2]．

5.1.2 二つの半電池の電極電位の差 — 電池の起電力 —

その一方で，二つの半電池の電極電位の差は実験的に測定することができる．図 5.2 にはダニエル電池の模式図を示す．二つの溶液をつないでいるものは**塩橋**（salt bridge）といい，寒天に適当な塩の溶液をしみ込ませたりしてつくったものである．塩橋は，両側の溶液が混じり合わないようにしつつ，両方の溶液の電位を等しくするためのものである．高校の教科書には素焼きの板などで両方の溶液を仕切っている図が載っ

[†] イオン化傾向の小さい，貴な金属の電極電位は正の値をもつことになる．これは水溶液を基準にして金属に正の電位を与えていったとき（つまり電子を奪う力を加えていったとき），金属が水に溶けだしはじめる電位のことだと考えればよい．

[†2] 電圧計の電極の一端を水溶液に浸し，もう一端を金属につなげば電極電位を直接に測ることができそうに思えるが，そうではない．そのようにして測定した電圧（電位差）は金属と水溶液との電位差だけでなく端子と金属，および端子と水溶液との間の電位差もすべて含んでいるのである．基本的に電位は〝同じ組成の物質〟の間でしか測定することができない．

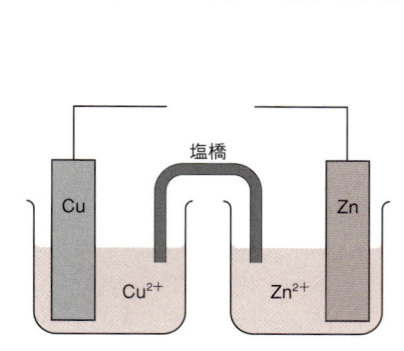

図 5.2　ダニエル電池

ているものもあるが，その役目は同じである．

ダニエル電池をつくって端子に電圧計をつなぐと，両方の溶液中の金属イオンの濃度に依存した**起電力**（electromotive force. emf と略することもある）を測定することができる．これは Cu^{2+} / Cu と Zn^{2+} / Zn の二つの半電池の電極電位の差を測定していることに対応する．また両方の金属板から出ている線をつなぐと，イオン化傾向の差によって Cu^{2+} は金属銅に還元され，金属亜鉛は Zn^{2+} となって溶けだすとともに，線に電流が流れる．

図 5.2 のような電池を

$$Cu \mid Cu^{2+} \parallel Zn^{2+} \mid Zn \tag{5.4}$$

のように表記する．

5.1.3　標準水素電極と標準酸化還元電位

二つの半電池の電極電位の差は測定することができるので，なにか基準となる半電池の電極電位の絶対値を決めておけば，任意の半電池の電極電位を定量的に示すことができるようになる．基準となる半電池は国際的に決められており，図 5.3 のような半電池における 1 atm の H_2 と，**活量**（activity）が 1 の H^+ との間の電極電位を任意の温度で 0 V とする約束になっている†．図 5.3 のような半電池を**標準水素電極**(standard hydrogen electrode または normal hydrogen electrode. NHE と略される）と呼ぶ．

標準水素電極と，知ろうとする半電池とを組み合わせてダニエル電池を構成し，両者の間の電位差を測定すれば，目的の半電池の電極電位が測定できることになる．たとえば片方に標準水素電極，他方に Cu^{2+} の活量が 1 であるような水溶液に金属銅を浸した半電池をつくり，両方の

† 活量とは濃度の熱力学的表現である．希薄溶液では活量はほぼモル濃度に等しいが，濃度が高くなるとその限りではなくなってくる．活量は慣例的に記号 a で表す．固体の活量は常に 1 とする．

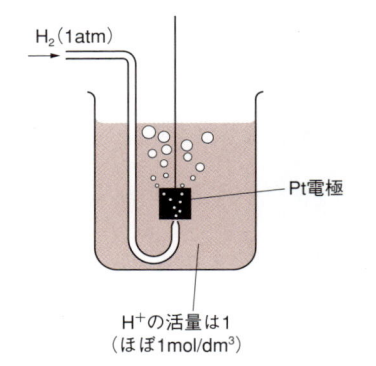

図 5.3　標準水素電極

表 5.1 標準酸化還元電位

反応	$E°$(V)	反応	$E°$(V)
$Li^+ + e^- \rightleftharpoons Li$	−3.04	$[Fe(CN)_6]^{3-} + e^- \rightleftharpoons [Fe(CN)_6]^{4-}$	0.36
$Cs^+ + e^- \rightleftharpoons Cs$	−3.02	$Cu^+ + e^- \rightleftharpoons Cu$	0.52
$Rb^+ + e^- \rightleftharpoons Rb$	−2.99	$(1/2)I_2 + e^- \rightleftharpoons I^-$	0.53
$K^+ + e^- \rightleftharpoons K$	−2.92	$O_2 + 2H^+ + 2e^- \rightleftharpoons H_2O_2$	0.68
$Ba^{2+} + 2e^- \rightleftharpoons Ba$	−2.90	$Fe^{3+} + e^- \rightleftharpoons Fe^{2+}$	0.77
$Sr^{2+} + 2e^- \rightleftharpoons Sr$	−2.89	$Hg_2^{2+} + 2e^- \rightleftharpoons 2Hg$	0.79
$Ca^{2+} + 2e^- \rightleftharpoons Ca$	−2.87	$Ag^+ + e^- \rightleftharpoons Ag$	0.80
$Na^+ + e^- \rightleftharpoons Na$	−2.71	$2Hg^{2+} + 2e^- \rightleftharpoons Hg_2^{2+}$	0.91
$Mg^{2+} + 2e^- \rightleftharpoons Mg$	−2.34	$(1/2)Br_2 + e^- \rightleftharpoons Br^-$	1.09
$(1/2)H_2 + e^- \rightleftharpoons H^-$	−2.23	$IO_3^- + 6H^+ + 6e^- \rightleftharpoons I^- + 3H_2O$	1.09
$Al^{3+} + 3e^- \rightleftharpoons Al$	−1.67		
$Mn^{2+} + 2e^- \rightleftharpoons Mn$	−1.18	$2IO_3^- + 12H^+ + 10e^- \rightleftharpoons I_2 + 6H_2O$	1.20
$Zn^{2+} + 2e^- \rightleftharpoons Zn$	−0.76		
$Fe^{2+} + 2e^- \rightleftharpoons Fe$	−0.44	$O_2 + 4H^+ + 4e^- \rightleftharpoons 2H_2O$	1.23
$Cr^{3+} + 3e^- \rightleftharpoons Cr$	−0.41	$(1/2)Cl_2 + e^- \rightleftharpoons Cl^-$	1.36
$Cd^{2+} + 2e^- \rightleftharpoons Cd$	−0.40	$(1/2)Cr_2O_7^{2-} + 7H^+ + 3e^- \rightleftharpoons Cr^{3+} + (7/2)H_2O$	1.36
$Ti^{3+} + e^- \rightleftharpoons Ti^{2+}$	−0.37		
$Ni^{2+} + 2e^- \rightleftharpoons Ni$	−0.26	$MnO_4^- + 8H^+ + 5e^- \rightleftharpoons Mn^{2+} + 4H_2O$	1.52
$H_3PO_4 + 2H^+ + 2e^- \rightleftharpoons H_3PO_3 + H_2O$	−0.20	$Au^{3+} + 3e^- \rightleftharpoons Au$	1.52
$Sn^{2+} + 2e^- \rightleftharpoons Sn$	−0.14	$Ce^{4+} + e^- \rightleftharpoons Ce^{3+}$	1.74
$Pb^{2+} + 2e^- \rightleftharpoons Pb$	−0.13	$H_2O_2 + 2H^+ + 2e^- \rightleftharpoons 2H_2O$	1.77
$H^+ + e^- \rightleftharpoons (1/2)H_2$	0.00	$(1/2)S_2O_8^{2-} + e^- \rightleftharpoons SO_4^{2-}$	2.05
$Sn^{4+} + 2e^- \rightleftharpoons Sn^{2+}$	0.15	$O_3 + 2H^+ + 2e^- \rightleftharpoons O_2 + H_2O$	2.07
$Cu^{2+} + e^- \rightleftharpoons Cu^+$	0.16	$(1/2)F_2 + e^- \rightleftharpoons F^-$	2.85
$S_4O_6^{2-} + 2e^- \rightleftharpoons 2S_2O_3^{2-}$	0.17	$(1/2)F_2 + H^+ + e^- \rightleftharpoons HF$	3.03
$Cu^{2+} + 2e^- \rightleftharpoons Cu$	0.34		

水溶液を塩橋でつなぐと，水素電極と銅板の間には 25 ℃ で +0.34 V の起電力が生じる（Cu^{2+}/Cu のほうが正に高い電位を示す）．この起電力は，標準水素電極に対する Cu^{2+}/Cu の酸化還元対の電極電位に相当する．**1 atm, 25 ℃，すべての活量が 1 の状態で測定された，標準水素電極に対する電極電位を標準酸化還元電位**（standard redox potential）$E°$ と呼ぶ．

標準酸化還元電位は M^{n+}/M のように金属を含む酸化還元対だけでなく，Fe^{3+}/Fe^{2+} などのような酸化還元対に対しても決定することができる．この場合は Fe^{3+} と Fe^{2+} の両方を含む溶液を用意して

$$Pt, H_2(1\ atm) \mid H^+(a=1) \parallel Fe^{3+}(a=1), Fe^{2+}(a=1) \mid Pt$$

のような電池を組み立てて，起電力を測定すればよい．

表 5.1 には，主要な酸化還元対の標準酸化還元電位を示す．

5.1.4 標準酸化還元電位の使い方
(1) 酸化還元反応の予測
　標準酸化還元電位はイオン化傾向の定量的表現であり，またさまざまな酸化還元対について広範に調べられているので，ある酸化還元反応が進行するか否かの判断をするときにはとても役に立つ．このとき，次のことがらを念頭に置いておくとよい．

① 酸化還元反応は，酸化を受けるものと還元を受けるものがあってはじめて進行する．単独で酸化または還元を受けるということはない．つまり酸化の方向に進む酸化還元対（表5.1では ⟵ の方向）と，還元の方向に進む酸化還元対（表5.1では ⟶ の方向）の二つが必ず必要である．

② 二つの酸化還元対のうち，標準酸化還元電位 $E°$ が高い（正に大きい）ほうが還元を受け，低い（負に大きい）ほうが酸化を受ける．すなわち

$$A + ne^- \rightleftharpoons A' \quad (E° が高い)$$
$$B + ne^- \rightleftharpoons B' \quad (E° が低い)$$

という二つの酸化還元対があるとき，系内に A と B′ がある場合にのみ，それぞれ A′ と B が生成する方向に酸化還元反応が進行する．A と B，A′ と B′，または A′ と B しかない場合には，酸化還元反応は起こらない．

以下に例をあげながら，酸化還元反応の予測の仕方を示す．

> **例題**　硝酸銀水溶液に亜鉛板を入れた．どういった現象が起こるか．

　解答　まず，系に含まれる金属イオンが含まれる半反応を表5.1から見つけて標準酸化還元電位とともに書きだす．最初の状態の化学種に下線を引いておくとわかりやすい．簡単のため，実際には反応に関与しない硝酸イオンを無視すると

$$\underline{Ag^+} + e^- \rightleftharpoons Ag \quad +0.80\,V$$
$$Zn^{2+} + 2e^- \rightleftharpoons \underline{Zn} \quad -0.76\,V$$

となる．二つの酸化還元対のうち，**標準酸化還元電位が正に大きいほうの半反応が右向きに進み，もう一方は左向きに進む**．したがって，この場合には "亜鉛板が酸化され，金属銀が析出する" であろうと予測される．また "硝酸亜鉛水溶液に銀板を入れた" という場合には，なんの反応も起こらないことも予測できる．◆

例題 Cu^+ を含む塩を水に溶かした．どのような現象が起こるか．

解答 前の例題と同様にして Cu^+ を含む半反応を書きだす．表 5.1 から

$$Cu^{2+} + e^- \rightleftharpoons Cu^+ \quad +0.16\ V \quad ①$$
$$Cu^+ + e^- \rightleftharpoons Cu \quad +0.52\ V \quad ②$$

ここで②の標準酸化還元電位のほうが正に大きいので②は右向きに，①は左向きに進行する．すなわち水に加えられた Cu^+ のうち，半分は金属銅に還元され，もう半分は Cu^{2+} に酸化される．このような現象を**不均化**（disproportionation）と呼ぶ．◆

例題 Fe^{3+} を十分多量に含む水溶液にスズ板を入れた．どのような現象が起こるか．

解答 これまでの例題と同様に，系に含まれる金属イオンに関係した半反応を書きだすと以下のようになる†．

$$Fe^{2+} + 2e^- \rightleftharpoons Fe \quad -0.44\ V \quad ①$$
$$Sn^{2+} + 2e^- \rightleftharpoons Sn \quad -0.14\ V \quad ②$$
$$Sn^{4+} + 2e^- \rightleftharpoons Sn^{2+} \quad +0.15\ V \quad ③$$
$$Fe^{3+} + e^- \rightleftharpoons Fe^{2+} \quad +0.77\ V \quad ④$$

まず④の標準酸化還元電位は②よりも高いので，Fe^{3+} は Fe^{2+} に還元され，Sn は Sn^{2+} に酸化される．しかし，系には十分に多量の Fe^{3+} が存在するから，④と③の関係から Sn^{2+} はさらに Sn^{4+} にまで酸化されることを見逃してはならない．また Fe^{3+} は Fe^{2+} にまで還元されるだけで，金属鉄まで還元されることはないこともわかる．◆

---

† 標準酸化還元電位 $E°$ は反応の方向や反応物の量には依存しない．たとえば
$$Fe^{2+} + 2e^- \rightleftharpoons Fe$$
$$E° = -0.44\ V$$
について
$$Fe \rightleftharpoons Fe^{2+} + 2e^-$$
$$E° = +0.44\ V$$
とするのは誤りである．つまり半反応式の左右の辺を入れ替えても $E°$ の符号は不変である．また
$$2Fe^{2+} + 4e^- \rightleftharpoons 2Fe$$
$$E° = -0.88\ V$$
とするのも誤りである．つまり両辺を 2 倍にしても電位は 2 倍にはならないということである．

例題 表 5.1 に示した標準酸化還元電位を参考にして，次の（a）〜（c）としてあげた操作を行ったときの，赤色で示した物質の酸化数の変化を示せ．ただし，なにも起こらない場合は〝反応しない〟と記せ．
（a）塩化鉄(II) $FeCl_2$ を含む水溶液に金属スズを入れる．
（b）塩化鉄(III) $FeCl_3$ を含む水溶液に金属銅を入れる．
（c）硫酸銅 $CuSO_4$ を含む水溶液に金属鉄を入れる．

解答 （a）反応しない．（b）Fe は $+3 \to +2$，Cu は $0 \to +2$．（c）Cu は $+2 \to 0$，Fe は $0 \to +2$．◆

> **例題** 次の物質を (a) 水溶液中の $Fe(CN)_6^{3-}$ を還元できるもの，(b) 水溶液中の $Fe(CN)_6^{4-}$ を酸化できるもの，(c) どちらでもないもの，に分類せよ．
>
> $Sn \quad Sn^{2+} \quad Sn^{4+} \quad Fe \quad Fe^{2+} \quad Fe^{3+} \quad Ag^+ \quad Ag$

解答 (a) Sn, Sn^{2+}, Fe.　(b) Fe^{3+}, Ag^+.　(c) Sn^{4+}, Fe^{2+}, Ag. ◆

> **例題** 次の反応の平衡はどちらに偏っているか．
> (a) $Cu^{2+} + Cu \rightleftarrows 2\,Cu^+$　　(b) $Hg + Hg^{2+} \rightleftarrows Hg_2^{2+}$

解答 (a) 左，(b) 右．◆

(2) 電池の起電力の予測

標準酸化還元電位を用いて，標準状態にある電池の起電力を予測することができる．たとえば

$$Cu \mid Cu^{2+}(a=1) \parallel Zn^{2+}(a=1) \mid Zn$$

という電池は

$$Cu^{2+} + 2\,e^- \rightleftarrows Cu \quad E° = +0.34\,V$$
$$Zn^{2+} + 2\,e^- \rightleftarrows Zn \quad E° = -0.76\,V$$

であるから，標準状態においては両者の標準酸化還元電位の差に相当する起電力が得られ，これは

$$+0.34 - (-0.76) = +1.10\,V$$

となる．

系が標準状態にないときには，電極電位は標準酸化還元電位からずれてくる．そのようなときには，次節で述べるネルンストの式を用いて電極電位を計算すればよい．

5.2　ネルンストの式

半電池が標準状態にないとき，たとえばイオンの活量が 1 でなかったり，温度が 25 ℃ でなかったりするときには，電極電位は標準酸化還元電位 $E°$ とは等しくなくなる．電極電位 E は，次の式 (5.5) に示す**ネルンストの式**（Nernst equation）に従って変化する．

$$E = E° - \frac{RT}{nF} \ln \frac{a_{\text{Red}}}{a_{\text{Ox}}} \tag{5.5}$$

ここで n は酸化還元反応に関与する電子数，F はファラデー定数で

$F = 96485 \text{ C/mol}$

R は気体定数で

$R = 8.314 \text{ J/mol·K}$

T は絶対温度，a_{Red} と a_{Ox} はそれぞれ還元体と酸化体の活量である．ネルンストの式からは，H^+ が関与するような酸化還元対の半反応の電極電位が pH によって変化することがわかる†．たとえば，水素電極の電極電位 E は

$$E = -0.0591 \times \text{pH} \tag{5.6}$$

に従って変化する．

† 酸化還元反応に H^+ が含まれる場合，たとえば
 (酸化体) $+ m\text{H}^+ + n\text{e}^-$
 $\rightleftarrows$ (還元体) $+ z$ (水)
の電極電位 E は
$E = E° - \frac{RT}{nF} \ln \frac{a_{\text{Red}}}{a_{\text{Ox}}}$
$\quad - \frac{m}{n} \text{pH}$
に従って，pH にも依存して変化する．詳細は電気化学の専門書を参照のこと．

例題 H^+ の活量が 0.01 の水溶液における H^+/H_2 の電極電位はいくらか．0.01 V の桁まで計算せよ．ただし

$\frac{RT}{F} = 0.026 \text{ V}$

$\ln 10 = 2.30$

と近似せよ．

解答 式 (5.5) に従って考える．まず，この酸化還元反応に関与する電子数 n について

$n = 1$

また酸化体 H^+ の活量 a_{Ox} は 0.01 で還元体 H_2 の活量 a_{Red} は 1 だから

$\ln \frac{a_{\text{Red}}}{a_{\text{Ox}}} = \ln \frac{1}{0.01}$

$\qquad\qquad = \ln 100$

$\qquad\qquad = \ln 10^2$

$\qquad\qquad = 2 \ln 10$

$\qquad\qquad = 2 \times 2.30$

よって式 (5.5) より

$E = 0 \text{ V} - 0.026 \text{ V} \times (2 \times 2.30) = -0.12 \text{ V}$

ゆえに電極電位は -0.12 V である．◆

> **例題** 次のような電池を組み立てた.
> $$\text{Cu} \mid \text{Cu}^{2+}(a=1) \parallel \text{Zn}^{2+}(a=0.1) \mid \text{Zn}$$
> 27 ℃におけるこの電池の起電力を,以下の手順で 0.01 V の桁まで求めよ.
> ① Cu^{2+}/Cu の半電池の電極電位をネルンストの式から求める.
> ② Zn^{2+}/Zn の半電池の電極電位をネルンストの式から求める.
> ③ ① と ② で求めた両者の電極電位の差を計算する.

解答 ① Cu 側の電極電位 E_{Cu} は,式 (5.5) より

$$E_{\text{Cu}} = +0.34\text{ V} - \frac{R \times 300}{2F}\text{ V} \times \ln\frac{1}{1} = +0.34\text{ V}$$

② Zn 側の電極電位 E_{Zn} は,式 (5.5) より

$$E_{\text{Zn}} = -0.76\text{ V} - \frac{R \times 300}{2F}\text{ V} \times \ln\frac{1}{0.1} = -0.76 - 0.02973$$
$$\approx -0.79\text{ V}$$

③ よって両者の差は

$$+0.34\text{ V} - (-0.79\text{ V}) = +1.13\text{ V}$$

5.3 標準酸化還元電位と自由エネルギー変化との関係

ある酸化還元対の標準酸化還元電位 $E°$ と自由エネルギー変化 $\Delta G°$ との間には

$$\Delta G° = -nFE° \tag{5.7}$$

という関係がある[†].

この関係を用いると,未知の酸化還元反応の $E°$ を既知の $E°$ から計算することができる.いま,表 5.1 に含まれていない Fe^{3+}/Fe の $E°$ を求めてみよう.実は Fe^{3+} を含む溶液に金属鉄を浸すと,Fe^{3+} が Fe^{2+} に還元されるため,Fe^{3+}/Fe の $E°$ を直接に測定することができないのであるが,計算では求めることができる.

まず $\text{Fe}^{3+}/\text{Fe}^{2+}$ の $E°$ は +0.77 V であるが,ここから次の反応

$$\text{Fe}^{3+}(a_{\text{Fe}^{3+}} = 1) + \text{e}^- \rightleftharpoons \text{Fe}^{2+}(a_{\text{Fe}^{2+}} = 1) \tag{5.8}$$

の $\Delta G°$ が,式 (5.7) を使って次の式 (5.9) から求められる.

$$\Delta G° = -nFE° = -1 \times F \times 0.77 \tag{5.9}$$

[†] $\text{A} + \text{B} \rightleftharpoons \text{C} + \text{D}$ の反応の平衡に対して
$$K = \frac{[\text{C}][\text{D}]}{[\text{A}][\text{B}]}$$
とすると
$$\Delta G° = -RT\ln K$$
と定義される.$\Delta G° < 0$ ならこの平衡が右に,$\Delta G° > 0$ なら左に偏ることを意味する.

同様に Fe^{2+}/Fe についても $E° = -0.44\,\text{V}$ であるので

$$Fe^{2+}(a_{Fe^{2+}} = 1) + 2\,e^- \rightleftharpoons Fe \tag{5.10}$$

の反応の $\Delta G°$ は

$$\Delta G° = -2 \times F \times (-0.44) \tag{5.11}$$

となる．

式 (5.8) と (5.10) を辺々加えると

$$Fe^{3+} + 3\,e^- \rightleftharpoons Fe$$

となるが，この反応の $\Delta G°$ は式 (5.9) と (5.11) の右辺を加えたものに等しく[†]，また式 (5.7) から与えられるものと等しいので

$$\Delta G° = (-0.76 + 0.88) \times F = +0.12 \times F = -3 \times F \times E° \tag{5.12}$$

したがって

$$E° = +0.11 \div (-3)\,\text{V} = -0.04\,\text{V}$$

となる．

[†] 式 (5.9) と (5.11) を辺々加えて
$2 \times \Delta G° = +0.12 \times F$
としてはならない．

例題 上の方法にならい，Cu^{2+}/Cu^+ および Cu^+/Cu の標準酸化還元電位を用いて Cu^{2+}/Cu の標準酸化還元電位を計算せよ．

解答 次の反応を考える．

$$Cu^{2+} + e^- \rightleftharpoons Cu^+ \qquad \Delta G° = -1 \times F \times 0.16 \qquad ①$$
$$Cu^+ + e^- \rightleftharpoons Cu \qquad \Delta G° = -1 \times F \times 0.52 \qquad ②$$

この二式を加えると

$$Cu^{2+} + 2\,e^- \rightleftharpoons Cu \qquad \Delta G° = -1 \times F \times 0.68 \qquad ③$$

ここで，式 ③ の反応に関与する電子は 2 個だから

$$\Delta G° = -1 \times F \times 0.68 = -2 \times F \times E°$$

ゆえに

$$E° = +0.34$$

したがって標準酸化還元電位は $+0.34\,\text{V}$ となる．◆

元素のなかにはいくつもの酸化状態をとりうるものがある．たとえば MnO_4^- を酸性溶液中で還元すると MnO_4^{2-}，MnO_2，Mn^{3+}，Mn^{2+}，Mn などになる．これらの各酸化状態と標準酸化還元電位を組み合わせて表

$$\text{MnO}_4^- \xrightarrow{+0.56} \text{MnO}_4^{2-} \xrightarrow{+2.26} \text{MnO}_2 \xrightarrow{+0.95} \text{Mn}^{3+} \xrightarrow{+1.51} \text{Mn}^{2+} \xrightarrow{-1.18} \text{Mn}$$

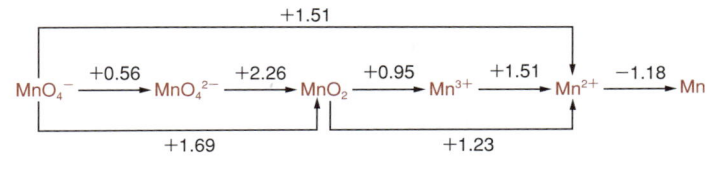

上部: $\text{MnO}_4^- \xrightarrow{+1.51} \text{Mn}^{2+}$
下部: $\text{MnO}_4^{2-} \xrightarrow{+1.69} \text{MnO}_2$, $\text{Mn}^{3+} \xrightarrow{+1.23} \text{Mn}^{2+}$ (MnO_2へ戻る)

図 5.4　マンガンのラティマーの電位図

示したものが，**ラティマーの電位図**（Latimer's potential diagram）である．図5.4にマンガンのラティマーの電位図を示す．

ラティマーの電位図を描くときには，酸化数の大きい順に化学種を左から並べ，それらの間に標準酸化還元電位を書く．通常は，標準酸化還元電位は右にいくに従って正に小さく，負に大きくなっていくが，そうでないところでは不均化が起こる．たとえばMnO_4^{2-}やMn^{3+}の左右では右側の電位のほうが高くなっている．このようなときには，MnO_4^{2-}はMnO_4^-とMnO_2に，またMn^{3+}はMnO_2とMn^{2+}に不均化する．

学習のキーワード
- □ 酸化　□ 還元　□ イオン化傾向　□ 半電池　□ 電位差
- □ 半反応　□ 酸化還元対　□ 電極電位　□ 塩橋　□ 起電力
- □ 活量　□ 標準水素電極　□ 標準酸化還元電位
- □ 不均化　□ ネルンストの式　□ ラティマーの電位図

章末問題

5.1 次の反応の平衡は左右どちらに偏っているか．標準酸化還元電位を基に推定せよ．

(a) $2\,\text{Cu}^+ \rightleftharpoons \text{Cu}^{2+} + \text{Cu}$

(b) $\text{Hg}_2^{2+} \rightleftharpoons \text{Hg}^{2+} + \text{Hg}$

(c) $\text{Cu} + 2\,\text{Fe}^{3+} \rightleftharpoons \text{Cu}^{2+} + 2\,\text{Fe}^{2+}$

(d) $2\,\text{Fe}^{2+} + \text{Sn}^{4+} \rightleftharpoons 2\,\text{Fe}^{3+} + \text{Sn}^{2+}$

(e) $\text{Ni}^{2+} + \text{Cu} \rightleftharpoons \text{Ni} + \text{Cu}^{2+}$

(f) $\text{Fe}^{3+} + \text{Ce}^{3+} \rightleftharpoons \text{Fe}^{2+} + \text{Ce}^{4+}$

5.2 次のような電池を組み立てた．

$$\text{Ag} \mid \text{Ag}^+\,(a=1.0) \parallel \text{Fe}^{2+}\,(a=0.1) \mid \text{Fe}$$

このとき，以下の問いに答えよ．

(a) 温度25℃におけるFe^{2+}/Feの半電池の電極電位を計算せよ．ただし$\text{Fe}^{2+} + 2\,\text{e}^- \rightleftharpoons \text{Fe}$の標準酸化還元電位は$-0.44$ V，$(RT/2F) \times \ln 10 = 0.03$とせよ．

(b) Ag^+/Agの半電池の電極電位が$+0.80$ Vであることを考慮し，この電池の起電力を求めよ．

5.3 25℃における次の電池の起電力を計算せよ．活量はすべて1とする．

(a) $\text{Pt} \mid \text{Fe}^{2+}, \text{Fe}^{3+} \parallel \text{Mn}^{2+}, \text{MnO}_4^- \mid \text{Pt}$

(b) $Pt \mid I^- , I_2 \parallel Fe^{2+} , Fe^{3+} \mid Pt$

(c) $Ni \mid Ni^{2+} \parallel Sn^{2+} , Sn^{4+} \mid Pt$

5.4 次の反応の自由エネルギー変化 $\Delta G°$ を計算せよ．

(a) $MnO_2 + 4\,H^+ + 2\,Br^- \longrightarrow Mn^{2+} + 2\,H_2O + Br_2$

(b) $Cl_2 + 2\,Br^- \longrightarrow Br_2 + 2\,Cl^-$

(c) $I_2 + Sn^{2+} \longrightarrow 2\,I^- + Sn^{4+}$

〔**ヒント** 反応前後の標準酸化還元電位の差を自由エネルギー変化に換算する．〕

5.5 H^+ の活量が 0.01 の水溶液における H^+/H_2 の電極電位はいくらか．0.0001 V の桁まで計算せよ．ただし $RT/F = 0.026\,V$，$\ln 10 = 2.30$ とする．また H^+ の活量が 0.01 の水溶液の pH を有効数字 1 桁で求めよ．

Chapter 6 17 族元素

■この章の目標■

この章からしばらくは，典型元素の各論を周期表の族ごとに学んでいく．

元素の各論は，どうしても断片的な知識の暗記になりがちであるが，周期表の縦の関係，横の関係には，いくつかの共通事項を見ることができる．そのように，複数の族に共通して見られる事項は本文中で **ポイント** としてピックアップした．

さて，この章でとりあげる17族元素には，典型元素の化学のエッセンスが豊富に含まれている．とくに HOMO-LUMO 間の電子遷移による物質の呈色，超原子価化合物と原子価殻電子対反発則（VSEPR 則）については，ほとんどすべての族に共通する事柄であるので，ここでよく理解してほしい．

6.1 単体の性質

17族元素は**ハロゲン**（halogen）と称され，これにはフッ素 F, 塩素 Cl, 臭素 Br, ヨウ素 I, アスタチン At の各元素が含まれる．これら元素の最外殻の電子配置は n を主量子数として

$ns^2 np^5$

と表される．なお At は放射性元素である．本章では At を除いた元素について記す．

17族元素の単体の基本的性質を表 6.1 に示す．単体はすべて二原子分子である．融点と沸点は，周期が下がるほど高くなる．これは分子量の大きな分子ほど，分子間力に打ち勝って融解または気化するために多くの熱エネルギーを必要とするからである．

表 6.1　17 族元素の単体の性質

	常温, 常圧での色と状態	融点 (℃)	沸点 (℃)	結合エネルギー (kJ/mol)
F_2	淡黄色, 気体	−219.6	−188	154.6
Cl_2	黄緑色, 気体	−101.0	−34.1	239.2
Br_2	赤褐色, 液体	−7.2	58.8	190.1
I_2	黒紫色, 固体	113.5	184.4	148.8

〔中原昭次ほか著,『無機化学序説』, 化学同人 (1985) より引用〕

以下では順に, そのほかの性質についてくわしく見ていくことにする.

(1) 結合の強さ

すべての族に共通する一般的傾向の一つに

> **ポイント 1**
> 上の周期の元素ほど, 強い結合をつくることができる.

というものがある. これは近似的には, 結合電子対と原子核との距離が短くなるほど, 両者の間の静電引力が強くなるためであると考えてよい. この傾向に一致して, 表 6.1 に示すように単体の結合エネルギーは $I_2 \rightarrow Br_2 \rightarrow Cl_2$ の順に, 上の周期になるほど大きくなっている. しかし F_2 の結合エネルギーは, この傾向に反して Cl_2 よりも小さくなっている. これは F 原子が非常に小さいために, 二つの F 原子に属する非共有電子対の間の静電反発が強まるためである. このように, 同じ族の元素の性質を比較したときには以下のことがいえる.

> **ポイント 2**
> 第 2 周期の元素が, 例外的な振舞いをすることが頻繁に見られる.

(2) 色

さて 17 族元素の単体はいずれも着色しており, F_2 から I_2 になるに従って淡黄色から黒紫色へと変化する. 着色の原理をまとめておくと次のようになる.

> **ポイント 3**
> 物質の着色は, 可視光の成分の一部がその物質に吸収されることによって生じる. 吸収された成分の補色 (余色ともいう) が着色として観察される.

一般に物質に光が当たると，分子軌道または原子軌道中の電子が光のエネルギーを獲得して，よりエネルギーの高い軌道に移る．これを遷移という．この遷移は通常，分子軌道のなかで電子が配置された最もエネルギーの高い軌道〔**HOMO**（highest occupied molecular orbital）と呼ぶ〕と，空の軌道のうちで最もエネルギーの低い分子軌道〔**LUMO**（lowest unoccupied molecular orbital）〕の間で起こる．このとき，このHOMOからLUMOへの遷移に必要なエネルギーと等しいエネルギーをもった波長の光が吸収される[†]．

17族元素の単体の場合，HOMOは$\pi^*n\mathrm{p}$軌道，LUMOは$\sigma^*n\mathrm{p}$軌道である（ここでnは主量子数）．F_2やCl_2ではHOMOとLUMOのエネルギー差が大きいので，エネルギーの高い紫色の光を吸収する結果，淡黄色あるいは黄緑色を呈する．反対にI_2はHOMOとLUMOのエネルギー差が小さいので，エネルギーの低い黄緑色の光を吸収する結果，黒紫色を呈する．

[†] 電子が遷移する二つの軌道間のエネルギーをEとすると，吸収される光の波長λは

$$\lambda = h\frac{c}{E}$$

で表される．ここでhはプランク定数（6.6261×10^{-34} J·s），cは光の速度（2.998×10^8 m/s）である．

(3) 酸化力

17族の元素は電気陰性度が大きいので，1価の陰イオンになろうとする傾向が強い．そのため17族元素の単体分子には，他のものから電子を奪おうとする性質，すなわち酸化力がある．別な言葉で表現すると，17族元素をXとして

$$X_2 + 2e^- \longrightarrow 2X^-$$

という反応を起こそうとする傾向が強いということである．これらの標準酸化還元電位が$I_2 \to Br_2 \to Cl_2 \to F_2$の順で高くなっていくということは，その順に酸化力が強くなっていくことと同じ意味である[†2]．

17族元素の単体の酸化力を知る一つの目安として，水との反応性に着目してみる．水H_2Oを酸化してO_2を発生させるには$+1.23$ Vの電位が必要である．

$$O_2 + 4H^+ + 4e^- \rightleftharpoons 2H_2O \qquad E° = +1.23\,\mathrm{V} \qquad (6.1)$$

まず，F_2はH_2Oを酸化してO_2を発生させるほどの強い酸化力をもつ．

$$\frac{1}{2}F_2 + e^- \rightleftharpoons F^- \qquad E° = +2.85\,\mathrm{V}$$

$$2F_2 + 2H_2O \longrightarrow 4H^+ + 4F^- + O_2 \qquad (6.2)$$

Cl_2もH_2Oを酸化するだけの高い標準酸化還元電位をもってはいるが，その過程の活性化エネルギーが非常に大きいので，実際には水の酸

[†2] 原子が電子を受けとる傾向の強さを表すもう一つの尺度に電子親和力がある．これは真空中の原子1個が1価の陰イオンになるときの発熱量である．ここで述べた標準酸化還元電位は，水和した二原子分子X_2が2個の電子e^-を獲得して，2個の水和したX^-になるときの自由エネルギー変化である．そのため，電子親和力の大小の順番と標準酸化還元電位の順番とは必ずしも一致しない．その一例として，電子親和力は$I \to Br \to Cl$の順に上の周期の元素ほど大きくなっていくが，Fの電子親和力は逆にClよりも小さい，という点があげられる．これはF原子のサイズが小さいために，新たに電子を迎え入れたときに起こる電子間の静電反発が，他の原子の場合よりも著しくなるためである．

	ClO_4^-	→	ClO_3^-	→	ClO_2^-	→	ClO^-	→	Cl_2	→	Cl^-
塩基性		+0.36		+0.33		+0.66		−0.40		+1.36	
酸性		+1.19		+1.21		+1.65		+1.63		+1.36	

図 6.1 塩素のラティマーの電位図

化は速度論的に進行しない．それに代わり図 6.1 のラティマーの電位図からわかるように，塩基性水溶液では Cl_2 は水に溶けて次亜塩素酸イオン ClO^- と塩化物イオン† Cl^- に不均化する．また Cl_2 は酸性水溶液には溶けない．

† Cl^- は**塩化物イオン**(chloride ion) と呼ぶ．"塩素イオン" は Cl^+ を意味する．ほかの 17 族元素についても同様である．また O^{2-} は "酸化物イオン" であり，"酸素イオン" は O^+ を意味する．

I_2 にいたっては，それがヨウ化物イオン I^- になるときの標準酸化還元電位が，H_2O の酸化分解のそれよりも低くなるので，逆に水溶液中の I^- が O_2 によって酸化され，ヨウ素単体 I_2 を遊離する．

$$O_2 + 4H^+ + 4I^- \longrightarrow 2I_2 + 2H_2O \tag{6.3}$$

17 族元素の単体の酸化力が $F_2 > Cl_2 > Br_2 > I_2$ の順であるということは，陰イオンの還元力が $I^- > Br^- > Cl^- (> F^-)$ であるということと同じ意味である．たとえば Br^- を含む水溶液に Cl_2 を吹き込むと

$$Cl_2 + 2Br^- \longrightarrow 2Cl^- + Br_2 \tag{6.4}$$

のように Br_2 が遊離する．

例題 塩素系漂白剤（さらし粉）はどのような組成をもっているか．また塩素系漂白剤には "塩酸系洗剤と混ぜないこと" と書かれている．混ぜるとどのような不都合が生じるか．化学反応式を用いて答えよ．

---

†2 ClO^- の酸化作用により漂白が起こる．

解答 さらし粉の組成は $CaCl(ClO)$ である．この水溶液は弱塩基性なので，水溶液中には塩化物イオン Cl^- と ClO^- が共存している†2．これに塩酸系洗剤を混ぜると水溶液が酸性になり

$$HClO + HCl \rightleftharpoons Cl_2 + H_2O$$

という平衡が右に偏る．Cl_2 は酸性水溶液に溶けることができないので塩素ガスが発生する．塩素ガスは呼吸器粘膜を侵すなど人体に有害な作用を及ぼす． ◆

歯科医院で用いられる "フッ素塗布剤" と呼ばれるものの成分は，フッ化ナトリウム NaF やジアンミン銀(I)フッ化物 $[Ag(NH_3)_2]F$ などである．一方，歯のエナメル質の主成分は水酸アパタイト $Ca_{10}(PO_4)_6(OH)_2$

であるが，歯にフッ素塗布剤を塗ると，水酸アパタイト中の OH^- が F^- で置換されてフッ素アパタイト $Ca_{10}(PO_4)_6F_2$ に変わり，弱酸性水溶液に対する溶解度が低くなる．そのためフッ素塗布剤は虫歯予防に効果がある．しかし F^- を摂取しすぎると骨がもろくなったり，歯が変色したりするなどの障害も引き起こされることがある．

6.2 ハロゲン化水素

ハロゲン化水素（hydrogen halide）は，共有結合性化合物と考えられている．しかし，いずれも水に溶かすと酸解離し，溶液は酸性を示すので，水素原子 H と 17 族の原子 X との結合は比較的高いイオン結合性をも帯びているともいえる．表 6.2 に示すように，ブレンステッド酸としては HF → HCl → HBr → HI の順に強くなっていく．HF は弱酸である．ブレンステッド酸として強いということは，プロトンを切り離しやすいということであり，X—H 結合エネルギーが小さいということと同じ意味である．F—H 結合が I—H 結合よりも強いことは **ポイント 1** に合致しており，その仕組みの単純化されたモデルについては第 4 章に記した．

17 族元素の単体と H_2 との反応からハロゲン化水素ができるときの反応の激しさも，周期に依存して変化する．F_2 と H_2 は混合しただけで爆発的に反応し，Cl_2 と H_2 は光などの刺激によって激しく反応する．Br_2 は白金触媒の存在下で加熱すると反応し，I_2 は 200 ℃ 以上の高温で一部反応する．このように，周期が下がるほど反応がおだやかになっていくのは H—X の結合エネルギーが，周期が下がるにつれて小さくなっていくためである．

ハロゲン化水素の融点，沸点を比較すると，HF の融点，沸点が異常に高いことに気づく．これは HF では F…H—F という **水素結合**（hydrogen bond．12.1.3 項を参照のこと）が生成しているためである．

表 6.2 ハロゲン化水素の性質

	融点 (℃)	沸点 (℃)	結合エネルギー (kJ/mol)	結合のイオン性(%)	pK_a [a]
HF	−83	19.5	567	45	3.17
HCl	−114.2	−84.9	428	17	〜−8
HBr	−88.5	−67	363	12	〜−9
HI	−50.8	−35.1	295	5	〜−10

a) 25 ℃．
〔中原昭次ほか著，『無機化学序説』，化学同人 (1985) より引用〕

ハロゲン化水素 HX は HF を除いて強いブレンステッド酸であるが，H^+ の酸化力以上の酸化力はない．たしかに，塩酸（塩化水素 HCl の水溶液）に亜鉛やアルミニウムの板を入れると，それらの金属が酸化されて水素を発生しながら溶解するが，これは H^+ が金属を酸化しているのであって，陰イオンである X^- は金属の酸化にはまったく関与していない（X^- がなにかほかのものを酸化することがあるとすれば，そのものから電子を奪うことであるから，自分自身が X^{2-} や X^{3-} という状態にならなくてはいけないことになる．このようなことが起こらないということはすぐに理解できるであろう）．むしろ F^- 以外のハロゲン化物イオンは，還元剤として作用する場合がある．還元力の強さは，前節に記したように $I^- > Br^- > Cl^-$ の順序である．たとえば，HI や HBr は Cl_2 を還元する．

ハロゲン化水素のうち，ブレンステッド酸として最も強いものは HI であり，還元力が最も強いものも HI ということになる．つまり

> **ポイント4**
> ブレンステッド酸としての強さと，酸化力の強さとはまったく無関係である．

ということである．

一般知識として覚えておくべきことは，塩化水素 HCl は常温で気体の物質であって，**塩酸**（hydrochloric acid）は塩化水素の水溶液であるということ，また市販の**濃塩酸**（concentrated hydrochloric acid または conc. hydrochloric acid）の濃度が**約 12 mol/dm³** であるということである．またフッ化水素 HF，およびその水溶液である**フッ化水素酸**（hydrofluoric acid．**フッ酸**ともいう）はガラスを溶解するので，ポリマー容器に保存しなくてはならない．フッ酸が人体に触れると，激しい痛みと腫れを引き起こすので，取扱いの際には慎重を期さなくてはならない．フッ酸を取り扱うときにはゴム手袋と保護メガネを着用し，フッ酸入りの容器を**炭酸カルシウム**（calcium carbonate）$CaCO_3$ の粉を敷き詰めた広い角皿に置いて作業をする．万一こぼれた場合でも，フッ酸が炭酸カルシウムと反応することによって，無害な**フッ化カルシウム**（calcium fluoride）CaF_2 になるからである．

17族元素の単体とハロゲン化水素の製法と用途を以下に簡単に記す．まず，鉱石の**蛍石**（CaF_2）と濃硫酸を反応させると HF が得られる．HF の最大の用途は冷媒用のフロロカーボン（フロンなどと呼ばれる）

の製造であった．そのほかにはガラスの腐食や岩石の溶解に用いられる．HF と KF との混合物を電気分解すると F_2 がつくられる．F_2 はフッ素樹脂の原料のほか，多くの用途がある．Cl_2 は食塩水の電気分解によって得られ，HCl は H_2 と Cl_2 との直接反応でつくられる．HCl と Cl_2 はともに医薬品，消毒薬，漂白剤，染料など幅広い用途をもつ．Br_2 は海水に含まれる Br^- を塩素で酸化してつくる．

例題 $0.30\ mol/dm^3$ の希塩酸を $1.0 \times 10^2\ cm^3$ つくるには，何 cm^3 の濃塩酸を必要とするか．

解答 希塩酸中の塩化水素の物質量は

$$0.30\ mol/dm^3 \times 0.10\ dm^3 = 0.030\ mol$$

である．ここで $1.0 \times 10^2\ cm^3 = 0.10\ dm^3$ の関係を用いた．必要な濃塩酸の量を $x\ [dm^3]$ とすると，濃塩酸の濃度は $12\ mol/dm^3$ だから

$$x\ [dm^3] \times 12\ mol/dm^3 = 0.030\ mol$$

が成り立つ．これより

$$x = 0.0025\ dm^3$$

すなわち $2.5\ cm^3$ の濃塩酸が必要である．◆

例題 濃塩酸を希釈する方法として正しいものは，以下のどちらか．
(a) 水にゆっくりと濃塩酸を加える．
(b) 濃塩酸にゆっくりと水を加える．

解答 (a) である．濃い酸を希釈するときには希釈熱が発生する．(b) の操作を行うと，加えられた水（水滴）が沸騰して飛び散る危険性がある．濃硫酸の希釈熱は濃塩酸のそれよりも大きいので，とくに注意が必要となる．◆

例題 フッ化アルミニウム AlF_3 はフッ化水素 HF と次のように反応してテトラフルオリドアルミン酸イオン $[AlF_4]^-$ をつくる．この反応のブレンステッド酸とルイス酸を示せ．

$$AlF_3 + HF \longrightarrow [AlF_4]^- + H^+$$

解答 ブレンステッド酸は HF，ルイス酸は AlF_3（F^- の非共有電子対を収容するから）．◆

6.3 ハロゲン間化合物

6.3.1 超原子価化合物

異種ハロゲン元素間の化合物がいくつか知られている．このような**ハロゲン間化合物**（interhalogen compound）のうち，二原子分子としてはClF, BrF, BrCl, ICl, IBrの五種類がある[†]．これら以外にClF$_3$, BrF$_3$, ICl$_3$のAX$_3$型化合物，BrF$_5$, IF$_5$のAX$_5$型化合物，IF$_7$のAX$_7$型化合物がある．

[†] 電気陰性度の高い，上の周期の元素をあとに書くことに注意．

第3周期以降の14〜18族元素を中心として（これらを中心原子と呼ぶ），その周りに電気陰性度の高い原子（周辺原子）が結合する場合には，**オクテット則**（octet rule）[†2]に反して，中心原子が見かけ上8個よりも多くの価電子をもつことがある．このような化合物を**超原子価化合物**（hypervalent compound）という．すぐ上で述べたAX$_3$, AX$_5$, AX$_7$型化合物は超原子価化合物である．

[†2] 化合物やイオンをつくる際，原子は8個の価電子をもつような状態をとろうとするという規則．

量子化学計算によると，結合に関与するのは中心原子のs軌道とp軌道のみであって，8個を超える過剰の電子は，周囲の電気陰性度の高い原子に由来する**非結合性軌道**（non-bonding orbital）に収容されることがわかってきた．したがって超原子価化合物のなかであっても，中心原子は実際には，オクテット則を満たしている．また超原子価化合物ができるときには，構成原子の価電子の合計が偶数になるような組成のものに限られる．たとえばIF$_5$, IF$_7$, IF$_4^+$, IF$_6^-$などは存在するが，IF$_4$などが安定に存在するか否かは確認されていない．

次の6.3.2項で，超原子価化合物の形を予測する方法について述べる[†3]．

[†3] 超原子価化合物の結合は**多中心多電子結合**（multicenter-multielectron bond）によって説明されている．この結合は分子軌道法に基づいて説明されるものである．詳細については本書の範囲を超えるので，さらに興味のある人は別途専門書を参照してほしい．なお概略については，荻野博，飛田博実，岡崎雅明著，『基本無機化学（第2版）』（東京化学同人，2006）に記述がある．

6.3.2 VSEPR則

上に記したハロゲン間化合物の形を予想してみる．超原子価化合物であるかないかにかかわらず，以下に記す方法は分子の形を予想するうえで便利な方法である．この方法は**原子価電子対反発則**（valence shell electron pair repulsion rule．**VSEPR則**ともいう）と呼ばれる経験則に基づいている．具体的には次のような方法である．

① この方法は，分子がAB$_2$やAB$_3$のように，中心原子Aが一つと，いくつかの周辺原子Bから構成される場合に，分子の形の推定が可能である．

② まず，中心原子と周辺原子を決める．

③ 電子の総数を求めるため，中心原子は最外殻電子すべてを，周辺原子は通常，原子1個当り1個を計上する．

④ 周辺原子が二重結合の酸素すなわち＝O の場合には 2 個の電子を計上する．—O⁻ では 1 個を計上する．
⑤ これらの電子をすべて加算し，電子の総数を求める．
⑥ 電子の総数を 2 で割ると電子対の数が得られる．ただし二重結合の酸素がある場合は，電子対の数から二重結合の酸素の数を差し引いた値をあらためて電子対の数とする．
⑦ 電子対どうしの静電反発が最も小さくなるように，中心原子 A の周辺に電子対を配置する．電子対の数と配置様式とは，以下の表のような関係にある．

電子対の数	2	3	4	5	6	7
電子対の配置様式	直線	平面三角形	四面体	三方両錐	八面体	五方両錐

⑧ 電子対のところに周辺原子 B を配置する．このとき，電子対間の静電反発が小さくなるように周辺原子を配置する．非共有電子対を lp，結合電子対を bp と表すと，電子対間の静電反発は
  bp と bp → bp と lp → lp と lp
の順に強くなっていく．また二つの電子対がなす角が小さいほど，より大きな静電反発が生じる．
⑨ 結合対を実線で結ぶことで，分子全体の構造が推定できる．
⑩ 互いの反発が強い電子対どうしがある場合には，それらは互いに離れようとするために分子の歪みが生じることを考慮すると，より実際に近い分子の形の予想が可能になる．

では実際に，VSEPR 則に基づいて ClF_3 の形を予想してみよう．
① 中心原子は Cl，周辺原子は 3 個の F である．
② 電子の総数は Cl から 7 個（$3s^2 3p^5$ より），3 個の F から 1 個ずつで，計 10 個．
③ よって電子対の数は 10 ÷ 2 より 5 である．
④ したがって電子対は Cl を中心とした三方両錐の五つの頂点に配置

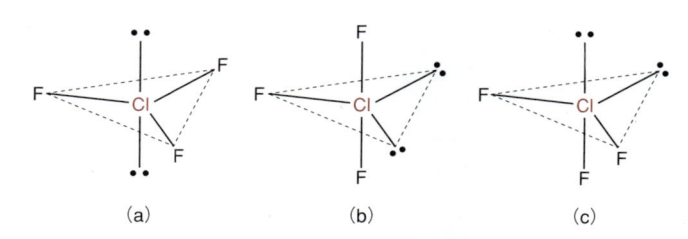

(a)　　　　(b)　　　　(c)

図 6.2　ClF_3 に予想される三種類の異性体

† 中央の正三角形の頂点の位置は**エカトリアル**（equatorial．〝赤道の〟の意），上端と下端の位置は**アピカル**（apical．〝頂点の〟の意）または**アキシャル**（axial．〝軸方向〟の意）と呼ばれる．

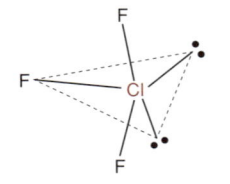

される．すると図 6.2 のような三種類の**異性体**（isomer）が予想される†．

⑤ このうち，電子対どうしの静電反発が最小になるものを選ぶ．まず，電子対どうしが 90° の関係にある場合に静電反発が最も大きくなるから，90° の関係にある電子対の組合せを抜きだすと

　　(a) では lp-bp が 6 組
　　(b) では lp-bp が 4 組と bp-bp が 2 組
　　(c) では lp-lp が 1 組，lp-bp が 3 組，bp-bp が 2 組

となる．(a) と (b) を比較すれば，(b) のほうが電子対どうしの静電反発が小さく，(b) と (c) を比較しても (b) の静電反発が小さいことがわかる．したがって (b) の異性体が最も安定であると判断できる．

⑥ lp-lp の反発によってもたらされる形の歪みを予測すると，図 6.3 のように lp-lp 間，lp-bp 間の角度が若干開いた形になると予想される．実際に ∠FClF は 90.0° ではなく 87.5° であることがわかっている．

以上で ClF_3 の形が予想できた．また同様に，IF_5 と IF_7 はそれぞれ図 6.4 のような形をしていることがわかる．ただし実際には電子対反発のために，図に示した形から若干歪んでいる．

ところでハロゲン間化合物の化学式を見ると，次のようなことがらに気づくであろう．

① 中心原子が大きなものであるほど，多数の周辺原子と結合できる．たとえば，フッ素が中心原子になっているようなハロゲン間化合物が存在しない一方，ヨウ素は 7 個のフッ素を周辺原子として結合できる．

② 周辺原子になりうるものは塩素とフッ素で，とくにフッ素を周辺原子とする化合物が多い．これはフッ素や塩素のサイズが小さいうえに，これらの電気陰性度が高いからである．

共有結合半径の小さな原子が中心原子になって，大きな原子が周辺原子

図 6.3　ClF_3 の構造

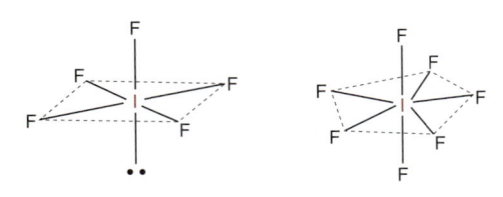

図 6.4　IF_5 と IF_7 の構造

になったような化合物は，中心原子の周囲の電子対間の反発や周辺原子間の反発が大きくなりやすいために生成しにくいのである．そのため以下のことがいえる．

> **ポイント5**
> 一般に，第2周期の元素（B, C, N, O, F）は超原子価化合物の中心原子にはならない．

これは **ポイント2** の拡張といえる．また周辺原子の電気陰性度が低いと，結合電子対どうしが近づきやすいので次のことがいえる．

> **ポイント6**
> 超原子価化合物は電気陰性度が高く，サイズの小さな周辺原子との間でつくられる．

ハロゲン間化合物に関連した重要な化合物として**三ヨウ化物イオン**（triiodide ion）I_3^- がある．このイオンは図6.5のようにI原子が直線状に並んだ形をしている．このイオンの形も，VSEPR則に基づいて予想することができる．

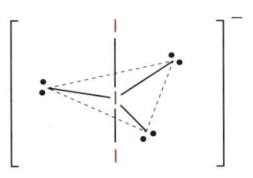

図 6.5 I_3^- の構造

6.4 酸化物とオキソ酸

6.4.1 酸化物とオキソ酸の種類

17族元素の**酸化物**（oxide）にはさまざまなものがあり，そのなかで17族元素は通常は見られないような**酸化数**（oxidation number）をとる．フッ素Fは酸素Oよりも電気陰性度が高いので，むしろ酸素のフッ化物と呼ぶべき化合物 OF_2 と O_2F_2 をつくる．これらのなかではフッ素の酸化数はいずれも -1 である（酸素の酸化数がそれぞれ $+2$，$+1$ であると見なす）．

塩素Clは OCl_2，O_2Cl，O_6Cl_2，O_7Cl_2，臭素Brは OBr_2，O_2Br，O_3Br，ヨウ素Iは O_5I_2 などの酸化物をつくるが，ほとんどすべて不安定で，水と容易に反応したり，他の物質と激しく反応したりする．O_5I_2 はCOと定量的に反応して CO_2 と I_2 になるので，COの分析に用いられる．

17族元素のオキソ酸のうち，塩素のオキソ酸はとくに重要であるので以下にくわしく記す．塩素Clには四種類のオキソ酸が知られており

過塩素酸（perchloric acid）$HClO_4$，塩素酸（chloric acid，単離できない）$HClO_3$，亜塩素酸（chlorous acid．単離できない）$HClO_2$，次亜塩素酸（hypochlorous acid）$HClO$ がある．ブレンステッド酸としての強さは

$$HClO_4 > HClO_3 > HClO_2 > HClO$$

の順である．

> **例題** 塩素の四種類のオキソ酸中での塩素の酸化数を答えよ．また，これら四つの酸のブレンステッド酸としての強さが，上で示したような順序になる理由を述べよ．

> **解答** 塩素の酸化数は $HClO_4$，$HClO_3$，$HClO_2$，$HClO$ の順に，それぞれ $+7$，$+5$，$+3$，$+1$ となる．また，酸解離したときに大きな陰イオンをつくる酸ほど H^+ との結合力が弱いので，強いブレンステッド酸となる．このため上で示した順序になる．◆

なお臭素とヨウ素のオキソ酸としては HXO，HXO_3，HXO_4 の存在が知られている．

6.4.2 オキソ酸イオンの構造

塩素のオキソ酸イオンの形は，VSEPR則から図6.6のように予想される．図中の矢印は電子対間の反発とその強弱を表しており（見やすくするために一部を省略してある），それに従ってイオンの形も若干歪んでいる．

ただし，注意すべきことは亜塩素酸イオン ClO_2^-，塩素酸イオン ClO_3^-，過塩素酸イオン ClO_4^- の負電荷は，特定の酸素の上に局在しているのではなく，イオン中のすべての酸素が同程度に負電荷を担っているということである（第4章参照）[†]．

[†] 塩素と二重結合している酸素は sp^2 混成軌道をつくっていると考えられている．その場合，混成に参加していない $2p$ 軌道の非共有電子対が，塩素の空の $3d$ 軌道と重なり合って π 結合をつくると説明される（図6.7）．この π 結合は，とくに **pπ-dπ 結合**（pπ-dπ bond）と呼ばれる．周期表を横に比較すると $Si \to P \to S \to Cl$ の順に pπ-dπ 結合ができやすくなることが知られている．

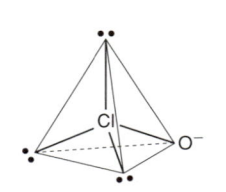

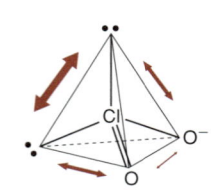

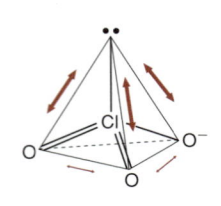

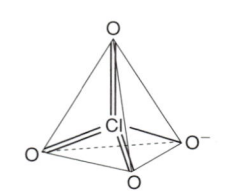

図6.6 塩素のオキソ酸イオンの構造

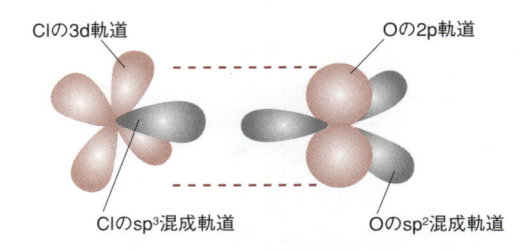

図 6.7 オキソ酸イオンでの塩素 Cl と酸素 O の結合

6.4.3 オキソ酸の酸化作用

ハロゲン化水素中のハロゲン化物イオンには酸化力はないことを述べたが，ハロゲンのオキソ酸イオンはすべて酸化力をもつ（他の多くの物質に比べて，標準酸化還元電位が比較的高い）．塩素 Cl のオキソ酸イオンを比較すると，酸化作用は ClO^- が最も激しく，ClO_4^- は最も穏やかである（ただし，過塩素酸 $HClO_4$ は有機物と接触するだけで爆発する）．この違いは Cl と O の結合の切れやすさと関係がある．つまり，結合が切れやすいほど酸化作用が激しい．ClO^-，ClO_2^-，ClO_3^-，ClO_4^- 中の Cl と O の間の結合の長さはそれぞれ 170, 164, 157, 145 pm，結合エネルギーはそれぞれ 209, 245, 244, 364 kJ/mol である．このことは，以下のように説明できる．まず ClO^- 内の塩素 Cl と酸素 O の結合が単結合であることは，HClO に関してすでに記したとおりである．次に $HClO_2$ 内では，塩素は 2 個の酸素と，二重結合と単結合で結合しているが，酸解離して ClO_2^- になると -1 価の電荷を 2 個の酸素で分け合うようになるので（図 6.8），塩素と酸素の結合の**多重度**（multiplicity）は，平均して

$$(2 + 1) \div 2 = 1.5$$

と見なされる．同様に ClO_3^- の場合には

$$(2 + 2 + 1) \div 3 = 1.67$$

ClO_4^- では

$$(2 + 2 + 2 + 1) \div 4 = 1.75$$

となり，多くの酸素と結合しているオキソ酸イオンほど，塩素と酸素の間の結合が強くなる．このことと酸化作用の激しさ，結合の長さ，結合エネルギーの順序がよく対応していることがわかる．

図 6.8 ClO_2^- 内の結合の模式図

> **例題** 塩素には四種類のオキソ酸イオンがあるのに，フッ素には対応するオキソ酸イオンが存在しない．その理由を考察せよ．

> **解答** フッ素は共有結合半径が小さいので，多数の酸素原子を周辺原子としてもつことができないためである．次亜塩素酸に対応する FOH はきわめて不安定な気体として存在するが，水と容易に反応してしまう．フッ素は電気陰性度が高いために，オキソ酸イオンとしてよりも F^- として存在しようとする傾向が強い．◆

学習のキーワード
☐ ハロゲン　☐ HOMO　☐ LUMO　☐ 塩化物イオン
☐ ハロゲン化水素　☐ 水素結合　☐ 塩酸　☐ 濃塩酸
☐ フッ酸（フッ化水素酸）　☐ 炭酸カルシウム　☐ フッ化カルシウム　☐ 蛍石　☐ ハロゲン間化合物　☐ オクテット則
☐ 超原子価化合物　☐ 非結合性軌道　☐ 多中心多電子結合
☐ VSEPR 則（原子価電子対反発則）　☐ 異性体　☐ エカトリアル　☐ アピカル　☐ アキシャル　☐ 三ヨウ化物イオン
☐ 酸化物　☐ 酸化数　☐ 過塩素酸　☐ 塩素酸　☐ 亜塩素酸　☐ 次亜塩素酸　☐ pπ-dπ 結合　☐ 多重度

・・・・・・ **章末問題** ・・・・・・

6.1　ハロゲンの原子番号が大きくなるにつれて，ハロゲン化水素 HF, HCl, HBr, HI の次にあげる性質がどのように変化していくかを記せ．
(a) ブレンステッド酸としての強さ．
(b) 還元力の強さ．
(c) 水素とハロゲンとの結合力の強さ．

6.2　F_2 分子内の F—F 結合のエネルギーが Cl_2 分子内の Cl—Cl 結合のエネルギーよりも小さい理由を述べよ．

6.3　ブレンステッド酸として強いからといって，強い酸化力をもつとは限らない．酸の強さと酸化力の強さは，互いにまったく無関係である．たとえば二つの化合物を比較したとき，ブレンステッド酸として強いほうの化合物が強い還元力をもつということもありうる．このような場合に当てはまる二つの化合物の例を示せ．

6.4　IF_4^+ と IF_6^+ の立体構造を予測せよ．

Chapter 7　16 族 元 素

■この章の目標■

17族元素についての説明でとりあげなかったことがらのうち，ここではカートネーション，多重結合，不活性電子対効果をはじめてとりあげる．また，オゾンの分子構造を推定する際に用いる〝等電子的〟な分子を想定する考え方も，こののち重要になる．

また活性酸素を理解するうえでは，第3章に記した分子軌道の概念が不可欠である．

7.1　単体の性質

16族元素には酸素 O, 硫黄 S, セレン Se, テルル Te, ポロニウム Po が含まれる．これらのうち，酸素以外の元素を**カルコゲン**（chalcogen）と総称することがある．ここでは Po を除いた元素について述べる．

7.1.1　酸　素

酸素 O の単体は O_2 および O_3（**オゾン**，ozone）である．O_2 分子内の結合は点電子式で表されるような単純なものではなく，不対電子を2個含むようなものであることをすでに第3章で述べた．

O_2 分子中の酸素原子間距離（結合次数2）は 120.8 pm である．また O_2 の融点，沸点はそれぞれ $-218.8\,°C$, $-180.3\,°C$ である．

基底状態の O_2 分子では2本の π^* 軌道に，フントの規則に従ってスピ

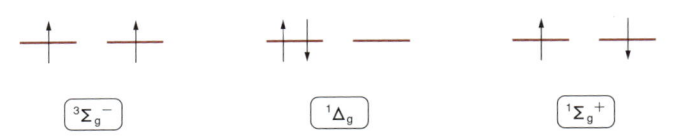

図 7.1　三重項酸素と一重項酸素の π^* 軌道への電子配置

ンの向きをそろえた不対電子が1個ずつ配置されている．この状態を図7.1の左端，$^3\Sigma_g^-$として示した．これを**三重項酸素**（triplet oxygen）と呼ぶ．三重項酸素が光エネルギーや化学エネルギーなどによって励起されると，2本のπ*軌道の不対電子のスピンの向きが互いに反対方向になったような状態になる．これが図7.1の$^1\Delta_g$および$^1\Sigma_g^+$（とくに$^1\Delta_g$）で，このようなO_2分子は**一重項酸素**（singlet oxygen）と呼ばれ，三重項酸素よりも高い化学的活性を示す†．

一重項酸素は活性酸素の一種である（これ以外に超酸化物イオンO_2^-，ヒドロキシルラジカル・OH，過酸化水素H_2O_2も活性酸素に含まれる）．白血球は一重項酸素を発生する仕組みをもっており，これによって食菌作用を発揮する．その反面，体内での代謝過程で発生する一重項酸素は不飽和脂肪酸を過酸化脂質に変えたり，タンパク質を変質させたりするなど，生体にとって好ましくない作用ももたらす．ビタミンAの前駆体であるβ-カロテンは一重項酸素を消去することが知られている．

オゾンO_3は図7.2のように折れ曲がった形をしている．酸素原子間距離は127.8 pmであり，これはO_2分子内の酸素原子間距離（120.7 pm）よりも長く，過酸化水素内の酸素原子間距離（147.5 pm）よりも短い．このことからオゾン中の酸素原子間の結合は，二重結合と単結合の中間であることがわかる．VSEPR則を用いれば，オゾンは図7.2(a)のような形をした超原子価化合物であるかのように予想されるが，**ポイント5**に記したように酸素原子は超原子価化合物をほとんどつくらない．実際には(b)に示す二つの極端な構造の中間的構造をとるような共鳴構造をとっていると考えられている†2．

中心の酸素原子をはさんだ結合角は，電子対間の反発のために120°よりも狭くなっており116.5°である．3個の酸素原子の間の結合はO_2分子内の酸素原子間の結合よりも弱いため，オゾンO_3は原子状酸素Oを切り離して

$$O_3 \longrightarrow O_2 + O$$

となる傾向があり，強力かつ酸化作用の激しい酸化剤である．

---

† "三重項" "一重項" という名称は，電子配置のスピン多重度を表している．不対電子のスピン量子数の合計，すなわち合成スピン量子数をSとしたとき，$2S+1$をスピン多重度という．三重項酸素の場合には

$$S = \frac{1}{2} + \frac{1}{2} = 1$$

なのでスピン多重度は3になり，一重項酸素では

$$S = \frac{1}{2} - \frac{1}{2} = 0$$

なのでスピン多重度は1となる．

†2 酸素に電子を1個付け加えたO^-は，フッ素Fと同じ電子配置〔**等電子的**（isoelectronic）〕になる．また酸素から1個電子を取り除いたO^+は，窒素Nと等電子的になる．すると，図7.2(b)に示す共鳴混成体は

$$F-N=O \leftrightarrow O=N-F$$

のように見なすことができる．

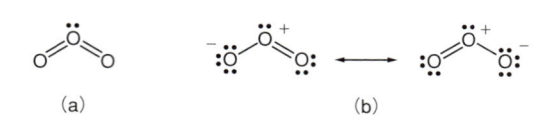

図7.2　オゾンの分子構造

7.1.2 硫 黄

硫黄 S にはいくつかの同素体がある．同素体は皆，黄色を呈している．室温で最も安定な同素体は斜方硫黄 S_α であり，図 7.3 に示すように硫黄原子 8 個が環状分子 S_8 を形成している．

同じ S_8 分子からできるものに単斜硫黄 S_β がある．これは 96.5 ℃ 以上の高温で安定であるが，室温では**準安定**（metastable）で，ゆっくりと斜方硫黄に変化する．"斜方" や "単斜" という言葉は結晶構造を表す言葉で，両者の違いは S_8 分子が結晶に組み上がるときの分子の配列様式の違いである．同素体を**多形**（polymorph）ともいう．硫黄の同素体にはそのほかに溶融硫黄を急冷することによって得られる，通称 "ゴム状硫黄" がある．ゴム状硫黄中では硫黄はジグザグの一次元鎖状に並んでおり，有機ポリマーのような弾性を示す．硫黄単体に見られるように，同種元素が結合して長く連なることを**カートネーション**（catenation）という．硫黄はゴムの加硫や，黒色火薬の製造に用いられる．ヒトの体内にはメチオニンやシステインなどのアミノ酸の構成成分として約 0.2 重量 % の硫黄が含まれている．

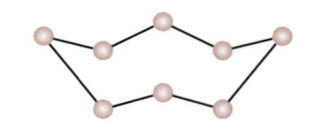

図 7.3 S_8 の構造

7.1.3 セレン

セレン Se は硫黄とは対照的に，一次元鎖状に連なった構造が安定で，外観が金属光沢を呈しているので通称 "金属セレン" と呼ばれる．実際，わずかに電気を通すが，電気的には半導体であって，厳密な意味での金属ではなく，延性も展性も示さない．セレン原子が環状に 8 個連なったもの（S_8 と同じ構造）は準安定である．金属セレンは，光が当たったときにとくに良く電気を通すようになるという性質（これは半導体に特有の性質でもある）があるため，コピー機の感光ドラムに使われている．また，細胞膜を保護する酵素であるグルタチオンペルオキシダーゼなどの構成成分でもあり，生体微量必須元素である．粉ミルクのなかにもセレンが含まれているが，過剰に摂取すると視力障害，肝臓壊死などの中毒症状を起こす．

7.1.4 テルル

テルル Te は金属セレンと同じ構造をとる．また，セレンよりも電気を良く通す．13 〜 16 族元素に共通して見られる傾向の一つとして以下があげられる．

ポイント7
周期が下がるほど，単体が金属的性質を帯びるようになる．

これは周期が下がるにつれて，元素の電気陰性度が低くなること，結合エネルギーが小さくなること，および原子軌道の空間的広がりが大きくなることに起因している．

例題 酸素はO_8分子をつくらない．また，硫黄はS_2のような二原子分子をつくらない．すなわち

下の周期の元素ほど，多重結合をつくろうとする傾向が弱くなる．

その理由を考察せよ．

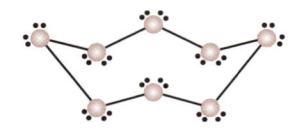

図7.4 仮想的なO_8分子

解答 図7.4に示すように，仮に，酸素がO_8という分子をつくったとする．各酸素原子上の非共有電子対は図中の黒点のように，できるだけ互いの距離をおくように配置されることになるが，酸素原子そのものが小さいので，非共有電子対間の静電反発がどうしても大きくなってしまう（O—Oの結合エネルギーは143 kJ/mol）．これとは逆に，二原子分子をつくれば非共有電子対どうしは離れるうえに，酸素原子間には強い二重結合（O=Oの結合エネルギーは498 kJ/mol）ができ，2本の単結合をつくるよりも1本の二重結合をつくるほうが安定である．このような理由から酸素は二原子分子を好む．

一方，硫黄が二原子分子S_2を好まないことは二通りの説明が可能である．一つは，硫黄は酸素よりも共有結合半径が大きいので，π結合をつくる際に必要な，結合軸に対して垂直方向を向いた3p軌道どうしが遠く離れてしまい，その分だけ軌道間の重なりが小さくなるのでπ結合をつくりにくくなるということ．もう一つは，仮に二つの硫黄原子間で二重結合をつくったとすると，硫黄原子間の距離が単結合のときよりも短くなり，互いの内殻電子（K，L殻の電子）どうしが近づくため，内殻電子間の静電反発が大きくなってしまうということである．単結合でカートネーションした場合には，硫黄は酸素よりもサイズが大きいので硫黄上の非共有電子対間の静電反発は小さい．S—Sの結合エネルギーは266 kJ/molであるのに対し，S=Sの結合エネルギーは429 kJ/molであり，1本の二重結合をつくるよりも2本の単結合をつくるほうが安定になる．その結果，硫黄はカートネーションすることを好む．◆

ポイント 8
下の周期の元素ほど，多重結合をつくろうとする傾向が弱くなる．

7.2 水素との化合物

16族元素 X は水素と H_2X で表される化合物をつくる．表 7.1 にそれらの性質を示す．

H_2O の沸点が分子量の順序から推定されるよりも異常に高いのは，H—O⋯H の水素結合の形成のためである．H_2O 以外はすべて有臭で有毒である．ちなみに H_2O と H_2S の IUPAC〔国際純正・応用化学連合 (International Union of Pure and Applied Chemistry)〕名は，それぞれオキシダン (oxidane)，スルファン (sulfane) である．

周期が下がるにつれて H—X の結合エネルギーが小さくなることがわかる．これは ポイント 1 と合致した傾向である．それに従って

$$H_2X \longrightarrow H^+ + XH^-$$

という酸解離が起こりやすくなる．実際，pK_a を比較すると，下の周期の化合物ほど強いブレンステッド酸になっている†．

生成エンタルピー（H_2 と元素単体 X から H_2X ができるときのエンタルピー変化．マイナスの値は発熱反応の意味）を見ると，H_2O と H_2S だけが発熱的に生成し，あとの二つをつくるには外部からエネルギーを与える必要があることがわかる．化合物の安定性が $H_2O \rightarrow H_2S \rightarrow H_2Se \rightarrow H_2Te$ の順に減少していくということは，水素を放出して元素単体に戻りやすくなることと同じ意味である．すなわち，上の順に

$$H_2X \longrightarrow X + H_2$$

† H—X の結合エネルギーの順序とブレンステッド酸としての強さの順序とを比較しながら論じることができるのは，同じ族の元素の化合物で，同じ H_2X という組成だからである．ある元素と水素との結合エネルギーが常にブレンステッド酸としての強さと対応するわけではない．たとえば F—H，O—H，N—H の結合エネルギーは 567，459，386 kJ/mol と順に小さくなっていくが，ブレンステッド酸としての強さの順序は $HF > H_2O > NH_3$ である．

表 7.1 16族元素と水素との化合物 H_2X の性質

	生成エンタルピー (kJ/mol)	H—X の結合エネルギー (kJ/mol)	pK_{a1} [pK_{a2}]	H—X—H の結合角 (deg)	沸点 (℃)
H_2O	−286.9	463.5	15.7	104.5	100
H_2S	−20.6	368	6.9 [14.1]	92.1	−60
H_2Se	+30	317	3.7 [〜11]	91	−42
H_2Te	+92	267	2.6 [10.8]	90	−2.3

〔W. Henderson 著，『典型元素の化学』（三吉克彦訳），化学同人 (2003) より引用〕

表 7.2 H₂X 生成の標準酸化還元電位

反応	$E°(V)$
$Te + 2H^+ + 2e^- \rightleftharpoons H_2Te$	-0.72
$Se + 2H^+ + 2e^- \rightleftharpoons H_2Se$	-0.40
$S + 2H^+ + 2e^- \rightleftharpoons H_2S$	$+0.14$
$\frac{1}{2}O_2 + 2H^+ + 2e^- \rightleftharpoons H_2O$	$+1.23$

の反応が起こりやすくなるということだから，X^{2-} の還元力が強くなっていくといいかえることができる．下の周期の元素の化合物ほどブレンステッド酸としての強さと還元力が強いという傾向は，ハロゲン化水素の場合と同じである．表 7.2 には，これら H₂X 生成の標準酸化還元電位を示しておく．

H—X—H の結合角 ∠HXH を比較してみる．H₂O においては結合角が 104.5° であることから，O 原子が sp³ 混成軌道をつくっていることが推測できる．理想的な sp³ 混成軌道の角度は 109.5° であるが，O 原子上の電子対間の静電反発のために ∠HOH がやや狭くなっている．また酸素と水素の原子間の距離は約 95 pm であるが，この距離は O^{2-} のイオン半径よりも短い．そのため水分子は図 7.5（b）のような描像で描くことがより実際に近い．

一方，S 以下の元素の化合物の場合には ∠HXH はほぼ 90° である．このことは S 以下の原子が sp³ 混成軌道をつくらずに，p 軌道の電子がそのまま H の 1s 電子と結合していることを示唆する．

O^{2-} 以外の X^{2-} は軟らかいルイス塩基である．そのため Pb^{2+}，Cd^{2+}，Fe^{2+} などと化合物をつくりやすい．

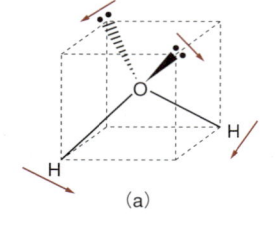

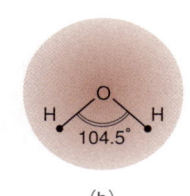

図 7.5 H₂O の構造

例題 鉛(II)イオン Pb^{2+} は酸性，中性，塩基性いずれの条件下でも H₂S と反応して PbS の沈殿を生じる．一方，亜鉛イオン Zn^{2+} は中性，塩基性条件下では ZnS を生じるが，酸性条件下では ZnS を生じない．両者の挙動の違いについて説明せよ．

解答 H₂S を水に吹き込むと
$$H_2S \rightleftharpoons H^+ + HS^-$$
$$HS^- \rightleftharpoons H^+ + S^{2-}$$
という酸解離平衡状態に達する．S^{2-} の濃度は酸性条件下で低く，塩基性になるほど高くなる．Pb^{2+} と Zn^{2+} はどちらも中間の硬さの酸として分類されているが，両者のうちでは Pb^{2+} のほうが，より軟らかく，S^{2-} と反応する傾向が高いと考えれば挙動の違いを説明できる．すな

わち Pb^{2+} は低濃度の S^{2-} とも反応して PbS を生成するが，Zn^{2+} は，ある程度の S^{2-} が存在する条件になって，はじめて ZnS の生成が可能になる†．◆

過酸化水素（hydrogen peroxide）H_2O_2 は，標準酸化還元電位が $+1.77\,\mathrm{V}$ の強い酸化剤である．純粋な状態では安定であるが，光が当たったり，金属イオンが存在したりするときには水と O_2 に分解しやすくなる[†2]．保存するときは冷蔵庫に入れるようにする．ただし，過酸化水素自身よりも高い酸化還元電位をもつ物質に対しては，過酸化水素は標準酸化還元電位が $+0.68\,\mathrm{V}$ の還元剤として作用し，プロトンと O_2 になる．過酸化水素は皮膚を真っ白に変色させる．同様に，有機色素を酸化するので漂白剤としても使用される．

過酸化水素 H_2O_2 分子は図 7.6 のような特殊な形をしている．∠HOO は 95°（気体）または 102°（結晶）であり，2 個の H 原子は酸素原子間の結合を軸として 112°（気体）または 90.2°（結晶）離れている．H_2O_2 中では 2 個の O 原子が sp 混成軌道で結合していて，H 原子は混成に参加しない（酸素原子間の結合軸に垂直にのびた）2p 軌道と結合している．二つの O 原子上の非共有電子対は，それぞれ酸素原子間の結合軸に垂直にのびた 2p 軌道に入っているが（図中に赤色で示す），これらが互いに離れようとする結果，独特の構造ができあがる．

† PbS と ZnS の溶解度積に基づけば，より定量的に説明することができる．溶解度積はそれぞれ $3 \times 10^{-28}\,\mathrm{mol^2/dm^6}$，$2 \times 10^{-24}\,\mathrm{mol^2/dm^6}$ であり，PbS のほうが ZnS よりも水に溶解しにくい．溶解度積の違いはやはり HSAB で説明される．

†2 傷口に過酸化水素系の消毒液をつけると O_2 の泡が出ることと同様．

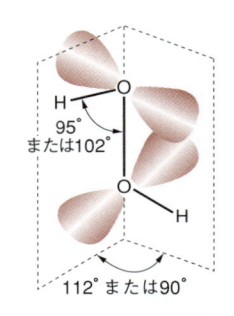

図 7.6 H_2O_2 の構造

例題 過酸化水素の酸素原子間の結合は切れやすい．そのため過酸化水素は化学的反応性が高い．それではなぜ，酸素原子間の結合は切れやすいのであろうか．その理由を F_2 分子の F—F 結合が切れやすいことと関連づけて説明せよ．

解答 F_2 分子においては，F 原子が小さいために二つの F 原子上にある非共有電子対どうしの静電反発が F—F 結合を切れやすくしている．過酸化水素でもその事情は似ており，二つの酸素原子上の非共有電子対どうしの静電反発が酸素原子間の結合を切れやすくしている．◆

7.3 ハロゲン化物

酸素のフッ化物は多種存在するが，そのうち OF_2 が最も安定である．酸素と他のハロゲンとの化合物は，むしろハロゲンの酸化物としてとらえるべきなので，ここでは割愛する．

硫黄のハロゲン化物のうち，工業的に重要な化合物は SF_6 と SF_4 で

ある．SF_6 は非常に不活性なので，高電圧がかかる電気器具のなかで気体絶縁体として使われる．SF_4 は化学的に活性で，有機化学においてフッ素化試薬として用いられる．また，SF_2 という分子も存在する．これらはそれぞれ図 7.7 のような形をしている．ただし，図では電子対反発に起因する歪みは無視している．

> **例題** 上で述べた (a) SF_6, (b) SF_4, (c) SF_2 のそれぞれの分子が図 7.7 のような形をとることを VSEPR 則を用いて確かめよ．

解答 (a) 電子の総数については S から 6 個，F から各 1 個で合計 12 個．したがって電子対の数は 6．これから八面体構造が予測される．
(b) 電子の総数は 10 個で，電子対の数は 5．これから三方両錐の形状が予測される．非共有電子対がアキシャル位置にある場合，電子対どうしの反発は 90° の関係に lp–bp が 3 組である．一方，エカトリアル位置にある場合，電子対どうしの反発は 90° の関係に lp–bp が 2 組と，120° の関係に lp–bp が 2 組である．ここからただちに非共有電子対がエカトリアル位置に来ることは予測しにくいが，実験事実は非共有電子対がエカトリアル位置に存在することを示している．一般に非共有電子対や多重結合の電子対は中心原子の近くに存在しているので，立体的混み合いの少ないエカトリアル位置を占める．
(c) 電子の総数は 8 個で，電子対の数は 4．したがって図のような構造がただちに予測される．◆

(a) SF_6
(b) SF_4
(c) SF_2

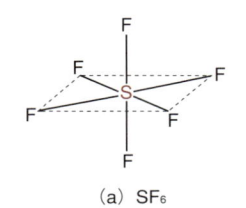

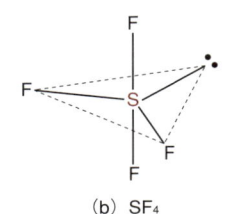

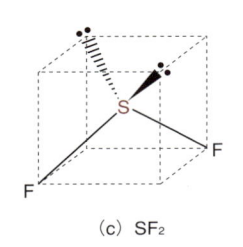

図 7.7 硫黄のフッ化物の構造

SF_4 や SF_6 などの分子の結合は，以前には d 軌道を含むような混成軌道（sp^3d 混成軌道や sp^3d^2 混成軌道）を仮定することで説明されてきた．現在はそのような混成軌道はできないと考えられているが，方便的には理解しやすいので，以下にそれを記す．

硫黄原子の 3p 電子を 3d 軌道に励起していくと図 7.8 のような電子配置ができあがり，不対電子が 2, 4, 6 個できる．それぞれの不対電子がフッ素と結合し，3s 軌道からの混成軌道をつくれば，それぞれの混成軌道の形に対応して上で述べたような形の分子ができる．

上の例題にあげた分子中では，硫黄はそれぞれ +6, +4, +2 の酸化数をとる．このことは 17 族元素についても見られたことであるが，次のようにまとめられる．

SF₂ の図: sp³混成（四面体）の二つの頂点に非共有電子対

SF₄ の図: sp³d混成（三方両錐）の一つの頂点に非共有電子対

SF₆ の図: sp³d²混成（八面体）

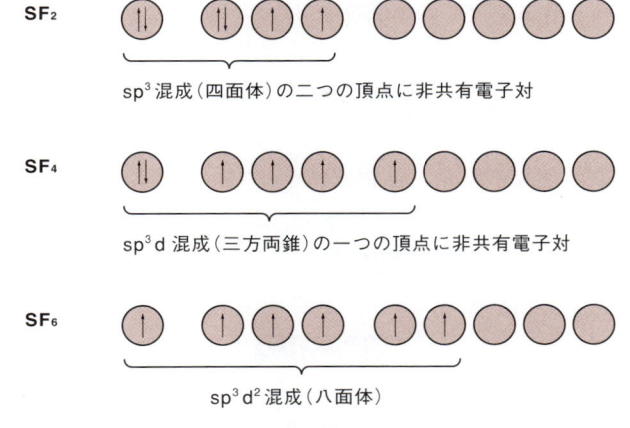

図 7.8 混成軌道による硫黄のフッ化物の構造の説明

> **ポイント9**
> 13〜17族の第3周期以下の元素については，価電子の数よりも二つおきに小さな酸化数をとる傾向がある．

ポイント6 で述べたように，超原子価化合物はフッ素を周辺原子としたときにできやすい．硫黄は，塩素とは SCl_4，SCl_2，S_2Cl_2 の化合物をつくるが，SCl_6 は存在しない．また，臭素とは S_2Br_2 のみをつくる．このように周辺原子のサイズが大きく，電気陰性度が低いものになるほど，超原子価化合物はできにくくなる．

中心原子が大きくなれば，周辺原子が大きくても超原子価化合物ができやすくなる傾向が見られる．たとえばセレンは $SeCl_4$ と $SeBr_4$ を，テルルは $TeCl_4$，$TeBr_4$，TeI_4 をつくる．

7.4 酸化物とオキソ酸

硫黄の酸化物には SO_2 と SO_3 がある．これらは硫酸製造プロセスにおける重要な物質である．化石燃料を燃焼させると，そのなかに含まれている微量の硫黄が酸化物になって大気中に放出され，亜硫酸や硫酸となって雨のなかに混じる．通常，炭酸ガス飽和水溶液よりも低いpH（pH = 5.6 以下）の雨を酸性雨と呼ぶが，こうした硫黄酸化物は窒素酸化物とともに酸性雨の主要な原因になっている．

VSEPR則から予想されるように，SO_3 は酸素が平面三角形の頂点に，硫黄がその中心に位置する形の分子であり，SO_2 は SO_3 のなかの1個

の酸素が非共有電子対で置き換わった折れ線型の分子であるが，電子対反発のために∠OSO は 119.3° に狭まっている．

SO_2 では酸素は 1 個の硫黄と二重結合しているのみであるが，SeO_2 や TeO_2 では酸素が複数個のセレンまたはテルルと結合しており，結果として無限に連なった結晶性物質になっている．これはちょうど CO_2 が三原子分子であるのに対して，SiO_2 が結晶性固体であることと対応している．このことは ポイント8 と一致する．通常，金属の酸化物はイオン結合性の結晶をつくるが，TeO_2 結晶をイオン結合性結晶と見なすことも可能であり，これは ポイント7 と一致する．

ところで，以下のことが知られている．

> **ポイント10**
> 13～16 族元素では，下の周期の元素ほど，高い酸化数の化合物ができにくくなる．この傾向は 16 → 15 → 14 → 13 族の順で顕著に現れるようになる．

これは**不活性電子対効果**（inert pair effect）と呼ばれ，最外殻の満たされた s 軌道の電子が結合に参加しにくくなることに起因する[†]．これを反映して，セレンやテルルは三酸化物よりも二酸化物のほうが安定である．また硫黄は硫酸や亜硫酸など多種多様なオキソ酸をつくるが，セレンでは +6 価の酸化数をもつオキソ酸の**セレン酸**（selenic acid）H_2SeO_4 は安定ではなく，+4 価の酸化数の**亜セレン酸**（selenous acid）H_2SeO_3 ができる．

硫黄には多くの種類のオキソ酸が存在するが，ここではそれらのうち図 7.9 に示したものをはじめとする主要なもののみに触れる．**硫酸イオン**（sulfate ion）SO_4^{2-} には酸化力があり，とくに加熱した濃硫酸の酸化作用は激しいが，室温の硫酸の酸化作用はあまり激しくはない．市販濃硫酸の濃度は約 18 mol/dm^3 である．濃硫酸は水に希釈されるときの発熱（希釈熱）が大きく，脱水作用が強い．そのため濃硫酸をうっかり衣服につけると，繊維が徐々に脱水され（焦げていき），ひと晩もすると大きな孔があくことがある．

ペルオキシ硫酸イオン（peroxysulfate ion），**ペルオキシ二硫酸イオン**（peroxydisulfate ion）は酸化作用の激しい酸化剤である．これらは酸素を放出して相手を酸化すると同時に，自らは硫酸イオンに変わろうとする．

一方，**亜硫酸イオン**（sulfite ion）や**ジチオン酸イオン**（dithionate

[†] 詳細な理由は本書の範囲を越えるので割愛する．

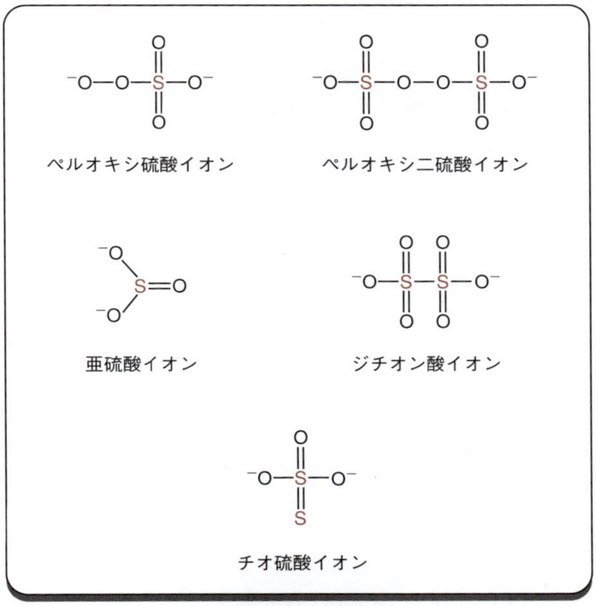

図 7.9　硫黄のオキソ酸イオン

ion）は還元力をもち，相手を還元すると同時に自らは硫酸イオンに変わろうとする．

　SO_2 を溶かした水溶液には亜硫酸イオンが存在するが，H_2SO_3 そのものの存在は確認されていない．一部のワインには，酸化防止剤として 0.35 g/kg 以下の亜硫酸塩（二酸化硫黄）が添加されている．ワイン中の亜硫酸塩には殺菌効果もある．

　チオ硫酸イオン（thiosulfate ion）$S_2O_3^{2-}$ は，硫黄を亜硫酸イオン水溶液に溶解させることによって生じる．チオ硫酸塩の水溶液を酸性にすると硫黄が遊離する．チオ硫酸塩水溶液は，以下に示すヨウ素の還元を利用したヨウ素の定量に用いられる．

$$I_2 + 2\,S_2O_3^{2-} \longrightarrow S_4O_6^{2-} + 2\,I^- \tag{7.1}^\dagger$$

また次に示すハロゲン化銀の溶解

$$AgBr + S_2O_3^{2-} \longrightarrow [Ag(S_2O_3)]^- + Br^- \tag{7.2}$$

は銀塩写真の定着やチオスルファト錯体の形成で利用され，さらに以下の，次亜塩素酸イオンの還元

$$4\,ClO^- + S_2O_3^{2-} + 2\,OH^- \longrightarrow 2\,SO_4^{2-} + 4\,Cl^- + H_2O \tag{7.3}$$

† 右辺の $S_4O_6^{2-}$ は**テトラチオン酸イオン**（tetrathionate ion）と呼ばれる．

は水道水中の塩素の除去に用いられる.

> **例題** 硫酸分子内の硫黄と酸素の結合距離には 153.5 pm のものと 142.6 pm のものがある.なぜ,このように長さの異なる結合が存在するのか.

> **解答** 結合の多重度が異なる結合があるからである.長いほうは S—OH 結合,短いほうは S=O 結合に対応している.◆

> **例題** 式 (7.3) において,塩素の酸化数の変化と硫黄の酸化数の変化を答えよ.

> **解答** 塩素の酸化数は +1 から −1 に変化した(したがって,4 個の塩素は合計 8 個の電子を獲得した).一方,チオ硫酸イオンのなかの中心の硫黄の酸化数は +4,それと結合した硫黄の酸化数は 0 であるが,これらはすべて酸化数 +6 に変化した(したがって,それぞれの硫黄は 2 個と 6 個で合計 8 個の電子を失った).◆

学習のキーワード
☐ カルコゲン ☐ オゾン ☐ 三重項酸素 ☐ 一重項酸素 ☐ 等電子的 ☐ 準安定 ☐ 多形 ☐ カートネーション ☐ 過酸化水素 ☐ 不活性電子対効果 ☐ セレン酸 ☐ 亜セレン酸 ☐ 硫酸イオン ☐ ペルオキシ硫酸イオン ☐ ペルオキシ二硫酸イオン ☐ 亜硫酸イオン ☐ ジチオン酸イオン ☐ チオ硫酸イオン ☐ テトラチオン酸イオン

――――――― **章末問題** ―――――――

7.1 硫酸イオンと亜硫酸イオンの立体構造を予測せよ.

7.2 16 族元素と水素との化合物である H_2O,H_2S,H_2Se,H_2Te について下の (a)〜(d) の性質は,16 族元素の原子番号が大きくなるにつれてどのように変化していくか.
 (a) ブレンステッド酸としての強さ.
 (b) 還元力の強さ.
 (c) 沸点.
 (d) H—X—H の結合角.

7.3 一重項酸素と通常の酸素分子との違いを述べよ.また,活性酸素と呼ばれるものをすべてあげよ.

7.4 SF_4 や SF_6 という超原子価化合物が存在するのに対し,SH_4 や SH_6 などの分子が存在しない理由を考察せよ.

Chapter 8

15 族元素

> ■ この章の目標 ■
> 　本章では 15 族元素について学ぶ．
> 　15 族元素の一つである窒素は多彩な化合物を形成し，それらはいずれも化学の分野では重要な位置を占める．窒素の化学的性質を学ぶうえでは，すでに学んだフッ素や酸素，それに次章で述べる炭素と比較しながら学ぶとよい．

8.1　単体の性質

　15 族元素には窒素 N，リン P，ヒ素 As，アンチモン Sb，ビスマス Bi が含まれる．以下でそれぞれについて見ていく．

　まず，窒素 N は二原子分子 N_2 として存在し，同素体はない．リン P には多数の同素体があるが，基本的には図 8.1 に示す三種類 (a) 黄リン，(b) 赤リンおよび (c) 黒リンであって，これらの混合物がさまざまな名前で呼ばれる†．黒リンは，黄リンや赤リンを高圧下で圧縮すると生成する．リンは窒素と異なり，カートネーションする．黒リンはわずかに電気を通すが，非金属である．

† 多くの資料では，黄リンを白リンと記述している．

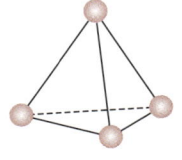

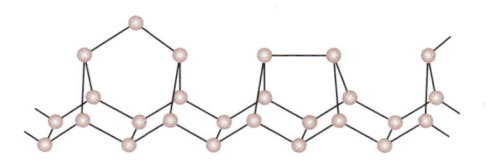

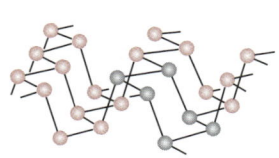

　ヒ素 As とアンチモン Sb にはそれぞれ As_4，Sb_4 という同素体があるが非常に不安定で，室温では黒リンに似た層状構造の固体として存在す

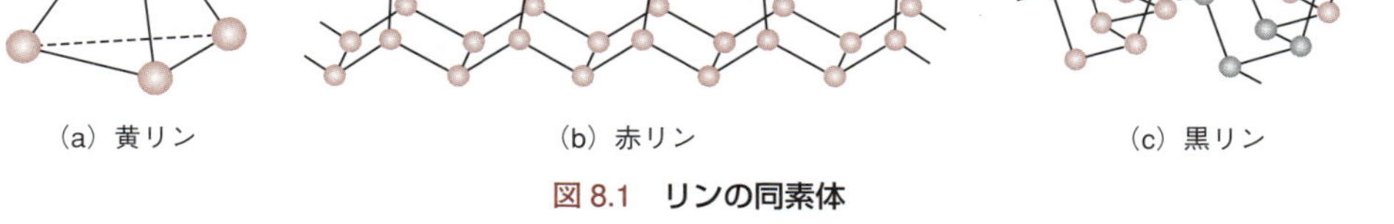

(a) 黄リン　　　(b) 赤リン　　　(c) 黒リン

図 8.1　リンの同素体

る．ヒ素とアンチモンの単体は**半金属**（semimetal）と呼ばれ，電気を通す．ビスマス Bi は金属である．すなわち 15 族元素では，周期が下の元素ほど金属的性質を示すようになる．これはすでに ポイント7 として述べた．

金属的性質を帯びるということは，電気陰性度が低くなるということと同じ意味である．窒素はアンモニア NH_3 において -3 の酸化数をとるがリン，ヒ素，アンチモン，ビスマスが -3 価となることはほとんどない．ホスファン PH_3，アルサン AsH_3，スチバン SbH_3，ビスムタン BiH_3 などの化合物が知られているが，これらは不安定である†．

† 半導体として重要な物質に**ヒ化ガリウム**（gallium arsenide） GaAs がある．この物質中の Ga-As 結合は共有結合性が高く，Ge の単体と同じ構造をとる．あえて酸化数を割り振れば，Ga よりも As の電気陰性度が高いから Ga が $+3$，As が -3 ということになるが，As^{3-} というイオンが存在するというわけではない．

> **例題** 窒素は二原子分子 N_2 をつくるが，リンは P_2 という二原子分子を安定につくらない．なぜか．また，窒素はリンのように無数に連なった状態をとらない．これらの理由を考察せよ．

解答 78 ページの，酸素と硫黄の単体の構造の違いに関する説明を参照のこと．

ちなみに窒素原子間，およびリン原子間の結合エネルギーは以下の表のようである．◆

N—N	158 kJ/mol	P—P	200～240 kJ/mol
N=N	419 kJ/mol	P=P	310 kJ/mol
N≡N	945 kJ/mol	P≡P	490 kJ/mol

> **例題** 上の表に基づいて，窒素原子間の結合は三重結合，リン原子間の結合は単結合がそれぞれ安定であることを説明せよ．

解答 いま 6 mol の窒素原子があり ① 三重結合からなる N_2 分子 3 mol をつくった場合と，② ベンゼン環のような単結合と二重結合からなる環状分子をつくった場合を考える．① の場合に放出される結合エネルギーは

$$945 \times 3 = 2835 \text{ kJ}$$

である．一方，② の場合に放出される結合エネルギーは

$$(158 + 419) \times 3 = 1731 \text{ kJ}$$

である．① の場合のほうがより多くの結合エネルギーが放出される．したがって三重結合が安定である†2．

また P が 12 個あったとき P≡P 分子を 6 個つくった場合と，P_4 分子を 3 個つくった場合とで結合エネルギーの放出量を比較すれば後者のほうが安定であることがわかる．よって単結合が安定である．◆

†2 窒素の場合には
N—N → N=N → N≡N
となるにつれて，窒素上の非共有電子対が互いに遠ざかっていくので二重結合，三重結合の結合エネルギーは単に単結合の結合エネルギーを 2 倍，3 倍したものよりも大きくなる．つまり安定な結合になる．

8.2 水素との化合物

ハロゲンや16族元素と，水素との化合物はそれぞれ HX や H_2X のように水素を前に記すが，15族元素と水素との化合物の場合には NH_3 のように水素を後に記す．15族元素 X と水素との化合物の性質を表8.1に示す．

16族元素の場合と同様に，周期が下がるにつれて生成エンタルピーが正に大きくなる．これは，周期が下の元素ほど電気陰性度が低くなるので，−3価の酸化状態を嫌う傾向が強くなることと対応している．したがって水素との化合物も，周期が下がるにつれて不安定になることを意味する．また H—X の結合エネルギーも低下する．

> **例題** 周期が下がるにつれて見られる H—X—H の結合角の変化を説明せよ．

解答 アンモニア NH_3 は，窒素 N の sp^3 混成軌道を反映した分子構造になっていると考えられる．窒素は四面体の中心にあり，頂点の一つを非共有電子対が占めている．結合角が理想的な sp^3 混成軌道の結合角（109.5°）よりも狭いのは，lp-bp 間の反発が bp-bp 間の反発よりも強いためである．一方，ホスファン PH_3 以下の化合物は，混成しない p 軌道へ直接に水素 H が結合しているものと考えられる．結合角が 90° よりも広いのは X—H 結合電子対間の反発，および H 間の静電反発の影響である．◆

さて，窒素と水素の化合物として重要なものにはアンモニア NH_3，ヒドラジン H_2NNH_2 およびアジ化水素 HN_3 がある．そのほかにリンと水素の化合物であるホスファン PH_3 も重要である．以下でこれらを順に見ていく．

表8.1 15族元素と水素との化合物 XH_3 の性質

	生成エンタルピー (kJ/mol)	H—X の結合エネルギー (kJ/mol)	H—X—H の結合角 (deg)
NH_3	−46.3	+391	106.7
PH_3	+5	+321	93.5
AsH_3	+66	+297	92
SbH_3	+145	+255	91.5

〔W. Henderson 著，『典型元素の化学』（三吉克彦訳），化学同人（2003）より改変〕

(1) アンモニア

はじめにアンモニア（ammonia）NH_3 について述べる．まず HF，H_2O，NH_3 の酸，塩基の性質を比較する．HF は水溶液中では弱いブレンステッド酸であると同時に，F^- が非共有電子対をもっているのでルイス塩基として振る舞える．H_2O は水溶液中ではブレンステッド酸と塩基の両方の性質を示すが，ルイスの定義では塩基である．NH_3 は水溶液中ではブレンステッド塩基であり，ルイスの定義でも塩基である[†]．周期表を右から左にさかのぼるにつれ，化合物のブレンステッド酸としての働きが弱まるのは中心元素（F，O，N）の電気陰性度が低くなっていき，F → O → N の順に負の電荷をもつことを嫌う性質が強くなっていく（すなわちプロトンを解離しにくくなる）ことと対応する[†2, †3]．

次に H_2 と F_2，O_2，N_2 との反応から HF，H_2O，NH_3 ができる反応を比較してみる．H_2 と F_2 は爆発的に反応し，H_2 と O_2 とは点火によって大きな熱を放出しながら反応する．一方，H_2 と N_2 を混合してもすぐには反応しない．触媒存在下で 400 ℃以上，100 atm 以上という過酷な条件にしてようやく反応が進む（これはハーバー・ボッシュ法として知られている）．また H_2O が 1 mol できるときには 286.9 kJ の熱が放出され，HF では 1 mol 当り 271 kJ の生成熱が放出されるが，NH_3 が 1 mol できるときには 46.3 kJ の熱しか放出されない．

これらのことは F—H → O—H → N—H の順に結合エネルギーが小さくなることにも一因があるが，それよりも単体の結合エネルギーが F—F（159 kJ/mol）→ O=O（494）→ N≡N（942） の順に大きくなることの影響のほうが大きいであろう．

(2) ヒドラジン

ヒドラジン（hydrazine）H_2NNH_2 は $pK_{a1} = 7.9$ の弱いブレンステッド塩基である．また

$$H_2N-NH_2 \longrightarrow N_2 + 4H^+ + 4e^-$$

という反応を起こして，他の物質を還元する作用が強い．この作用はとくに塩基性溶液において顕著で，たとえば以下のように O_2 を過酸化水素 H_2O_2 にまで還元することができる．

$$N_2H_4 + 2O_2 \longrightarrow 2H_2O_2 + N_2$$

ヒドラジンは還元作用が激しい，つまり化学的反応性が高い還元剤である．これは N—N 結合が，それぞれの N 原子上にある非共有電子対間の静電反発によって弱められているためである．対照的に，アンモニ

[†] 液体アンモニアのなかでは
$$2NH_3 \rightleftharpoons NH_4^+ + NH_2^-$$
という解離平衡が，また液体フッ化水素のなかでは
$$2HF \rightleftharpoons H_2F^+ + F^-$$
という解離平衡が存在する．そのような溶媒のなかでは NH_3 と HF は，それぞれブレンステッド酸とブレンステッド塩基両方の振舞いをすることができる．

[†2] 興味深いことに F—H，O—H，N—H の結合エネルギーはそれぞれ 567, 459, 386 kJ/mol と順に弱くなっていく．だからといってすぐに，この順に酸解離しやすくなるわけではないことに注意しなければならない．またこの順に共有結合性も高くなっていくが，共有結合性が高いということと，結合エネルギーが大きいということとは必ずしも対応しない．

[†3] 水にアルカリ金属を入れると
$$H_2O + Na \longrightarrow Na^+ + OH^- + \frac{1}{2}H_2\uparrow$$
という反応が起こって水素が発生する．しかし，液体アンモニアにアルカリ金属を入れても
$$Na + nNH_3 \longrightarrow Na^+ + e(NH_3)_n^-$$
という反応が起こり，電子そのものがアンモニア溶媒のなかで存在するようになる．

ア NH_3 が

$$2\,NH_3 \longrightarrow N_2 + 3\,H_2$$

という反応を起こして還元剤として働くのは非常に高い温度のときのみであって，水溶液中などでは還元作用をほとんど示さない．

> **例題** ヒドラジンと同様な理由によって化学的反応性が高くなっている分子を二つあげよ．

解答 F_2 と H_2O_2. ◆

> **例題** アセチレン HC≡CH は水素と容易に反応し，エチレンやエタンをつくる．これに対して N_2 分子を水素と反応させてジアゼン HN＝NH やヒドラジンをつくろうとしても，アセチレンの水素化ほど容易には反応が進まない．その理由を考察せよ．

解答 N_2 分子では非共有電子対が互いに最も遠く離れているので，互いの静電反発が最小の状態になっている．ところがヒドラジンになると非共有電子対が互いに近づかざるをえなくなり，静電反発による不安定化が大きくなる．そのため N_2 分子は水素に対して化学的に不活性である．なおジアゼン HN＝NH は過渡的に存在するにすぎず，単離は困難である． ◆

(3) アジ化水素

アジ化水素（hydrogen azide）HN_3 は $pK_a = 4.65$ の弱酸であり，次のような

$$N\equiv N^+ - N^- - H \longleftrightarrow N^- = N^+ = N - H$$

という共鳴構造をとっている．酸解離後の陰イオン N_3^- はアジ化物イオンと呼ばれ

$$^-N=N^+=N^-$$

という直線型の構造をもつ．これは O＝C＝O と等電子的である．アジ化物イオンは -1 価の電荷をもち，ハロゲン化物イオンと同じような化合物を生成するので**擬ハロゲン化物イオン**（pseudohalide ion）と呼ばれる．擬ハロゲン化物イオンには，ほかに**シアン化物イオン**（cyanide ion）CN^-，**シアン酸イオン**（cyanate ion）OCN^-，**チオシアン酸イオ**

ン（thiocyanate ion）SCN^- などがある.

(4) ホスファン

ホスファン（phosphine）PH_3 そのものは不安定で利用しにくいが，H をアルキル基やアリール基で置換した三級ホスファンは金属錯体の配位子としてよく利用される.

> **例題** 三級ホスファンはルイス酸か，それともルイス塩基か．理由とともに答えよ．

> **解答** P 原子上に非共有電子対があるからルイス塩基である．

8.3 酸化物とオキソ酸

8.3.1 窒素の酸化物とオキソ酸
(1) 酸化物

窒素の酸化物には N_2O, NO, N_2O_3, NO_2, N_2O_4, N_2O_5 が知られており，窒素の酸化数も $+1$, $+2$, $+3$, $+4$, $+5$ の状態をとりうる．すべての窒素酸化物は熱力学的には不安定で，O_2 と N_2 が自然に反応して生成することはなく，多くは窒素を含む物質を高温で燃焼させることによって生成する．一酸化二窒素 N_2O は〝笑気ガス〟と呼ばれ麻酔作用がある．

窒素酸化物の最大の発生源は自動車である．窒素酸化物を総称してノックス（NO_x）と呼ぶ．NO_x は次の①～③に示す三つの作用を通じて地球環境に好ましくない影響を及ぼしている．

① オゾン層破壊

$$N_2O + 光 \longrightarrow N_2 + O$$
$$N_2O + O \longrightarrow 2\,NO$$
$$NO + O_3 \longrightarrow NO_2 + O_2$$
$$NO_2 + O \longrightarrow NO + O_2$$
$$\vdots$$

以下 NO が連鎖的にオゾン O_3 を破壊していく．

② 地球温暖化

N_2O は大気中に存在する NO_x 中で最も高濃度に存在する．NO_x の温暖化効果は CO_2 の数百倍といわれている．現在は CO_2 の 1/1000 程度の

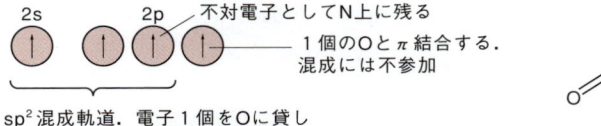

図 8.2　NO$_2$ の構造

濃度だが，近代以降の工業化に伴い，その濃度は急激に増えつつある．
③ 酸性雨

NO は空気中の酸素ですぐに NO$_2$ に酸化され，これが二量化して N$_2$O$_4$ になる．その後，加水分解を受けると硝酸 HNO$_3$ と亜硝酸 HNO$_2$ を生じる．

$$N_2O_4 + H_2O \longrightarrow HNO_3 + HNO_2$$

亜硝酸 HNO$_2$ も酸素による酸化を受け，最終的には硝酸 HNO$_3$ になる．

さて，二酸化窒素 NO$_2$ の分子は屈曲した構造をもつ．分子中の窒素原子 N は，1 個の電子を 1 個の酸素原子 O に貸し出したような状態，つまり炭素と等電子的になっていて，電子を借りた O はフッ素と等電子的になっている．N の電子配置は図 8.2 のようになっている．

N 上の不対電子と，N＝O や N—O の結合電子対との静電反発が小さいので，この分子中の O—N—O の結合角は 134°と理想的な sp^2 混成軌道の結合角よりも広くなっている．

> **例題**　N$_2$O と NO$_2^+$ は直線状分子である．そのような形をとる理由を考えよ†．

> **解答**　N$_2$O は N$^-$＝N$^+$＝O，NO$_2^+$ は O＝N$^+$＝O という順序で結合している．これらはどちらも CO$_2$，すなわち O＝C＝O と等電子的である．したがって sp 混成軌道に特有の直線型の構造をもつ．◆

† IUPAC 2005 年勧告では NO$_2^+$ はジオキシド窒素（1+）である．

(2) オキソ酸

窒素には二種類の重要なオキソ酸，すなわち**硝酸**（nitric acid）HNO$_3$ と**亜硝酸**（nitrous acid）HNO$_2$ がある．この二つのオキソ酸について，窒素の電子配置と関連づけながら分子の形を考えてみる．

> **例題**　硝酸と亜硝酸ではどちらが強いブレンステッド酸か．理由とともに答えよ．

解答 硝酸のほうが強い．酸解離したあとの陰イオンの負電荷の広がりが大きい分，H^+ との結合力が小さいため． ◆

まず，亜硝酸中の窒素は基底状態と同じ電子配置をもっており，図 8.3 (a) のように表される．よって亜硝酸の分子構造は (b) のようになる．

硝酸イオン NO_3^- は炭酸イオンと等電子的であり，図 8.4 (a) に示すように，中心の窒素から 1 個の酸素に電子が貸し出されていると考えればよい．中心の窒素は sp^2 混成軌道を形成していて，O—N—O の結合角が 120° であるような正三角形の構造をとっている．単純に VSEPR 則で考えると図 8.4 (c) のような構造が導かれるが，この状態では窒素の周囲に 10 個の電子が来ることになってしまう．窒素は超原子価化合物をつくらない（**ポイント5** 参照）ので，やはり，この構造は不適当である．

> **例題** 亜硝酸イオン NO_2^- の O—N—O の結合角は 115° である．なぜ 120° ではないのか．その理由を答えよ．

解答 窒素上の非共有電子対からの静電反発のために O—N—O の結合角が狭められているから． ◆

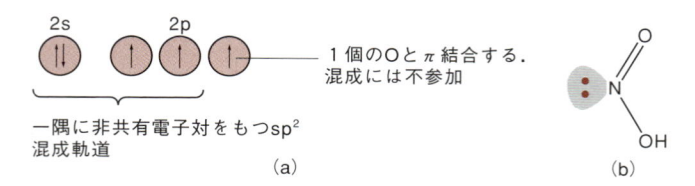

図 8.3 亜硝酸の構造と窒素の電子の役割

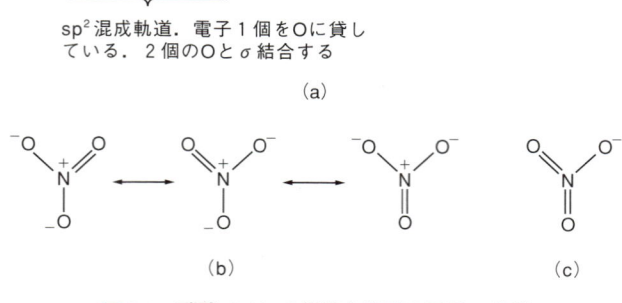

図 8.4 硝酸イオンの構造と窒素の電子の役割

8.3.2 リンの酸化物とオキソ酸

リンは +5 価の酸化物 P_4O_{10} と，オキソ酸である**オルトリン酸**〔orthophosphoric acid. 単に**リン酸**（phosphoric acid）ともいう〕H_3PO_4 をつくる．**ホスホン酸**（phosphonic acid）H_2PHO_3 はリン原子 P へ直接に水素原子 H が結合している化合物で，オキソ酸には含めないという考えもある．最初にあげた酸化物 P_4O_{10} は水と反応してリン酸をつくる傾向が強いので，強力な脱水剤である．リン酸 H_3PO_4 が脱水縮合すると，図 8.5 のように**縮合酸**（condensed acid）ができる．

リン酸は肥料，医薬品などの原料であり，工業的に重要な物質である．また，ヒトの体内の骨は水酸アパタイト $Ca_{10}(PO_4)_6(OH)_2$ に非常に近い組成の物質と，コラーゲンとの複合体である．骨は単に身体を支えているだけでなく，信号伝達に必要な Ca^{2+} と，エネルギー代謝に必要なリン酸の貯蔵庫としての働きも担っている．

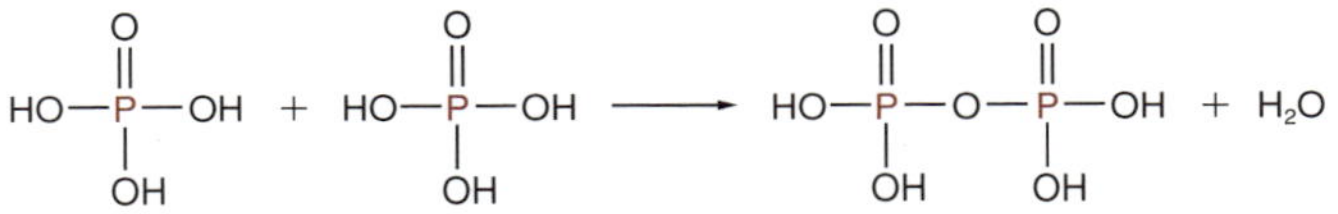

図 8.5　リン酸の脱水縮合

8.3.3　ヒ素，アンチモン，ビスマスの酸化物

ヒ素，アンチモン，ビスマスは周期が下がるほど +3 価の酸化物をつくる傾向が大きくなる．ヒ素とアンチモンにはそれぞれ X_2O_5 と X_2O_3 で表される酸化物が存在するが，ビスマスの酸化物は X_2O_3 型の Bi_2O_3 のみである．やはりここでも，不活性電子対効果を見ることができる．

8.4　ハロゲン化物

表 8.2 には，15 族元素とフッ素 F との結合エネルギーを示す．結合相手のフッ素の数が少ない場合には，強い結合をつくることができる．逆に結合相手が多くなると，1 本当りの結合エネルギーが小さくなることに留意してほしい．弱い結合をたくさんつくったほうがよいか，強い結合を少しつくったほうがよいかは化合物ができるときの条件にも依存するが，一般には下の周期の元素ほど低い酸化数の化合物のほうが安定になる傾向が強くなる．

表 8.2 15族元素のフッ化物中での結合エネルギー

結合	化合物	結合エネルギー (kJ/mol)	化合物	結合エネルギー (kJ/mol)
P—F	PF_5	460	PF_3	490
As—F	AsF_5	406	AsF_3	484
Sb—F	SbF_5	402	SbF_3	440
Bi—F	BiF_5	297	BiF_3	393

〔曽根興三著,『酸化と還元』,培風館(1978)より引用〕

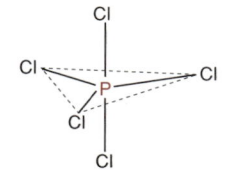

図 8.6 PCl_5 の構造

例題 五塩化リン PCl_5 の分子構造を推定せよ.

解答 VSEPR則を用いると,Pの周囲には5対の電子対の存在が導かれる.したがって図8.6に示すような,Pを中心とした三方両錐構造をとると推定される. ◆

例題 気体の PCl_5 分子は上の例題で述べたような構造をとるが,固体の結晶は PCl_4^+ と PCl_6^- から構成されている.それぞれのイオンの構造を推定せよ.

解答 同様にVSEPR則を用いると,それぞれの中心のPの周囲には4対と6対の電子対の存在が導かれるので, PCl_4^+ は四面体構造, PCl_6^- は八面体構造をとるものと推定される. ◆

学習のキーワード
□半金属 □ヒ化ガリウム □アンモニア □ヒドラジン □アジ化水素 □擬ハロゲン化物イオン □シアン化物イオン □シアン酸イオン □チオシアン酸イオン □ホスファン □硝酸 □亜硝酸 □オルトリン酸(リン酸) □ホスホン酸 □縮合酸

―――― 章末問題 ――――

8.1 亜硝酸イオンと等電子的な分子またはイオンをあげよ.

8.2 H—F,H—O,H—N の結合の順に結合エネルギーが小さくなる原因を考察せよ.

8.3 NO, NO^- および NO^+ の分子軌道が O_2 分子と同じであるとして,それぞれの結合次数を求めよ.また常磁性を示すものをすべてあげよ.

8.4 リン酸が硫酸よりも弱いブレンステッド酸である理由を説明せよ.

Chapter 9

14 族元素

■ この章の目標 ■

14族は，周期が下がるにつれて元素単体が非金属から金属へ移り変わる典型的な族である．炭素とケイ素の性質の比較，および一酸化炭素と二酸化炭素の性質は，典型元素の化学のなかでもとくに重要な部分である．

9.1 単体の性質

14族元素には炭素 C，ケイ素 Si，ゲルマニウム Ge，スズ Sn，鉛 Pb が含まれる．以下でそれぞれを順に見ていくことにする．

9.1.1 炭素

炭素 C には基本的に三種類の同素体がある．図 9.1 に示すように，炭素原子がすべて sp^3 混成軌道を形成している**ダイヤモンド**（diamond）と，炭素原子がすべて sp^2 混成軌道を形成している**グラファイト**（graphite．**黒鉛**とも呼ぶ）およびサッカーボール型分子 C_{60} に代表される**フラーレン**（fullerene）である．常温，常圧で安定な同素体はグラファイトであり，ダイヤモンドやフラーレンは準安定である．

グラファイト中の炭素は sp^2 混成軌道によって層内の他の3個の炭素と結合しており，残りの1個の電子は3個の炭素といわば 1/3 ずつπ結合している．このため，グラファイトは層が広がる方向に電気伝導性を示す．層間には**ファンデルワールス力**（van der Waals force）が働いており，層どうしの結合は弱い．上下の層は図 9.1（c）に示すようにずれているが，1層おきに同じ配列が繰り返される．

フラーレンは 1970 年に大澤映二によってその存在が予言され，1985年にクロトー（Kroto），スモーリー（Smalley），カール（Curl）によっ

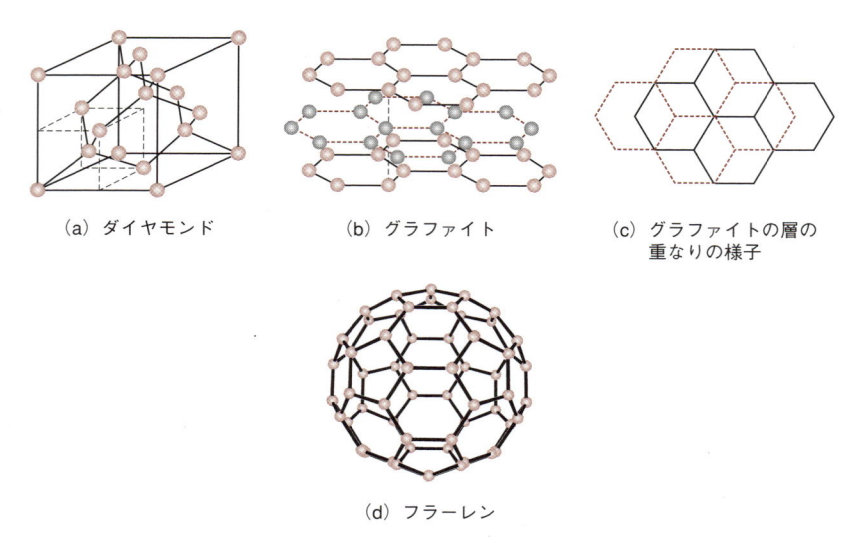

(a) ダイヤモンド　　(b) グラファイト　　(c) グラファイトの層の重なりの様子

(d) フラーレン

図 9.1　炭素の同素体の構造

て発見された．フラーレンは，ヘリウムガス中でグラファイトを放電させてできる煤のなかに含まれている．分子内の大きな空隙のなかにはさまざまな金属を内包させることができ，それによって超伝導などの性質が現れる．また，より多くの炭素が連なったチューブ状フラーレン（炭素ナノチューブと呼ばれる）は飯島澄男によって 1991 年に発見され，他のフラーレンと同様に電子材料や医薬品などへの応用が期待されている．

　グラファイトからダイヤモンドへの変換には，一般に約 3000 K，10万 atm 以上の高温，高圧条件が必要である．合成ダイヤモンドは，切削工具や研磨剤として大量に用いられている．ダイヤモンドは電気抵抗が非常に大きい反面，熱伝導度が高いという特徴がある．通常，電気伝導度が高いほど熱伝導度も高いのであるが，ダイヤモンドはその点，例外的な物質である．ダイヤモンドに微量の不純物を混入させることによって半導体をつくることも可能である．近年，メタンなどの気体原料を放電などで分解することによって，常温付近でダイヤモンドの薄膜を作製可能であることが見いだされている．

> **例題**　ダイヤモンドとエチレンの炭素-炭素間の結合距離はそれぞれ 154，133 pm である．それに対してグラファイト中のそれは 142 pm である．グラファイト中の炭素-炭素間の結合距離がこのような値をとることを説明せよ．

[解答] ダイヤモンド，エチレン，グラファイトの炭素−炭素結合の平均多重度を求めると，それぞれ 1.0，2.0，1.33（= 4 ÷ 3）となる．多重度が大きいほど結合が強くなるから結合距離は短くなる． ◆

9.1.2 ケイ素とゲルマニウム

ケイ素 Si およびゲルマニウム Ge には，ダイヤモンド型構造の単体のみが存在し，グラファイトに相当する構造の同素体は存在しない．これは **ポイント 8** として述べたように，第 3 周期以下の重い元素は多重結合をつくろうとする傾向が弱くなるためである．ケイ素の単結晶を作製する技術は非常に高度に確立されている．これはケイ素が半導体であり，エレクトロニクス用デバイスを作製するうえで必要不可欠なためである．

> **[例題]** なぜケイ素にはダイヤモンドと同じ構造の同素体しか存在しないか．その理由を述べよ．

[解答] 第 7 章の酸素と硫黄を比較した記述を参照のこと． ◆

9.1.3 スズと鉛

スズ Sn と鉛 Pb は金属であるが，スズにはダイヤモンド型構造の準安定な同素体が存在する．**ポイント 7** としても述べたように 14 族は，周期が下がるにつれて元素単体が非金属から金属へと移っていく典型的な族である．

9.2 水素との化合物

Si 以下の元素 X と水素 H との XH_4 型化合物にはシラン SiH_4，ゲルマン GeH_4，スタンナン SnH_4，プランバン PbH_4 がある．もともと 14 族元素は電気陰性度が高くないので −4 の酸化数を好まない．そのため，下の周期の XH_4 型化合物ほど容易に酸化されやすい．炭素はカートネーションするので無数の炭化水素が存在するが，ポリシランは Si_6H_{14} まで，ポリゲルマンは Ge_3H_8 までが存在できるのみで，それ以上に長く連なったものは存在しない．これは **ポイント 1** でも述べたように，下の周期の元素ほど強い結合をつくることができなくなるからである†．

炭素−炭素間の二重結合に比べて，Si と Si の間および Ge と Ge の間の二重結合はできにくい（**ポイント 8** 参照）が，近年，Si や Ge の間

---

† やや誇張したたとえであるが，ピンポン球を強いひもでつなぎ合わせたものを炭化水素にたとえれば，ポリシランは野球のボールを糸でつなぎ合わせたもの，ポリゲルマンは砲丸投げの球をさらに細い糸でつなぎ合わせたものにたとえることができる．原子（ここでは，それぞれの球）の熱振動が激しくなれば，砲丸をつないでいる糸が容易に切れるのに対し，ピンポン球をつないでいるひもは容易に切れない．炭化水素がポリシランやポリゲルマンよりも安定であることは，このようなたとえからも類推可能である．

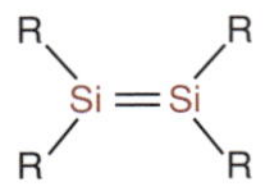

図 9.2　ジシレン

に二重結合をもつような化合物が合成されジシレン（図 9.2）やジゲルメンと命名された．有機化合物の多くがエチレンを出発物質としてつくられるように，ジシレンやジゲルメンからケイ素やゲルマニウムを含む新しい物質の創製が可能になるだろうと期待されている．

　N_2 分子中の N≡N 結合は，H_2 と反応しようとする傾向が非常に低いのに対して，C≡C 結合や C=C 結合は比較的容易に H_2 と反応する．すなわち不飽和な性質を示す．N 原子上の非共有電子対は 2 個の N 原子が N≡N 結合をつくっているときに最も遠く離れているのに対し，三重結合 → 二重結合 → 単結合となっていくにしたがって非共有電子対が互いに接近することになる．このため N_2 と H_2 とは反応しにくい．他方，多重結合をつくっている C 原子上には非共有電子対が存在しないので H_2 と反応しても，上記のような不都合が生じないのである．

　C≡C，C=C，C—C の結合エネルギーはそれぞれ 813，598，346 kJ/mol であり，大まかな比で表すとほぼ 3：2：1 になる．これに対して N≡N，N=N，N—N の結合エネルギーはそれぞれ 946，418，160 kJ/mol で 6：2.6：1 と急激に減少する．このことからも，N≡N 結合が H_2 と反応しようとしない傾向がうかがえる．

　ちなみに C≡N，C=N，C—N の結合エネルギーはそれぞれ 891，615，305 kJ/mol であって，ほぼ両方の中間的な値になる．

9.3　ハロゲン化物

　Si，Ge，Sn，Pb のハロゲン化物は，すべて水に対して不安定で，容易に加水分解する．たとえば

$$SiCl_4 + 2\,H_2O \longrightarrow SiO_2 + 4\,HCl \tag{9.1}$$

電気陰性度の高いハロゲンによって，14 族元素は電子をはぎとられたような状態になり，大きな正電荷を帯びる．そのために求核試薬（式 9.1 の例では H_2O のようなルイス塩基）の攻撃を受けやすくなるのである．

　これに対して，炭素 C のハロゲン化物は化学的に安定である．そのなかでもとくに塩化フッ化物はフロン（CF_xCl_y）と呼ばれ，以前は冷却機の冷媒などに使用されてきたが，以下に示すオゾン破壊の連鎖反応の原因となるため，現在は製造，販売が規制されている．

$$CF_xCl_y + 光 \longrightarrow Cl + CF_xCl_{y-1} \tag{9.2}$$
$$Cl + O_3 \longrightarrow ClO + O_2 \tag{9.3}$$

$$\text{ClO} + \text{O}_3 \longrightarrow \text{Cl} + 2\,\text{O}_2 \tag{9.4}$$

⋮

テトラフルオロエチレンの重合体であるポリテトラフルオロエチレン（PTFE）は耐熱性，耐薬品性に優れた材料として広く用いられている．

ハロゲンなどの電気陰性度の高い元素に対して，C や Si は 14 族のなかでも電気陰性度が高いので共有結合を形成するが，Sn や Pb は電気陰性度が低いのでイオン結合的な結合をつくる傾向が強くなる．また重い元素では不活性電子対効果が顕著になるので +4 価と同様に +2 価の状態も安定になる．Sn の塩化物には $SnCl_2$ と $SnCl_4$ があり，どちらも比較的安定であるが，Pb の塩化物は不活性電子対効果のために $PbCl_2$ のほうが安定である．

9.4 酸化物

9.4.1 炭素の酸化物

炭素 C の酸化物には**一酸化炭素**（carbon monoxide）CO と**二酸化炭素**（carbon dioxide）CO_2 がある．

(1) 一酸化炭素

一酸化炭素 CO は一見，>C=O のように C の結合手があまるのではないかと思わせる組成であるが，実際には比較的安定で化学的反応性にとぼしい物質である．極性もわずかであって，水にも溶けにくい．これは C と O の間の結合が，上に記したような結合ではないからである．なお C と O_2 から CO ができるときには 111 kJ/mol の発熱を伴う．

実際には，CO は N_2 と等電子的な分子である．すなわち O から C に電子が 1 個貸し出されることによって，双方（C^- と O^+）が N 原子と同じ電子配置になるので，両者の間に強い三重結合がつくられる．

ただし電気陰性度の高い O から，電気陰性度の低い C に電子を貸すということは，いわば逆方向の電子の移動ということになる．そこで O は結合電子対を自らの側に強く引き寄せることによって高い電気陰性度を満足させている．このため CO 中の結合電子対は O の側にずっと寄っていて $C^-\!\equiv\!O^+$ という極性はかなり弱められ，ほとんど無極性になっている．以上を図 9.3 に模式的に示す．

一酸化炭素では，炭素原子の上にも酸素原子の上にも非共有電子対があるが，酸素原子上の非共有電子対は酸素原子核に強く引きつけられているので，ルイス塩基的な性格は弱い（つまり，こちらの電子対を他に

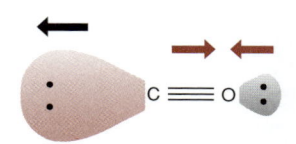

図 9.3　CO の結合の模式図

表 9.1　CO と N_2 の比較

	CO	N_2
融点(℃)	−204	−209.86
沸点(℃)	−191.5	−195.8
モル融解熱(J/mol)	837	720
モル蒸発熱(J/mol)	6038	5577
標準エントロピー(J/K·mol)	197.3	191.3
原子間距離(Å)	1.128	1.098
結合エネルギー(kJ/mol)	1066	940
双極子モーメント(debye)	0.11	0

〔曽根興三著,『酸化と還元』, 培風館（1978）より引用〕

供与しようとする傾向は弱い）．それに対して，炭素原子上の非共有電子対は炭素原子核の周りにゆるやかに存在しているので，ルイス塩基としての性格を強く示す．一酸化炭素が人体に有害である理由は，この炭素原子上の非共有電子対が赤血球のヘモグロビン中の Fe^{2+} に強く配位結合して，赤血球の酸素運搬能力を失わせるからである．一酸化炭素はルイス塩基であるが，ブレンステッドの定義では酸でも塩基でもない．

また CO と N_2 の性質には多くの類似性が認められる．表 9.1 にはその比較例をあげる．CO のほうが融点，沸点，モル融解熱，モル蒸発熱などがいずれもやや高いのは，極性の影響によるものである．

（2）二酸化炭素

二酸化炭素 CO_2 は，価標を用いて O=C=O のように表すことができる直線状の三原子分子である．分子の形からただちに，C は sp 混成軌道をつくっていることがわかる．C の単体と O_2 から CO_2 ができるときには，室温において 394 kJ/mol の発熱を伴う．高温の CO を室温まで冷却すると CO_2 と C とに分かれるが，室温の CO が CO_2 と C とに不均化する速度は非常に遅い．CO_2 の固体はいわゆるドライアイスであるが，これは CO_2 分子間の分子間力による分子性結晶である．液体の CO_2 は 5.1 atm 以上の高圧下で存在することができる．

CO_2 は水に溶けて**炭酸**（carbonic acid. 図 9.4）H_2CO_3 となり，ブレンステッド酸として振る舞うので**酸性酸化物**(acidic oxide) と呼ばれる．

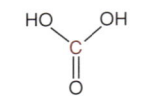

図 9.4　炭酸分子

$$CO_2 + H_2O \rightleftharpoons H_2CO_3 \rightleftharpoons H^+ + HCO_3^- \rightleftharpoons 2H^+ + CO_3^{2-} \tag{9.5}$$

例題　純粋な水をガラスビーカーに入れ，実験台の上に放置したあとに室温で pH を測定したところ 6.88 であった．なぜ 7.00 ではなかったのか．その理由を述べよ．

解答 空気中の二酸化炭素が溶け込んで pH を下げたから†．

例題 水酸化ナトリウム水溶液をガラスビーカーに入れ，数日間放置しておいたところ，ビーカー内壁の液面付近に白色の粉末が析出していた．なぜこのようなことが起こったのか．

解答 空気中の二酸化炭素が炭酸イオンや炭酸水素イオンになり，Na_2CO_3 や $NaHCO_3$ として析出したものと考えられる．

(3) その他

炭素の酸化物には二酸化三炭素 C_3O_2 というものも存在する．これはマロン酸を P_4O_{10} で脱水すると得られるもので O=C=C=C=O という直線状分子である．

最後に酸化物ではないが，関連する物質としてシアン化物イオン CN^- について触れる．このイオンも CO と同様に N_2 と等電子的で，比較的安定である．シアン化物が人体に対して毒性を示す機構も，一酸化炭素の場合と同様である．

9.4.2 ケイ素の酸化物

ケイ素 Si の酸化物には SiO と SiO_2 があるが，室温で安定なものは SiO_2 である†2．SiO_2 にはいくつかの同素体が知られており常温，常圧で安定なものは水晶〔鉱物名は **α-石英**（α-quartz）〕である．水晶のなかでは Si に 4 個の O が結合した正四面体型のユニット（これを $[SiO_4]$ ユニットと便宜上呼ぶことにする）が，図 9.5 のように三次元的に連結している．ただし Si—O—Si の結合角は図のような 180° ではなく，わずかに折れ曲がっている．

CO_2 と SiO_2 の存在形態が異なるのは，炭素 C が酸素 O と二重結合を容易につくるのに対して，ケイ素 Si には酸素 O と二重結合をつくる傾向がほとんどないためである（**ポイント8**参照）．また同じ周期の Cl，S および P が O と $p\pi$-$d\pi$ 結合をつくる場合があるのに対して，Si がそのような結合をつくることはない†3．

Cl，S および P の酸化物は水と反応してオキソ酸になる性質が強いが（P_4O_{10} は非常に強い脱水剤でもある），SiO_2 と水との反応はきわめて遅く，室温ではまったく進行しない．H_4SiO_4 という分子は希薄溶液などの特殊な条件でしか存在せず，常に縮合酸として存在する．その組成は $SiO_2 \cdot nH_2O$（n は 2 以下の定まらない数）と考えるべきである．

SiO_2 自身はブレンステッド酸として振る舞うことはないが，ブレン

---

† アルカリ性水溶液（pH = 7.0 以上の水溶液）は，空気中の二酸化炭素を吸収する性質があるので，その pH は徐々に低下する．そのため酸塩基滴定に用いるアルカリ性水溶液は，実験のつど新たにつくり直すべきである．他方，希塩酸のように炭酸よりも強い酸の水溶液は，二酸化炭素の溶解によって pH が下がることはない．ただし，溶媒の蒸発や空気中の水分の吸収などによって濃度が変わることがあるので，きちんとふたをして保存すべきである．

†2 SiO は高温の還元性雰囲気下で存在するが，室温では SiO_2 と Si に不均化する．

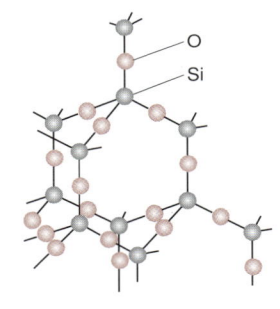

図 9.5 SiO_2 における Si と O の結合の様子

†3 この理由はやや専門的になるので，いまの時点では正確に理解する必要はない．酸素と元素 M との間に $p\pi$-$d\pi$ 結合ができるためには，酸素の 2p 軌道のエネルギーと元素 M の d 軌道のエネルギーとの差ができるだけ小さいことが要求される．Cl の場合には原子核の正電荷が大きいので 3d 軌道のエネルギーは酸素の 2p 軌道のエネルギーに匹敵するくらいに低くなっているが，Si の場合は原子核の正電荷が小さいので，3d 軌道のエネルギーはかなり高くなっている．そのため，酸素の 2p 軌道とは強い $p\pi$-$d\pi$ 結合ができないのである．

ステッド塩基と反応してケイ酸塩をつくるので，やはり酸性酸化物として分類される．たとえば

$$SiO_2 + NaOH + H_2O \longrightarrow NaH_3SiO_4 \tag{9.6}$$

といった反応を例にあげることができる．

　ケイ酸塩は多くの鉱物を構成する主要成分である．$[SiO_4]$ ユニットの連結の仕方によってさまざまな鉱物群がつくられる．たとえば粘土鉱物では $[SiO_4]$ ユニットが層状に配列しており，層の間にアルカリ金属イオンなどを含んだような構造をしている．このため，粘土を水で濡らすと滑りが現れる．多く連なった $[SiO_4]$ ユニットの一部の Si を Al や Mg などが置換することによって，さらに多様な鉱物ができる．ケイ酸塩は地殻上に多量に存在する．SiO_2 はガラスの主成分でもある．

9.4.3 スズと鉛の酸化物

　スズ Sn の酸化物には SnO と SnO_2 とがあり，大気中では SnO_2 が安定である．SnO_2 は可視光に対して透明でありながら，半導体的な電気伝導性を示す．そのため太陽電池の電極材料の主成分として使われている．

　鉛 Pb は PbO，Pb_3O_4，PbO_2 などの酸化物をつくる．以前はクリスタルガラスや無機顔料などに用いられていたが，現在はその使用が制限されている．鉛蓄電池用電極としての使用量は依然多い．

　スズや鉛は電気陰性度が低いので，これらのオキソ酸はむしろ水酸化物と呼んだほうがよい．オキソ酸は X—OH という結合から X—O$^-$ + H$^+$ という解離が起こるものを指すのに対し，水酸化物は X$^+$ と OH$^-$ との化合物と見なせるものを指す．

　ブレンステッド酸およびブレンステッド塩基の両方と反応して塩をつくる酸化物を**両性酸化物**（amphoteric oxide）と呼ぶ[†]．以下で示すように SnO_2 は，これに該当する．

$$SnO_2 + 4\,HCl \longrightarrow Sn^{4+} + 4\,Cl^- + 2\,H_2O$$
$$SnO_2 + 2\,NaOH \longrightarrow 2\,Na^+ + SnO_3^{2-} + H_2O$$

ちなみにブレンステッド酸に溶解したり，ブレンステッド酸と反応して塩をつくったりする酸化物は**塩基性酸化物**（basic oxide）と呼ばれる．Na_2O は水と反応して NaOH になり，これは酸にも溶解するし，塩酸と反応して NaCl をつくるので典型的な塩基性酸化物である．

　ある元素の酸化物が酸性であるか塩基性であるかは，元素の電気陰性

[†] 高校では，スズや鉛の元素が酸にも塩基性水溶液にも溶解するので両性元素であると教わっただろう．

度，イオンのサイズ，イオンの価数などに依存する．一般に，電気陰性度の低い元素の酸化物ほど塩基性を示す傾向がある．SnO_2 が両性酸化物であるのに対し，SiO_2 が酸性酸化物なのは，Si が Sn よりも電気陰性度が高いため，Si—O 結合の共有結合性が Sn—O 結合に比べて高く，そのために

$$\text{Si—OH} + \text{H}^+ \longrightarrow \text{Si}^{(+)} + \text{H}_2\text{O}$$

というような Si—O 結合の切断が Sn の場合よりも起こりにくいためである．PbO_2 は弱い塩基性酸化物である．一般には，次のようにいえる．

ポイント 11
13～16 族元素の酸化物に関しては，下の周期の元素の酸化物ほど塩基性酸化物になりやすい．

塩基性酸化物をつくりやすいということは，元素が金属的になるということと同じ意味である．また同じ元素の酸化物でも CrO_3（酸性），Cr_2O_3（両性），CrO（塩基性）などのように，酸化状態でも異なる現象が見られる．一般には，次のような傾向があるといえる．

ポイント 12
高い酸化状態の酸化物は酸性酸化物になる．

9.5 炭化物および，その他の化合物

炭素はさまざまな元素と固体の化合物をつくる．**炭化ケイ素**（silicon carbide）SiC は，きわめて硬く電気を通す性質をもつので，工業的には研磨剤や発熱体として用いられている．**炭化タングステン**（tungsten carbide）WC は，超硬合金として用いられている．TiC や ZrC は切削工具として用いられている．これらは高耐熱性，高強度を特徴とする．**炭化カルシウム**（calcium carbide）CaC_2 は水と反応させ，アセチレンを発生させるための原料として用いられている．

グラファイトの層間の結合はファンデルワールス力で弱く結びついているだけなので，この層間にさまざまな物質をはさみ込むことができる．このような現象を**インターカレーション**（intercalation）と呼ぶ．たとえばグラファイトを金属カリウム蒸気と接触させると，図 9.6 のように

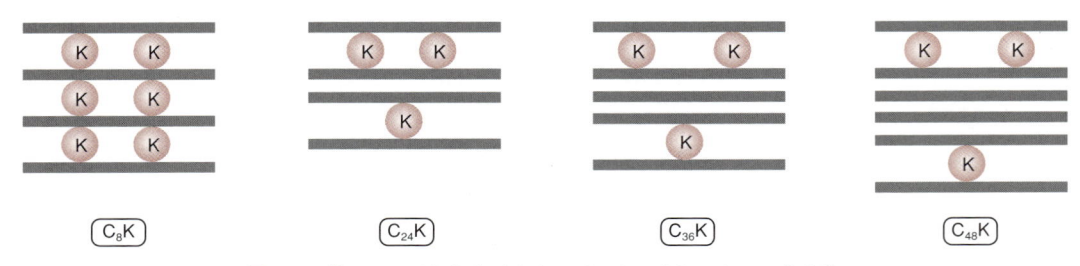

図 9.6 グラファイトとカリウムのインターカレーション化合物
〔S. E. Dann 著，『固体化学の基礎』（田中勝久訳），化学同人（2003）より引用〕

カリウム原子を層間にとり込んだインターカレーション化合物ができる．これらの化合物では，カリウムからグラファイト層に電子が供給されるため，純粋なグラファイトに比べて電気伝導度が高くなる．

学習のキーワード
- ダイヤモンド　□ グラファイト（黒鉛）　□ フラーレン
- ファンデルワールス力　□ 一酸化炭素　□ 二酸化炭素
- 炭酸　□ 酸性酸化物　□ α-石英　□ 両性酸化物　□ 塩基性酸化物　□ 炭化ケイ素　□ 炭化タングステン　□ 炭化カルシウム　□ インターカレーション

章末問題

9.1　CO は N_2 とよく似た性質をもっているが，CO のほうが金属イオンに配位して錯体をつくる傾向が強い．この理由を述べよ．

9.2　一酸化二塩素 Cl_2O は水 H_2O と反応して次亜塩素酸 HClO となり，水素イオンを解離する酸性酸化物である．

$$Cl_2O + H_2O \longrightarrow 2\,HClO$$

一方，酸化ナトリウム Na_2O は水 H_2O と反応して，水酸化ナトリウム NaOH を生じる塩基性酸化物である．

$$Na_2O + H_2O \longrightarrow 2\,NaOH$$

この例において，Cl と Na のどちらも +1 の酸化数をもっているにもかかわらず，それらの酸化物が酸性または塩基性となるのは，Cl と Na のどのような違いに起因していると考えられるか．

9.3　次の（a）〜（c）のそれぞれにおいて，指定された元素間の結合次数あるいは結合の平均多重度を基にして，結合距離が最も長い物質を化学式で答えよ．
（a）C と C の間の結合：エチレン，ベンゼン，エタン，黒鉛（層内）
（b）O と Cl の間の結合：過塩素酸，塩素酸，亜塩素酸，次亜塩素酸
（c）O と O の間の結合：O_2^+，O_2，O_2^-，O_2^{2-}，O_3

Chapter 10

13 族元素

■ この章の目標 ■

　13族に至って，はじめてオクテットを形成することのできない化合物を学ぶことになる．ホウ素は典型元素のなかでも他の元素との類似性が少ないユニークな元素であり，それだけに広い分野で重要な役割を担っている．

　ジボラン，テトラヒドリドホウ酸イオン，ハロゲン化ホウ素，および13族元素全般の化合物は，工業的な重要性が高い．

10.1　単体の性質

　13族元素にはホウ素B，アルミニウムAl，ガリウムGa，インジウムIn，タリウムTlが含まれる．

　ホウ素Bの単体は金属光沢をもち，電気をわずかに通す半金属である．天然には単体では産出せず，ホウ酸塩として得られる．ホウ酸塩を還元してつくられるホウ素の単体にはいくつかの同素体が存在するが，図10.1にはその一例としてα-ホウ素を示す．ホウ素原子は十二面体の頂

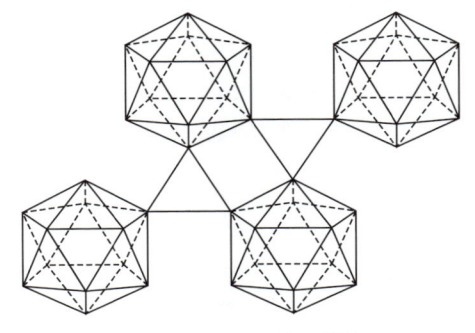

図10.1　α-ホウ素の構造

点に位置する.

またホウ素原子自身は,原子核の質量が軽いため,中性子線をよく吸収する.質量数 10 の ^{10}B に中性子 ^{1}n が当たると,核崩壊の結果として ^{7}Li とヘリウム原子 ^{4}He(α 線)が放出される.

$$^{10}\text{B} + {}^1\text{n} \longrightarrow {}^{11}\text{B} \tag{10.1}$$

$$^{11}\text{B} \longrightarrow {}^7\text{Li} + {}^4\text{He} \tag{10.2}$$

α 線はがん細胞を死滅させる作用をもつので,がん治療を目的として,がん細胞に選択的に結合するホウ素含有試薬を開発しようとする試みもなされている.

アルミニウム Al,ガリウム Ga,インジウム In,タリウム Tl の単体はすべて金属である.金属単体のなかでは,自由電子を介してそれぞれの原子が自身の価電子の数よりも多数の原子と金属結合を形成している.たとえばアルミニウムでは,1 個のアルミニウム原子の周囲には他の 12 個の原子が存在している.

10.2　水素,ハロゲン,酸素との化合物

10.2.1　ホウ素の化合物

13 族元素には価電子が 3 個しかないので,オクテットを形成できないことが多い.なかでも**ジボラン**(diborane)B_2H_6 はオクテットを形成しない化合物の代表例といえる.ジボラン B_2H_6 は,空気中の酸素 O_2 や水 H_2O と容易に反応する気体である.

$$B_2H_6 + 3\,O_2 \longrightarrow B_2O_3 + 3\,H_2O \tag{10.3}$$

$$B_2H_6 + 6\,H_2O \longrightarrow 2\,B(OH)_3 + 6\,H_2 \tag{10.4}$$

ジボランの構造を図 10.2 に示す.

ジボラン分子内では B—H—B の結合が,電子 2 個で受けもたれている.このように三つの原子が二つの電子でつなぎ合わせられる現象を**三中心二電子結合**(three-center-two-electron bond)という.ジボランのなかの B 原子は電子対を強く求める傾向(すなわちルイス酸性)が

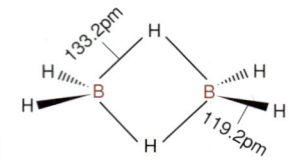

図 10.2　ジボランの構造

あるので，もう一方の B—H 結合の結合電子対までをも求めてオクテット的電子配置になろうとする結果，ジボラン分子ができると考えることができる†．

ホウ素と水素との化合物はジボラン B_2H_6 のほか B_4H_{10}，B_5H_9，B_6H_{10} など非常に多くの種類がある．それらを総称してボラン類と呼ぶ．一般式は B_nH_{n+4} および B_nH_{n+6} と表される．

> **例題** エタノール C_2H_5OH の構造式を書き，この分子が何本の単結合でできているかを確認せよ．酸素は2個の電子を供給するものとして，合計 16 $[= 2 \times (9 - 1)]$ 個の結合電子があるかどうかを確認せよ．

> **解答** 各自で確認のこと．◆

† 一般に n 個の原子を単結合でつなぎ合わせるときには，どのような構造であっても 2(n - 1) 個の電子が必要である．エタン C_2H_6 の場合，14 個の電子が必要となるが，2 個の炭素から計 8 個，6 個の水素から計 6 個の電子が提供されるので，原子間をすべて単結合でつなぐことができる．ジボランの場合，結合に関与できる電子の合計は 12 個にしかならない．

> **例題** 図 10.3 に示す B_4H_{10} 分子（4ボラン-10）内には，何か所の三中心二電子結合が存在するか．

> **解答** 4か所．水素から2本の価標が出ている部分がそれにあたる．なお，この分子内には B—B 結合（通常の結合）が1本ある．◆

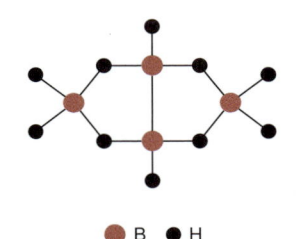

●B ●H

図 10.3　B_4H_{10} の構造

また HF，H_2O，NH_3 と順にブレンステッド酸からブレンステッド塩基へと移り変わってきたが，CH_4 も B_2H_6 もともにブレンステッドの定義では酸でも塩基でもない．また HF，H_2O，NH_3 はルイス塩基であるが，CH_4 や B_2H_6 はルイス酸でもルイス塩基でもない．ただし B_2H_6 は分子内でルイスの酸-塩基的な電子対のやりとりが起こっていると見なすことはできる．

ジボランは，オレフィン類のヒドロホウ素化試薬や，半導体製造過程でケイ素単結晶にホウ素を意図的に混入（ドープ）するための原料として用いられる．

図 10.4 に示した**テトラヒドリドホウ酸イオン**（tetrahydridoborate ion）BH_4^- や（これはアルミニウムの化合物であるが）**テトラヒドリドアルミン酸イオン**（tetrahydroaluminate ion）AlH_4^- のアルカリ金属塩 $NaBH_4$，KBH_4，$LiAlH_4$ などは，有機化学や無機化学（とくに金属メッキの際など）でよく用いられる還元剤である．たとえば，以下の反応を例にあげておく．

$$4\,Cu^{2+} + BH_4^- + 7\,OH^- \longrightarrow 4\,Cu + H_3BO_3 + 4\,H_2O \qquad (10.5)$$

図 10.4　テトラヒドリドホウ酸イオン

(a) BX₃　(b) BX₄⁻

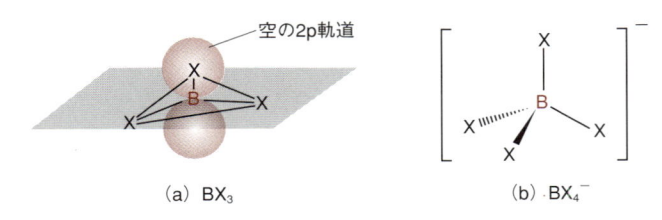

図 10.5　ハロゲン化ホウ素の構造

ホウ素やアルミニウムの電気陰性度は，水素のそれよりも低いので，これらのイオン中では，水素は**水素化物イオン**（hydride ion）H⁻として存在していると見なせる．

ハロゲン化ホウ素について考えると，常温ではBF_3とBCl_3は気体，BBr_3は液体，BI_3は固体であるが，これらはいずれもホウ素原子Bのsp^2混成軌道を反映した平面三角形型の構造をした分子である．この様子を図 10.5（a）に示した．ホウ素原子Bの周囲には6個の電子しか存在していないので，これらの分子は顕著なルイス酸的挙動をする．ハロゲン化ホウ素は大気中の水分ときわめて反応しやすく，ハロゲン化水素とホウ酸を生じる．

ハロゲン化ホウ素は，有機合成のフリーデル・クラフツ反応（ベンゼン環へアルキル基を導入する反応）におけるルイス酸触媒として用いられる．このときハロゲン化ホウ素，たとえばBF_3は，ハロゲン化アルキルRXからハロゲン化物イオンX⁻を引き抜く役割を果している．

$$BF_3 + RX \longrightarrow R^+ + BF_3X^- \tag{10.6}$$

$$R^+ + C_6H_6 \longrightarrow C_6H_5R + H^+ \tag{10.7}$$

$$H^+ + BF_3X^- \longrightarrow BF_3 + HX \tag{10.8}$$

上の式（10.6）で生成するBF_3X^-は，ホウ素原子Bを中心とする四面体型の構造をもつ．図 10.5(b)にはFをXとしてBX_4^-の構造を示した．

例題　BF_3中のホウ素Bの空の2p軌道には，フッ素Fの満たされた2p軌道からいくぶん電子が供与されていると考えられている．ところがBCl_3の場合にはB—Clの結合距離がB—Fの結合距離よりも長いので，Clの3p軌道からBの2p軌道への電子供与の程度は小さい．ルイス酸としての性格をより強く示すのはBF_3とBCl_3のどちらか．

解答 BCl_3 である．こちらの B 原子のほうがより電子対を渇望しているため． ◆

例題 BF_3 はアルキルアミン R_3N と反応して付加物をつくる．
$$BF_3 + :NR_3 \longrightarrow F_3B:NR_3 \qquad (10.9)$$
生成物の構造を推定せよ．また，この反応における酸と塩基を示せ．

解答 B の空の 2p 軌道には，N からの非共有電子対が供与されるので，B に結合している 3 個の F と 1 個の N は四面体の頂点の位置を占め，生成する付加物はエタンと類似の構造になる．また，この反応におけるルイス酸は BF_3，ルイス塩基は NR_3 である． ◆

ホウ酸（boric acid）H_3BO_3 は図 10.6 に示すような構造の分子であるが，プロトンを 3 個もっているにもかかわらず，酸解離するプロトンは 1 個である．

$$H_3BO_3 + H_2O \longrightarrow H^+ + [B(OH)_4]^-$$

ホウ酸を加熱していくと順次脱水が進み，縮合酸を経て，最後には**酸化ホウ素**（boron oxide）B_2O_3 になる．酸化ホウ素は酸性酸化物である．酸化ホウ素はまた，各種ガラスの添加成分として用いられている．

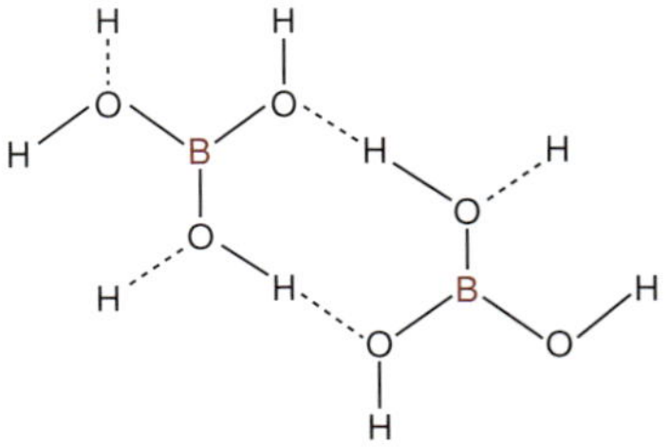

図 10.6 ホウ酸

10.2.2 アルミニウムの化合物

アルミニウムのハロゲン化物はイオン性の結晶性固体である．AlF_3 は化学的に安定であるが，$AlCl_3$ は有機溶媒中に二量体 Al_2Cl_6 として溶解し，ハロゲン化ホウ素と同様にフリーデル・クラフツ反応の触媒となる．$AlCl_3 \cdot 6H_2O$（塩化アルミニウム六水和物）と表記される物質はヘキサアクアアルミニウム(III) 三塩化物 $[Al(H_2O)_6]Cl_3$ であって，Al—Cl 結合をもたない．

酸化アルミニウムおよび水酸化アルミニウムは，ブレンステッド酸とブレンステッド塩基の両方の水溶液にゆっくりではあるが溶けるので，

それぞれ両性酸化物および両性水酸化物である．慣例的にアルミン酸イオン AlO_2^- という名称が用いられることがあるが，これらはアルミニウムイオンにアクア配位子（H_2O）やヒドロキシド配位子（OH^-）が配位した錯体である．Al_2O_3 は高い機械的強度，硬度，耐熱性をもち，資源としても豊富なので，強度や硬度を要求される**アルミナ**（alumina．酸化アルミニウムの意味）セラミックス製品として用いられる．天然にはケイ酸塩鉱物の構成成分として地殻に広く分布しているが，まれに Al_2O_3 単結晶として見いだされ〔鉱物名は**コランダム**（corundum）〕，微量不純物の着色によってルビーやサファイアと呼ばれる．

10.2.3 その他の化合物

ガリウムの化合物のなかでは GaAs が半導体材料，GaN が青色発光ダイオード用材料，$Gd_3Ga_5O_{12}$ がレーザー発振用材料などとして用いられる．

インジウムの化合物のなかでは，酸化インジウム In_2O_3 が液晶パネルなどの透明電極として用いられているが，地球上の存在量が少ないため，資源枯渇が危ぶまれている．

タリウムの安定な酸化数は +1 である（**ポイント10** 参照）．Tl^+ が生体にとり込まれると，そのイオン半径が K^+ のそれと近いため，本来 K^+ が関与するはずの関連反応を阻害して毒性を発現する．

10.3 ホウ化物

いくつかの重要なホウ化物について，以下で見ていく．

(1) ボラジン

ジボランとアンモニアを高温で加熱すると，図 10.7 のような構造をもつ**シクロトリボラザン**（cyclotriborazane）が生成する．これは構造がベンゼンに似ていることから"無機ベンゼン"とも呼ばれ，慣用名として**ボラジン**（borazine）がよく用いられる．ボラジンはベンゼンに似て比較的安定な液体であるが，水に溶けて還元性を示す．

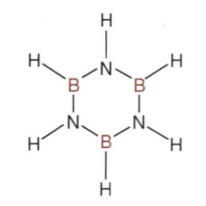

図 10.7 ボラジン

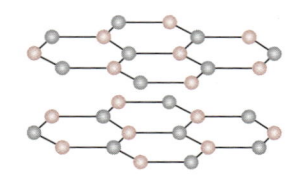

(2) 窒化ホウ素

炭素の単体にダイヤモンドとグラファイトが存在することに対応して，**窒化ホウ素**（boron nitride）にもダイヤモンド類似構造のもの（立方晶窒化ホウ素．正しくは閃亜鉛鉱型構造である）と，図 10.8 に示すようなグラファイト類似構造のもの（六方晶窒化ホウ素）がある．六方晶窒化ホウ素はグラファイトと同様に固体潤滑性があり，不活性雰囲気

図 10.8 六方晶窒化ホウ素の構造
○ ホウ素　● 窒素

下では 2000 ℃ 以上の高温まで安定である．グラファイトと異なる点は層の重なり方と，窒化ホウ素が白色で電気的に絶縁性であることである．窒化ホウ素は高温でほとんどの物質と反応しない化学的安定性をもつため，半導体製造の際のるつぼ材料などに用いられる．立方晶窒化ホウ素は高温，高圧下で生成する．

（3）二ホウ化マグネシウム

二ホウ化マグネシウム MgB_2 は 2001 年，秋光純によって 40 K で超伝導を示すことが発見され，一躍注目されることになった物質である．この物質は金属と同様の加工が可能であるため，超伝導コイルなどへの実用化研究が進められている．

（4）その他のホウ化物

LaB_6 は真空中で加熱されると電子を放射する性質があるため，電子顕微鏡の電子銃フィラメントとして用いられる．TiB_2，ZrB_2，CrB_2 などは非常に硬く耐熱性にも優れるので，タービン翼やロケットノズルなど苛酷な環境に耐える材料として用いられている．これらの物質中では，ホウ素は 2 個ないし 6 個の原子集合体〔**クラスター**（cluster）〕として存在するような構造になっており，それぞれの原子に酸化数を割り振ることはあまり意味がない．

学習のキーワード
☐ ジボラン　☐ 三中心二電子結合　☐ テトラヒドリドホウ酸イオン　☐ テトラヒドリドアルミン酸イオン　☐ 水素化物イオン　☐ ホウ酸　☐ 酸化ホウ素　☐ アルミナ　☐ コランダム　☐ ボラジン（シクロトリボラザン）　☐ 窒化ホウ素　☐ クラスター

章末問題

10.1 第 2 周期の元素 X，Y，Z に関して下記の ① ～ ⑥ のことがわかっている．ただし，ここでいう X，Y，Z は便宜上の記号であり，元素記号ではない．

① X の水酸化物は 1 価のブレンステッド酸として振る舞う．
② Y と水素との化合物には三種類ある．
③ Y は多様な酸化物をつくり，Y の酸化数は +1 から +5 まで変化しうる．
④ Z は二種類の酸化物をつくる．一方はルイス塩基であり，他方は水溶液中でブレンステッド酸として振る舞う．
⑤ X と水素との化合物は，常に二量体である．
⑥ Z には三種類の同素体がある．

以上を基にして，以下の問いに答えよ．
  (a) X，Y，Z に相当する元素記号を答えよ．
  (b) Y と水素との三種類の化合物を答えよ．
  (c) ルイス酸として振る舞うことのできる X の化合物の一例をあげよ．
  (d) 常温，常圧で安定な Z の同素体の化合物名を答えよ．

10.2 テトラヒドリドホウ酸イオン BH_4^- を含む水溶液に亜塩素酸イオン ClO_2^- を含む水溶液を加えると，亜塩素酸イオンは塩化物イオンに還元され，テトラヒドリドホウ酸イオンはホウ酸二水素イオン $H_2BO_3^-$ になる．この過程を一つの化学反応式で表せ．

10.3 1.00 mol/dm^3 の H_3BO_3 水溶液を 20.0 cm^3 とり，これを 0.500 mol/dm^3 の NH_3 水溶液で中和滴定する．中和に必要な NH_3 水溶液の体積はいくらか．

Chapter 11

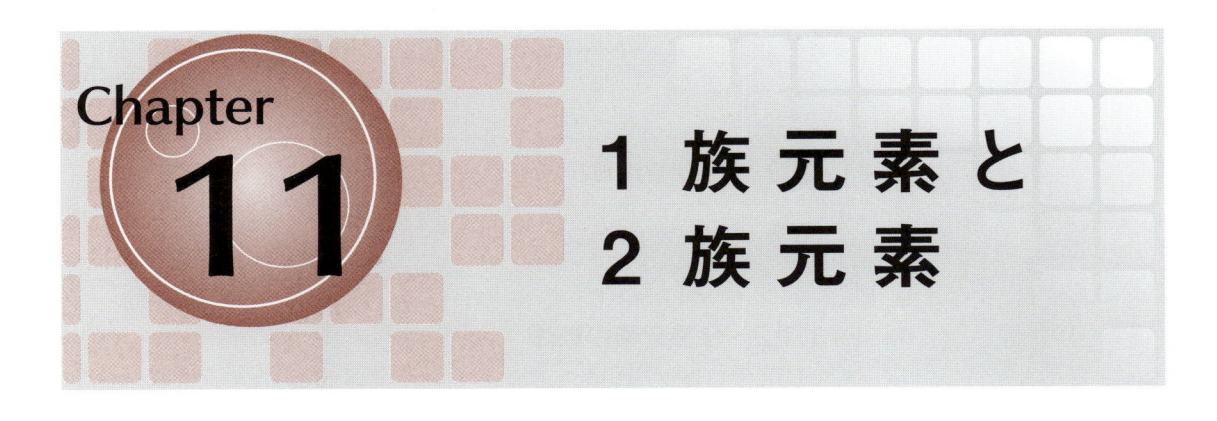

1族元素と2族元素

■この章の目標■

1族と2族の元素単体は金属であるが，このうちリチウムとベリリウムはそのサイズが小さいことに起因して特異な振舞いをする．これらは共有結合性の化合物をつくる傾向をもち，水中では強く水和する．ここでも第6章に記した **ポイント2**，すなわち〝第2周期の元素は例外的な振舞いをする〟という事例が見られるのである．

11.1 単体の性質

11.1.1 1族元素の単体

1族元素にはリチウム Li，ナトリウム Na，カリウム K，ルビジウム Rb，セシウム Cs，フランシウム Fr が含まれる．ここでは Fr を除く元素について述べる．

さて1族元素のうち Li から Rb までの単体は銀白色の金属であり，Cs は黄金色の金属である．金属の構造はいずれも図 11.1 に示す体心立方構造で，1個の原子が隣接する8個の原子と結合している．このように，価電子の数よりも多数の相手と結合できることが**金属結合**（metallic bond）の特徴である．このようなことが可能になるのは，金属の塊を構成する原子全体にわたった非局在化した分子軌道（エネルギーバンド）が形成されるためである．エネルギーバンドおよび金属結合の詳細は固体についての専門書にゆずり，ここでは触れない．

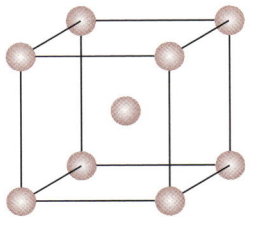

図 11.1 体心立方構造

1族元素では，金属結合に関与する電子が原子1個につき1個であり，隣接する8個の原子といわば 1/8 ずつ結合していることになる．このため1族元素の融点と密度は低く，ナイフで切ることができるほど軟らかい．Li，Na，K，Rb，Cs の融点はそれぞれ 180.5，97.8，63.7，39.0，28.6 ℃，密度はそれぞれ 0.54，0.97，0.86，1.53，1.87 g/cm^3 である．

1族元素は，沸点以上の気体の状態では H_2 分子と同様の二原子分子として存在する．

> **例題** 気体状態の Li_2 の分子軌道を描き，それに電子を配置せよ．
>
> **解答** 各自で確認のこと．◆

11.1.2 2族元素の単体

2族元素にはベリリウム Be，マグネシウム Mg，カルシウム Ca，ストロンチウム Sr，バリウム Ba，ラジウム Ra が含まれる．

2族元素も単体は金属である．ただし原子1個につき結合に関与できる電子の数が2個なので，融点や密度は1族の単体金属よりも高い．Be，Mg，Ca，Sr，Ba，Ra の融点はそれぞれ 1277，650，838，768，714，700 ℃．密度はそれぞれ 1.8，1.7，1.6，2.6，3.5，5.0 g/cm³ である．

11.2 化学的性質

11.2.1 1族元素の化学的性質

1族，2族元素とも周期が下がるほど電気陰性度が低下し，電子を失う反応を起こす傾向が強くなる．1族元素 M は水 H_2O と反応して水素 H_2 を発生するが（式 11.1），その反応は周期が下がるほど激しくなり，ルビジウムやセシウムは爆発的に反応する．

$$2\,M + 2\,H_2O \longrightarrow 2\,MOH + H_2 \tag{11.1}$$

一方，ナトリウムを例に，式(11.2)に示すように液体アンモニアや脂肪族アミンに溶けて**溶媒和電子**（solvated electron）を含む溶液をつくる．

$$Na + n\,NH_3 \longrightarrow Na^+ + e(NH_3)_n^- \tag{11.2}$$

1族元素の電気陰性度は水素のそれよりも低いので，1族元素が水素を還元し，無色ないし灰色の M^+H^- の**水素化物**（hydride）を与える．

$$2\,M + H_2 \longrightarrow 2\,MH \tag{11.3}$$

1族元素の水素化物はイオン結合性の結晶性固体である．これらは水と反応して水素を発生し，また非常に強い還元剤でもある．有機化学では，$AlCl_3$ と過剰の LiH とからつくられる，エーテルに可溶な**水素化アルミニウムリチウム**（lithium aluminum hydride）$LiAlH_4$ も還元剤として

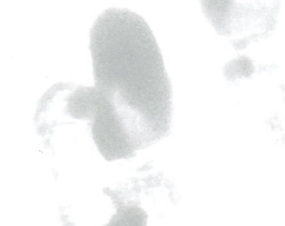

用いられる.

1族元素の酸化物は水に溶けてブレンステッド塩基として振る舞い,酸性酸化物（たとえば SiO_2 など）と塩をつくるので，塩基性酸化物である.

1族元素の単体を空気中で燃焼させたときに生成する酸化物の種類は元素によって異なり Li_2O, Na_2O_2, KO_2, RbO_2, CsO_2 で，いずれも結晶性固体である．前三者のなかの陰イオンは，それぞれ酸化物イオン O^{2-}, 過酸化物イオン O_2^{2-}, 超酸化物イオン O_2^- である．それぞれ生成物が生じる反応を式で表すと次のようになる.

$$4\,Li + O_2 \longrightarrow 2\,Li_2O \tag{11.4}$$

$$2\,Na + O_2 \longrightarrow Na_2O_2 \quad (\text{同時に } Na_2O \text{ も生成}) \tag{11.5}$$

$$K + O_2 \longrightarrow KO_2 \tag{11.6}$$

Rb と Cs については式（11.6）の K についての反応と同様である．このように生成物の種類が異なるのは，陽イオンの大きさに応じて異なった陰イオンと化合物をつくることが，格子エネルギー（134ページを参照のこと）の点から有利になるためである．1族元素の酸化物が他の酸性酸化物と塩を形成するような場合には K_2SiO_3 などのように，いずれも M_2O の化学量論の塩をつくる.

ナトリウム Na もカリウム K も生体必須元素である．細胞内では K^+ が，細胞外では Na^+ がそれぞれ高濃度で存在する.

1族元素はおおむね類似の化学的性質を示すが，すでに **ポイント2** としてあげたように第2周期の元素，すなわちリチウム Li は若干特殊な振舞いをする場合がある．これは主として Li^+ の半径が非常に小さいことに起因する.

いまイオンの価数を e, 半径を r とする．e/r の値が大きな陽イオンは，結合相手の陰イオンの電子雲を自らの周りに強く引きつけようとする傾向〔**起分極力**（polarizing power）〕が大きいため，共有結合性の高い結合をつくりやすい†．リチウムは，したがって1族のなかでも共有結合性の物質をつくりやすい傾向がある.

たとえば1族元素のなかではリチウム Li のみが窒素 N_2 と反応し，赤色固体の**窒化リチウム**（lithium nitride）Li_3N を生じる.

$$6\,Li + N_2 \longrightarrow 2\,Li_3N \tag{11.7}$$

窒化リチウム結晶のなかでは，N 原子は8個の Li 原子に取り囲まれた

† 陰イオンの電子雲が陽イオン側に引き寄せられることを**分極**（polarization）という．e/r の大きな陽イオンは起分極力が大きい．また，サイズが大きくて価数の大きい陰イオンは分極しやすい．すなわち**分極率**（polarizability）が大きい．さらに11族，12族の遷移金属陽イオンは，それぞれ1族，2族の陽イオンよりも起分極力が大きい．これらをまとめて**ファヤンス則**（Fajans' rule）と呼ぶ.

表 11.1　水和 1 族イオンの性質

	イオン半径 (pm)	水和半径 (pm)	だいたいの水和分子数	水和エネルギー (kJ/mol)
Li^+	73	340	25	519
Na^+	116	280	17	406
K^+	152	230	11	322
Rb^+	166	230	10	293
Cs^+	181	230	10	264

〔中原昭次ほか著,『無機化学序説』, 化学同人（1985）より引用〕

状態になっている．本来, N_2 分子中の $N≡N$ 結合は非常に安定なものであるが, サイズの小さな Li^+ が窒化物イオン N^{3-} を分極させて強い結合をつくることによって, $N≡N$ 結合の切断のエネルギーをまかなうことができるのである[†]．Na 以下の元素は窒素とは反応しない．

Li^+ は e/r が大きいので, 水溶液中では周囲の水分子を強く引きつけて**水和**（hydration）する．1 族元素の水和イオンの半径を比較すると, 表 11.1 に示すように水和 Li^+ が最も大きな半径をもつ．Li^+ が水和するときには, それだけ多くの水和エネルギーが放出されるので, 水和による安定化は Li^+ が最も大きいということになる．

また水中での各イオンの動きやすさを比較すると, Li^+ が最も動きにくい．これは Li^+ が大きな水和半径をもっていることに起因している．

[†] 窒化リチウムは湿気と反応してアンモニアと水酸化リチウムに分解する傾向があり, 細かな粉末は空気と反応して発火する．

例題　1 族元素について, その第一イオン化エネルギー E_I を比較せよ．次に標準酸化還元電位 $E°$ を比較せよ．両方の尺度とも電子を失うことに対する抵抗を示すものであるが, 両者の順序が同じにならない理由を考察せよ．

解答　E_I については

Li(520 kJ/mol) > Na(496) > K(419) > Rb(403) > Cs(376)

$E°$ については

Na^+/Na(−2.71 V) > K^+/K(−2.92) > Rb^+/Rb(−2.99)
> Cs^+/Cs(−3.02) > Li^+/Li(−3.04)

このように, 一般には周期が下の元素ほど電子を失いやすい傾向が見られるが, Li^+/Li の $E°$ が例外的に低い, すなわち負に大きいことがわかる．両者の傾向の順序が異なるのは, E_I が真空中の原子に対して定義される（イオンは真空中に存在する）のに対し, $E°$ が水中の金属やイオンに対して定義される（イオンは水和する）という違いに起因している．Li 原子は確かに電子を失いにくいのであるが, Li^+ が水和されるときに大きな水和エネルギーを放出して安定になるので,

その分，水中では容易に電子を失いやすくなる．そのため Li^+/Li の $E°$ は例外的に低くなる．◆

11.2.2　2族元素の化学的性質

2族元素は互いに似通った化学的性質を示す．しかし1族におけるリチウムと同様の理由で，ベリリウムはやや異なる化学的挙動を示す．2族元素 M は水 H_2O と反応して水酸化物 $M(OH)_2$ を生成するが，その反応性は1族元素に比べて穏やかである．

$$M + 2H_2O \longrightarrow M(OH)_2 + H_2 \tag{11.8}$$

2族元素は水素を発生しながら希酸に溶けるが，アルカリ水溶液には溶けない．しかしベリリウムだけはアルカリ水溶液にも水素を発生しながら溶けて水酸化ベリリウムを生成し，過剰のアルカリ水溶液に対してはベリリウム酸塩をつくる．

$$Be + 2MOH + 2H_2O \longrightarrow M_2[Be(OH)_4] + H_2 \tag{11.9}$$

さらにベリリウムは，濃硝酸に対しては不動態皮膜をつくるために溶けない．ベリリウムのこれらの振舞いは，アルミニウムの振舞いと似ている．

ベリリウム Be を除く2族元素のハロゲン化物の多くは蛍石型構造（133ページを参照のこと）をとる結晶性固体である．しかし BeF_2 は SiO_2 と類似の共有結合性の高い固体を，また $BeCl_2$ は図 11.2（a）に示すような高分子をつくる．この $BeCl_2$ は蒸気中では（b）および（c）のような分子として存在する．さらに，ベリリウムのハロゲン化物は水に容易に溶ける．しかし一方，他の2族元素のハロゲン化物には $CaCl_2$ などのように水に可溶なものもあれば，CaF_2 などのように不溶なものもある．

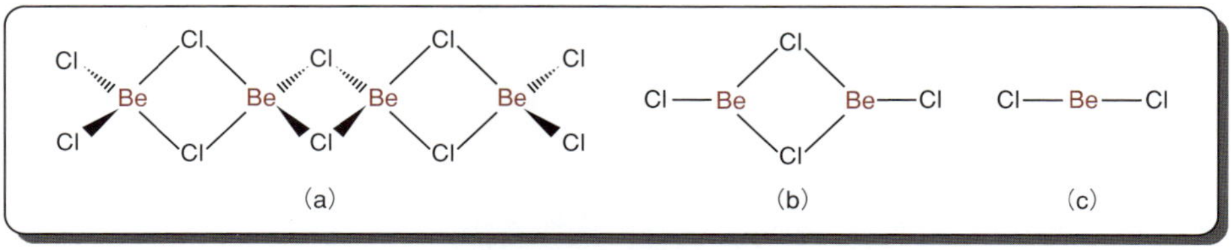

図 11.2　$BeCl_2$ の構造

例題 ベリリウムのハロゲン化物が，他の2族元素のハロゲン化物よりも水に容易に溶ける理由を考察せよ．

解答 1族元素においてLi^+が例外的に強く水和して，水和Li^+が安定であったように，Be^{2+}はイオン半径が小さいため他の2族元素のイオンよりも強く水和して，水和Be^{2+}（実際には水和$[Be(H_2O)_4]^{2+}$）が安定化される．このためベリリウムのハロゲン化物は水に溶けやすいと考えられる． ◆

例題 図11.2（b）において，Be—Cl—Be 間になぜこのような結合ができるのか，すなわち Cl からなぜ2本の価標が出ているのかを考察せよ．

解答 Cl の 3p 電子1個と Be の 2s 電子1個による三中心二電子結合ができているものと考えられる． ◆

Mg^{2+}とCa^{2+}は地球表面（つまり地殻）にケイ酸塩として多く存在する．また Mg も Ca も生体必須元素で，細胞内ではMg^{2+}，細胞外ではCa^{2+}が高濃度に存在する．Mg^{2+}やCa^{2+}は生合成にかかわる酵素の活性化，筋肉の収縮，骨の構築などにかかわっている．Be は金属材料の成分や，エメラルドの構成成分として存在し，X線を良く透過する性質をもっているが，生体に対しては強い毒性を示す．Sr^{2+}の毒性は低いが，水溶性バリウム塩は生体に対して毒性を示す．硫酸バリウム $BaSO_4$ は水に対する溶解度がきわめて低く，Ba^{2+}が X 線を吸収する．胃の X 線撮影のときに硫酸バリウム懸濁液を飲まされるのは，そのためである．

2族元素はすべて，窒素中で加熱することにより M_3N_2 の窒化物となる．また，液体アンモニアにも溶けて溶媒和電子を含む溶液を与える．ただし，アンモニアに対する溶解度は1族元素に比べて低い．

例題 1族元素のなかではリチウムのみが窒化物をつくるが，2族元素はすべて窒化物をつくる．この差はなにに起因するか．さらに13族，14族の元素が窒化物をつくるかどうか推定せよ．

解答 2族元素のイオンは1族元素のイオンより大きな電荷をもっているので，窒化物イオンをより強く分極できることが原因と考えられる．13族，14族の元素は起分極力がさらに大きくなるので，より容易に窒化物をつくるようになると考えられる（実際，その通りになる）． ◆

学習のキーワード
- 金属結合　□溶媒和電子　□水素化物　□水素化アルミニウムリチウム　□起分極力　□分極　□分極率　□ファヤンス則　□窒化リチウム　□水和

章末問題

11.1 1族元素を比較した場合，周期が下がるにつれてイオン化エネルギーはどのように変化すると予想されるか．

11.2 リチウムが他の1族元素と比較して特異である点を三つあげよ．

11.3 ベリリウムが他の2族元素と異なる点を三つあげよ．

Chapter 12 水素と希ガス

■この章の目標■

水素は周期表上では1族に置かれるが，その化学的性質は1族元素とは大きく異なる．有機化合物中では，水素はおもに共有結合を形成して末端原子として振る舞う場合がほとんどであるが，多種多様な無機化合物中では，イオン結合性や金属結合性の化合物もつくる．水素の同位体効果は，分光学ではとくに重要である．

18族元素である希ガスには不活性ガスという別名もあるが，実際には，不活性な元素といい切ることはできない．

12.1 水　素

12.1.1　単体の性質

水素には ^{1}H〔**プロチウム**（protium）または**軽水素**と呼び，記号Hで表す〕，^{2}H〔**ジュウテリウム**（deuterium）または**重水素**．D〕，^{3}H〔**トリチウム**（tritium）または**三重水素**．T〕の三種類の同位体があり，このうちHとDは安定同位体，Tすなわち ^{3}H は半減期12.35年で β^- 崩壊して ^{3}He になる．

$$^3\text{H} \longrightarrow {}^3\text{He} + e^-$$

重水素Dや三重水素Tは，それらの化学的性質が軽水素Hのそれとほとんど同じである一方で，原子量が異なることや放射線を放出することを利用して，化学反応の仕組みを追跡するための**トレーサー**（tracer）として用いられる．DはNMRや赤外吸収スペクトルなどを用いればHと区別することが可能であり，Tが放出する放射線（β線）は感度良く検出することが可能である[†]．たとえば水素を含むある物質の代謝や化学変化を調べる際に，あらかじめ対象物質中のHをDやTで置換し

[†] 赤外吸収スペクトルでは，たとえばO—HとO—Dの吸収は異なる波長に現れるので，両者を区別することができる．この波長の差を**同位体シフト**（isomer shift）と呼ぶ．同位体シフトは，水素以外の元素でも当然現れるが，水素の場合には同位体間の質量比が最も大きいので，同位体シフトを観測しやすい．

ておけば，化学反応後や反応途中の物質中の D や T の存在状態を知ることができる．厳密には，D や T は H よりも重いので，反応速度や拡散速度が H よりも遅くなるという**同位体効果**（isotope effect）が現れるのであるが，トレーサーとして用いる場合には，反応速度などに対する同位体効果は通常無視される．

H_2 分子中の H—H の結合エネルギー（432 kJ/mol）は，同種元素の単結合の結合エネルギーのなかで最も高い．しかし他の元素との結合エネルギーも比較的高いので 17 族，16 族，15 族の元素とは直接に反応して化合物をつくる（もっとも，ある場合には熱エネルギーや光エネルギーを与えて反応を開始させる操作が必要になる）．

水素は通常は二原子分子であるが，高圧下では 1 族元素の単体と同様に金属状水素になると考えられている．

12.1.2　水素が関与する化学結合と化合物

水素は 1s 軌道にもう 1 個電子を収容しようとする傾向があり，その点では 17 族元素と類似している．同時に 1s 電子を失ってプロトン H^+ になろうとする傾向があり，その点では 1 族元素と類似している．水素の電気陰性度は 2.2 であり，これは 1 族元素ほど低くもなければ 17 族元素ほど高くもない．このため水素は 1 族とも 17 族とも異なる，特異な化学的性質を示すことになる．ここではまず，その例として，水素がかかわる化学結合と化合物について見ていくことにする．

(1) イオン結合性化合物

イオン結合性化合物と見なされるものは，電気陰性度のきわめて低い 1 族元素，Mg およびそれより重い 2 族元素，およびランタノイドとアクチノイドの水素化物である．これらの水素化物は，もろくて融点の高い固体であり，イオン結合性結晶特有の結晶構造，すなわち隣接する原子数と価電子数との間に関係が見られないといった構造をもつ．また，これらを融解させて得られる液体を電気分解すると，陽極から H_2 の気体が発生する．このことから，これらを金属の陽イオンと水素化物イオン H^- とからなるイオン結合性化合物と見なすことができる．

(2) 共有結合性化合物

2 族元素の Be，および 13 族～17 族の元素と水素との化合物は，共有結合性化合物と見なされる．その理由は，それぞれの元素の結合の飽和性および方向性がはっきりしているからである．BeH_2 は，図 11.2 に示した $BeCl_2$ と同様な構造の高分子である．これらのうち，結合元素の電気陰性度と水素のそれとの大小関係によって，たとえば H_2O や

HClのようにHが正の部分電荷を帯びるものもあれば，ボラン類やポリゲルマンのようにHが負の部分電荷を帯びるものもある．

ハロゲン化水素は水に溶けて酸解離するので，イオン結合性化合物のように考えられがちであるが，純粋な気体状態のハロゲン化水素は二原子分子を形成し，その固体も分子性結晶の特徴を示すので，やはり共有結合性化合物と見なすべきである．

(3) 金属結合性化合物

多くのd-ブロック元素は，その金属結晶構造の隙間にH原子をとり込んで**金属状水素化物**（metallic hydride）や**侵入型水素化物**（interstitial hydride）をつくる．これらは元の金属単体よりも密度が低いことと，その化学組成が$VH_{1.6}$や$TaH_{0.8}$など**非化学量論的**（non-stoichiometric）なものがあることが特徴である．

カルシウム，リチウム，イットリウム，チタンなどの水素と化合しやすい金属と，鉄，ニッケルなどの水素と化合しにくい金属とで合金をつくると，水素の吸蔵や放出を容易に繰り返すことのできる合金，すなわち水素吸蔵合金がつくられる．このような合金中に存在する水素の密度は液体水素の密度よりも高くなるうえ，高圧容器を必要としないなど水素の貯蔵，運搬に便利であり，燃料電池自動車などへの搭載が考えられている．水素吸蔵合金の研究は現在も盛んに行われている．

(4) オニウムイオン[†]

水素イオンH^+は，そのイオン半径が非常に小さいことから，水溶液中では単独で存在することはなく，水和してH_3O^+で表されるオキソニウムイオンとして存在する．実際にはオキソニウムイオンもさらに水和している．水溶液中にアンモニア分子が溶けている場合，水素イオンはアンモニア分子に配位結合し，アンモニウムイオンNH_4^+として存在する．

[†] オニウムイオンとは，非共有電子対をもつ元素を含んだ化合物に，H^+あるいは陽イオン型の原子団R^+が配位して生じる陽イオンを総称した言葉である．アンモニウムイオンも，オキソニウムイオンもオニウムイオンである．

12.1.3 水素結合

水素原子がF，O，Nなどのような電気的に陰性な原子Xに結合していると，結合電子対が陰性な原子の側に引き寄せられる結果として，水素原子が正の部分電荷を帯びる．この正電荷が第二の陰性な原子X′を引き寄せる結果，X—H⋯X′という比較的安定した構造単位ができる．これを**水素結合**（hydrogen bond）と呼ぶ．H⋯X′間の水素結合の結合エネルギーはおよそ20〜数十kJ/molであり，共有結合の結合エネルギー（数百kJ/mol）の1/10程度であるが，ファンデルワールス力による結合エネルギー（数kJ/mol以下）よりも大きい．水素結合の存在は

HFやH₂Oの融点，沸点の異常な高さの原因になっているほか，タンパク質やDNAなどの生体分子の高次構造の構築を担っているなど，重要な結合の一つである．

12.1.4 クラスレートハイドレート

メタン，窒素，二酸化炭素などの気体と水の混合物を一定温度以下，一定圧力以上の条件にすると，図12.1のように気体分子を水分子が取り囲んだような固体が生成する．図では，水分子の酸素原子が頂点にあるように描いてある．メタン分子を取り込んだメタンハイドレートは点火により燃焼する．クラスレートハイドレート[†]は各種の気体を高密度に貯蔵できるため，二酸化炭素を海底に沈めておいたり，メタンガスを貯蔵したりすることを目的とした研究の対象物質となっている．

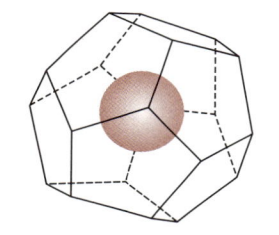

図12.1 クラスレートハイドレート

[†] クラスレート化合物は包接化合物とも呼ばれ，一種類の物質がつくる分子空間に，空間のサイズと適合する他種の物質が入り込むことによって生じる化合物の総称である．空間を提供する物質をホスト，入り込む物質をゲストと呼ぶ．水がホストとなるクラスレート化合物をクラスレートハイドレートといい，ほかには尿素，ハイドロキノン，p-キノールなどもホストとなる．ヨウ素デンプン錯体も，デンプンがホスト，ヨウ素がゲストのクラスレート化合物である．

> **例題** 水素は以下の元素と化合物をつくる．それらの化合物はどのような結合の型に分類されるか．
> (a) Ba (b) Sn (c) Te (d) Hf (e) Rb

解答 (a) イオン結合型，(b) 共有結合型，(c) 共有結合型，(d) 金属結合型，(e) イオン結合型． ◆

12.2 希ガス

希ガスとは18族元素の総称で，これにはヘリウムHe，ネオンNe，アルゴンAr，クリプトンKr，キセノンXe，ラドンRnが含まれる．

12.2.1 単体の性質

HeからXeまでの希ガスは，19世紀末にイギリスのラムゼー（Ramsay）らによって発見された．RnはRaの放射壊変によって生じる気体で，最も重い希ガスであることがラムゼーによって確認された．Rnの同位体はすべて放射性であるので，化学的性質はあまり知られていない．

低圧の希ガスを放電管に封入して電圧をかけると，放電によりさまざまな色の光を出す．Neは赤，Heは黄，Arは赤〜青，Krは黄緑，Xeは青〜緑である．HeとNeは化学的に不活性で，化合物をまったく形成しない．Arはクラスレート化合物のゲストとなりうるが，化学結合の形成を伴うような化合物はつくらない．

Heはすべての物質のなかで最も低い沸点（4.2 K）をもち，1 atm下では固体にならない．また ^{4}He は 2.2 K 以下で超流動を示す．ヘリウムを吸い込むと，声のピッチが高くなる．気体のヘリウムはガラスやゴムなどをゆっくりと通り抜ける．

Arは空気中に体積比で約1%含まれており N_2，O_2 に次いで三番目に多い気体である．比較的低価格で純度の高いアルゴンガスがつくられるので，不活性ガス中の化学反応を進めるときには，アルゴンガス雰囲気下で行うことも多い．またアルゴンを電圧によってイオン化させて，これを固体表面に高速で衝突させると，固体を構成する原子が少しずつ削られる．この現象は**スパッタリング**（sputtering）と呼ばれ，固体表面の分析や高融点固体の薄膜作製などに用いられる．

12.2.2 希ガスの化合物

KrとXeは価電子が存在する原子軌道から，一つ上の原子軌道までのエネルギー差が他の希ガス元素よりも小さいので，電気陰性度の高い少数の元素とは化合物を形成する．とくにXeの化学は広範に研究されている．これらの元素が化合物を形成する場合には周辺の電子数が8を超えることになるので，化合物はすべて超原子価化合物である．

Krの化合物には KrF_2 がある．これは Kr と F_2 の混合ガスを冷却して電気放電すると生成する．KrF_2 は常温では徐々に分解して元に戻るので，XeやAuまでをもフッ素化する強力なフッ素化剤である．

$$3\,KrF_2 + Xe \longrightarrow XeF_6 + 3\,Kr \qquad (12.1)$$
$$7\,KrF_2 + 2\,Au \longrightarrow 2\,KrF^+AuF_6^- + 5\,Kr \qquad (12.2)$$

Xeはフッ素といくつかの化合物を形成する．たとえば XeF_2 は，Xeと F_2 の混合ガスに光エネルギーを与えると生成する．F_2 の割合を多くして高温，高圧にすると XeF_4，XeF_6 が生成する．XeF_6 ではXeの周りに7対の電子対（14個の電子）が存在し，その構造は図12.2のようである．このうち(b)に示した気体中の XeF_6 の非共有電子対は，八面体の八つの面方向にめまぐるしく移動していると考えられている．これら XeF_2，XeF_4，XeF_6 はいずれも強力なフッ素化剤である．

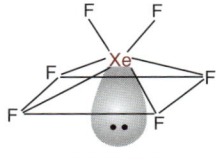

(a) 固体中

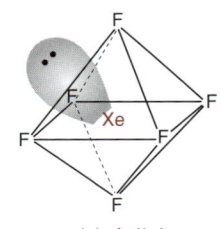

(b) 気体中

図12.2 XeF_6 の構造

> **例題** XeF_2 と XeF_4 の構造は，VSEPR則に基づいて予測することができる．これらの構造を描け．

解答 XeF_2 は F—Xe—F が直線状に並んでおり，XeF_4 は正方形の中

心に Xe，頂点に F が位置するような構造である．それぞれの分子における非共有電子対の位置については各自考えること．◆

また XeF_2 は水と反応して O_2 と HF と Xe を生じるが，XeF_4 または XeF_6 を水 H_2O に溶かすと，水溶液中で安定な XeO_3 を生じる．

$$6\,XeF_4 + 12\,H_2O \longrightarrow 4\,Xe + 2\,XeO_3 + 24\,HF + 3\,O_2 \quad (12.3)$$
$$XeF_6 + 3\,H_2O \longrightarrow XeO_3 + 6\,HF \quad (12.4)$$

この水溶液を蒸発乾固させると無色の XeO_3 結晶が得られる．XeO_3 は強い酸化剤で，爆発性をもつ．KOH 水溶液中では式 (12.5) のようにキセノン酸(VI)イオン $XeO_3(OH)^-$ を経て，式 (12.6) のように Xe とキセノン酸(VIII)イオン XeO_6^{4-} になる．

$$XeO_3 + OH^- \longrightarrow XeO_3(OH)^- \quad (12.5)$$
$$2\,XeO_3(OH)^- + 2\,OH^- \longrightarrow XeO_6^{4-} + Xe + O_2 + 2\,H_2O \quad (12.6)$$

例題 XeF_2 と水との化学反応式を書け．

解答 $2\,XeF_2 + 2\,H_2O \longrightarrow 2\,Xe + 4\,HF + O_2$．◆

上に述べた以外に，励起状態でしか存在しない希ガスの化合物として KrF や ArF などがある．これらの分子中のエネルギー遷移を利用したレーザー発生装置がある．これはエキシマレーザーと呼ばれ高効率，大出力が得られるという特徴をもつ．

学習のキーワード
- □ プロチウム(軽水素) □ ジュウテリウム(重水素) □ トリチウム(三重水素) □ トレーサー □ 同位体シフト □ 同位体効果 □ 金属状水素化物 □ 侵入型水素化物 □ 非化学量論的 □ 水素結合 □ スパッタリング

――――――― 章末問題 ―――――――

12.1 水素化カルシウム CaH_2 はイオン結合性化合物であるが，スタンナン SnH_4 は共有結合性化合物である．なぜ SnH_4 はイオン結合性ではなく共有結合性と見なされるのか．理由を考察せよ．

12.2 XeO_3 の立体構造を予測せよ．

12.3 N—H⋯O の水素結合と，O—H⋯N の水素結合とでは，どちらが強いと考えられるか．

Chapter 13 固体の構造と格子エネルギー

■この章の目標■

結晶性固体は多様な構造をとる．しかし金属の結晶構造から順に理解していけば，それらの理解は容易である．この章では結晶構造の理解の方法について学んだあとに，特定の物質が特定の結晶構造をとる理由について触れる．また結晶性固体の安定性を理解するうえで重要な，格子エネルギーの概念についても学ぶ．

13.1 固体の結晶構造

結晶性固体は，それを構成する原子間の化学結合の種類によって金属，共有結合性結晶，イオン結合性結晶，分子性結晶におおまかに分類することができる．ここでは分子性結晶（これはファンデルワールス力による結晶で，分子の形に依存してその結晶構造は多岐にわたる）を除いた三種の結晶の構造と性質について記す．

13.1.1 金 属

金属元素は，価電子の数よりも多くの相手と結合することができるので，1個の原子の周りには8個ないし12個の隣接原子が存在する場合が多い．ここでは，そのうち代表的な構造を記す．

いま，同じ大きさの球をできるだけ密になるように充填（これを最密充填という）する方法を考える．まず二次元に最密充填する方法は一通りしかなく，その様子は図13.1のようである．この球の配列様式を便宜上 "A" と呼ぶことにする．

次にA層の上に，同じく最密充填した層を重ねてみると図13.2のようになる．第二層内の球の二次元座標はA層の球のそれと異なるので，第二層の配列様式を便宜上 "B" と呼ぶことにする．

図 13.1 球の二次元の最密充填
これを A 層と呼ぶ．

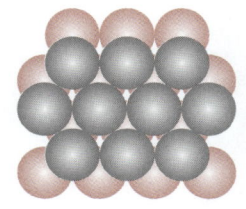

図 13.2 A 層の上に B 層を重ねた様子

さらにもう1層重ねるときには，この第三層の重ね方によって二種類の異なる構造ができあがる．すなわち，一つは第三層が第一層の真上に来る（つまりA層と同じ配列様式をとる）ような重ね方であり，もう一つは第一層と第二層の両方のすきまの真上に来るような重ね方である．後者の第三層の球の二次元座標はA層ともB層とも異なるので，この配列様式を"C"と呼ぶことにする．以上の様子を図13.3に示す．

ABABAB……の重ね方によってできあがる充填様式は**六方最密充填**（hexagonal closest packing．hcpと略する）と呼ばれ，ABCABC……の重ね方によってできあがる充填様式は**立方最密充填**（cubic closest packing．ccp）と呼ばれる．両方の充填様式には，図13.4に示すような二種類のすき間ができる．一つは6個の球で囲まれた6配位サイト，もう一つは4個の球で囲まれた4配位サイトである．

両方の充填様式とも，以下のような共通点がある．

① 全空間に対する球の体積は約74％で，これ以上球を密に充填することはできない．
② 6配位サイトは，球と同じ数だけある．
③ 4配位サイトは，球の数の2倍ある．
④ 1個の球は，ほかの12個の球と接している．

立方最密充填という名称は，このような充填様式のなかに**面心立方構造**（face-centered cubic structure．fcc）を見いだすことができるから

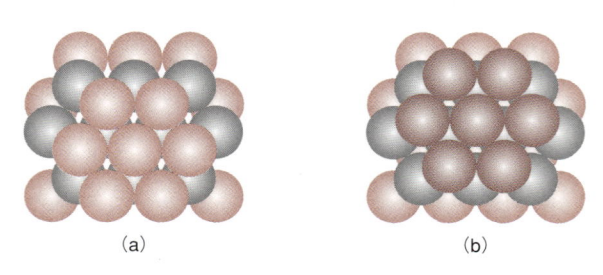

(a) (b)

図13.3　第三層の重ね方
（a）ABAの重ね方と（b）ABCの重ね方．

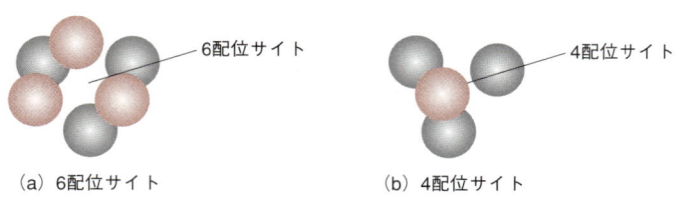

(a) 6配位サイト　　　(b) 4配位サイト

図13.4　6配位サイトと4配位サイト
見やすいように球は小さめに描いている．

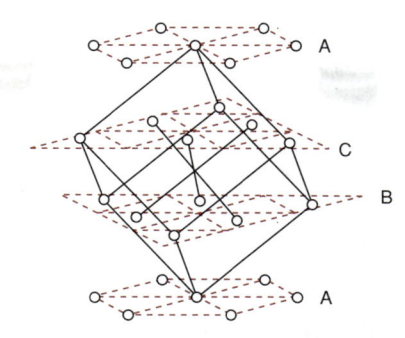

図 13.5　立方最密充填中の面心立方構造

である．その様子を図 13.5 に示す．

　もう一つ，代表的な構造として図 13.6 に示される**体心立方構造**（body-centered cubic structure，**bcc**）がある．体心立方構造は最密充填ではなく，1 個の球は 8 個の球と接している．

　Cu, Ag, Au, Ni などは立方最密充填，Ti, Zr, Hf などは六方最密充填，1 族金属は室温で体心立方構造をとる．金属によって結晶構造が異なるのは，結晶構造が電子の状態にも依存しているためで，難解な議論になるのでここでは触れない．

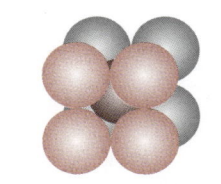

図 13.6　体心立方構造

13.1.2　共有結合性結晶

　炭素や黒リンなどの単体，および窒化ホウ素や炭化ケイ素など共有結合性の高い化合物は共有結合性結晶をつくる．この構造中では，それぞれの原子は価電子の数で定まる決まった数の相手と結合しており，結合相手となす角も，混成軌道の結合角を反映している．物質によってはかなり複雑な結晶構造をとるものもある．金属と比較すると，結合相手の数が少ない分，空隙の割合が多いという特徴がある．

13.1.3　イオン結合性結晶

　単純な組成のイオン結合性化合物の結晶構造は，基本的には
　① サイズの大きなイオン（通常は陰イオン）が，金属の結晶構造に類似した配列をなしている．
　② サイズの小さなイオン（通常は陽イオン）が，陰イオンの配列中のすき間を一定の割合で占有している．
と見なすことができる．ここでは，比較的簡単な結晶構造とその成立ちを記す．

(1) AX 型化合物の代表的構造

NaCl 型構造

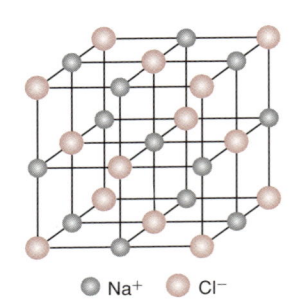

図 13.7 に NaCl 型構造を示す．この構造は，大きなイオンが面心立方構造をつくっており，その 6 配位サイトのすべてに小さなイオンが入っている構造と見なすことができる．

この構造は多くの AX 型（すなわち陽イオンと陰イオンの比が 1：1）イオン結合性化合物に見られ，1 族–17 族，2 族–16 族化合物の多くはこの構造をとる．陽イオンと陰イオンは，互いに 6 個の異種イオンと隣接している．

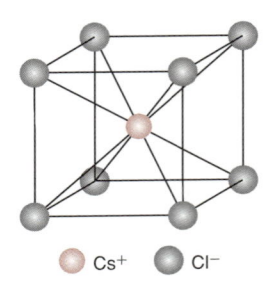

CsCl 型構造

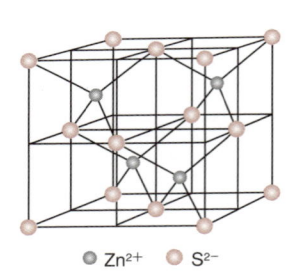

CsCl 型構造を図 13.8 に示す．この構造は，一方のイオンが**単純立方構造**（simple cubic structure）をつくり，他方のイオンがその体心の位置（8 配位サイト）を占めていると見なすことができる．CsCl のほか CaS や CsBr など，陽イオンと陰イオンのサイズが互いに近い化合物がこの構造をとる．陽イオンと陰イオンは，互いに 8 個の異種イオンと隣接している．

閃亜鉛鉱型構造

閃亜鉛鉱とは，ZnS の組成をもつ鉱物の名称である．閃亜鉛鉱型構造を図 13.9 に示す．この構造は，大きなイオンが面心立方構造をつくっており，小さなイオンが 4 配位サイトの 1/2 を占有した構造である．ZnS，CuCl，CdS など，陽イオンに比べて陰イオンのサイズの大きな化合物がこの構造をとる．陽イオンと陰イオンは互いに 4 個の異種イオンと隣接している．

AX 型の化合物が物質の種類によって上記のような結晶構造をとりわける最大の要因は，陽イオンと陰イオンとの半径の比である．同種イオン間では静電反発力，異種イオン間では静電引力が作用するので，基本的に異種イオンとはできるだけ多く接触し，同種イオンとは接触を避けようとする．

NaCl 型構造をとる化合物では図 13.10 に示すように，1 個の陽イオンは 6 個の陰イオンと隣接している．陽イオンの半径を r_+，陰イオンの半径を r_- として，このとき陽イオンが陰イオンの 6 配位サイトにちょうど内接する半径比 r_+/r_- は，単純な幾何学計算から

$$\sqrt{2} - 1 = 0.414$$

となる．陽イオンが陰イオンに対してこれよりやや大きい場合にはこの

$r_+/r_- < 0.414$
（不安定）

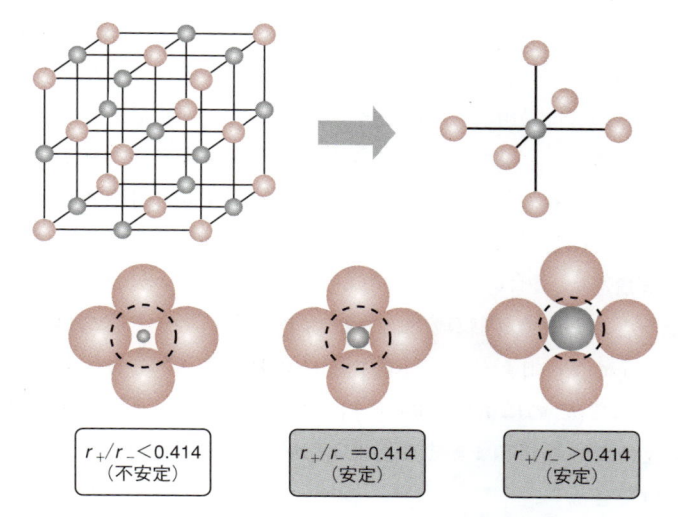

$r_+/r_- = 0.414$
（安定）

$r_+/r_- > 0.414$
（安定）

図 13.10　6 配位サイトにある陽イオンの陰イオンに対する半径比と安定性

構造は安定であるが，小さい場合には，陰イオンどうしの静電反発が大きくなるので不安定になる．

陰イオンの 8 配位サイトと 4 配位サイトにちょうど内接するような陽イオンの半径比は，同様の計算からそれぞれ 0.732 と 0.225 になる．したがって，陰イオンに対する陽イオンの半径比が 0.732 から 0.414 の間にあるような化合物は NaCl 型構造，0.732 以上ならば CsCl 型構造，0.414 未満ならば閃亜鉛鉱型構造をとるであろうと予測される．この半径比を用いた構造予測は，多くの場合に成り立つ[†]．

† 半径比からの結晶構造の予測と実際の結晶構造とが異なる場合もある．一般に，どのようなイオンの対にも，化学結合には若干の共有結合性が含まれているので，そのような場合には予測と実際の構造が異なる．

(2) AX_2 型化合物の代表的構造

蛍石型構造

蛍石とは，CaF_2 の組成をもつ鉱物の名称である．蛍石型構造を図

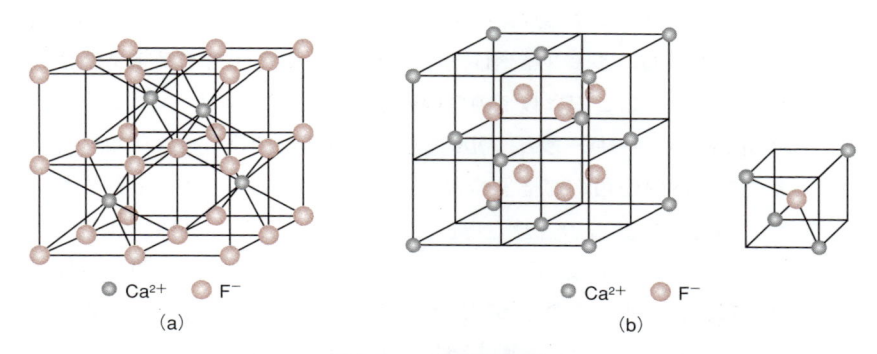

● Ca^{2+}　● F^-
(a)

● Ca^{2+}　● F^-
(b)

図 13.11　蛍石型構造
(a) 陰イオンの構造に注目した表し方と　(b) 陽イオンの構造に注目した表し方．

13.11 に示す．これは，陽イオンと陰イオンの半径が近い化合物に見られる．この構造は（a）に示すように陰イオンが単純立方構造をつくっており，その8配位サイトの1/2を陽イオンが占めていると見なすことができる．また（b）に示すように比較的大きな陽イオンが面心立方構造をつくっており，その4配位サイトのすべてを陰イオンが占めている構造と見なすこともできる．

ルチル型構造

ルチルとは，TiO_2 の組成をもつ鉱物の名称である．この構造は陽イオンが陰イオンの6配位サイトを占める構造である．ルチル型構造を図13.12 に示す．この構造をとる化合物は，どちらのイオンも単純な配列様式をとっていないので，これまでのようなやり方で結晶構造を記述することはできない．

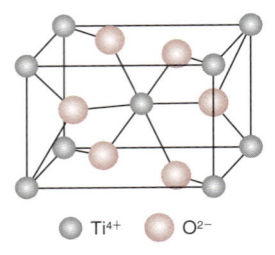

図 13.12　ルチル型構造
● Ti^{4+}　● O^{2-}

13.2　格子エネルギー

H_2 のような分子では，二つの H 原子が結合している．この H—H の結合を切って2個の H 原子を無限に遠く引き離すために必要なエネルギーを H—H の結合エネルギーと呼ぶ．通常，この結合エネルギーは1 mol の H_2 分子を 2 mol の H 原子に引き離すために必要なエネルギーとして表される．結合エネルギーは実験的に測定することが可能である．

これと同様に，1 mol の NaCl 結晶を 1 mol の Na^+ と 1 mol の Cl^- にばらばらに分解するために必要なエネルギーを**格子エネルギー**（lattice energy）と呼び，一般に L で表す．格子エネルギーの場合，分子内の結合エネルギーとは違って，これを実験的に直接測定することは非常に困難である．しかし，結合エネルギーの値がさまざまな物質の性質を理解するうえで欠かせないものであるのと同様に，格子エネルギーの値も，結晶の諸性質を理解するうえで重要である．このため，いくつかの方法を用いて近似的にイオン結合性結晶の格子エネルギーを求める方法が確立されている．ここでは以下の二つの方法を記す．

（1）ボルン・ハーバーサイクルに基づいた計算法

熱力学データを用いて格子エネルギーを算出する方法があり，これは

> 一つの化学反応の反応熱または一連の化学反応の反応熱の総和は，その反応の始めと終わりの状態だけで定まり，途中の段階に依存しない．

というヘスの法則（Hess' law）に立脚している．

ここでは例として NaCl 結晶の格子エネルギーを算出する．まず 1 mol の NaCl 結晶が 1 mol の Na 金属と 1/2 mol の Cl_2 ガスとの反応からつくられるときには 411.1 kJ の発熱が起こる．これを熱力学の用語では，系のエンタルピーは 411.1 kJ/mol 減少したといい

$$\Delta H_f = -411.1 \text{ kJ/mol}$$

と表す．NaCl 結晶をつくる反応式と並べて示すと，以下のようになる．

$$\text{Na} + \frac{1}{2}\text{Cl}_2 \longrightarrow \text{NaCl} \qquad \Delta H_f = -411.1 \text{ kJ/mol} \qquad (13.1)$$

他方，1 mol の Na 金属と 1/2 mol の Cl_2 ガスから 1 mol ずつの Na^+ と Cl^- をつくっておいて，これらを NaCl 結晶に組み上げるという仮想的なプロセスを考える．この場合にも，ヘスの法則に従って 411.1 kJ/mol の発熱が起こるはずである．この仮想的なプロセス中のそれぞれの段階における系のエンタルピー変化は，下記のようになる．

① 1 mol の Na 金属を 1 mol の Na 蒸気に昇華させる．

$$\text{Na(s)} \longrightarrow \text{Na(g)} \qquad \Delta H_{sub} = 107.5 \text{ kJ/mol} \qquad (13.2)$$

② 1 mol の Na 蒸気をイオン化して 1 mol の Na^+ にする．

$$\text{Na(g)} \longrightarrow \text{Na}^+ + e^- \qquad \Delta H = E_I = 495.8 \text{ kJ/mol} \qquad (13.3)$$

③ 1/2 mol の Cl_2 ガスを 1 mol の Cl 原子にする．

$$\frac{1}{2}\text{Cl}_2(\text{g}) \longrightarrow \text{Cl} \qquad \Delta H = \frac{1}{2}D_{Cl-Cl} = 119.6 \text{ kJ/mol} \qquad (13.4)$$

④ 1 mol の Cl 原子を 1 mol の Cl^- にする．

$$\text{Cl} \longrightarrow \text{Cl}^- \qquad \Delta H = -E_A = -349.0 \text{ kJ/mol} \qquad (13.5)$$

⑤ 1 mol の Na^+ と 1 mol の Cl^- から 1 mol の NaCl 結晶をつくる[†]．

$$\text{Na}^+ + \text{Cl}^- \longrightarrow \text{NaCl(s)} \qquad \Delta H = -L \qquad (13.6)$$

さてヘスの法則から，式 (13.2) から (13.6) のエンタルピー変化の総和は，式 (13.1) の ΔH_f に等しくなるから，式 (13.7) が成り立つ．

$$\Delta H_f = \Delta H_{sub} + E_I + \frac{1}{2}D_{Cl-Cl} - E_A - L \qquad (13.7)$$

このような式を立てる過程を図示すると，図 13.13 のようになる．図 13.13 は一つの輪（サイクル）をつくっており，これを**ボルン・ハーバー**

[†] ④ のエンタルピー変化は電子親和力（陰イオンにするときの発熱量）とは反対符号である．また ⑤ のエンタルピー変化も，格子エネルギーの定義の反対方向の現象を考えているので，格子エネルギーの反対符号になる．

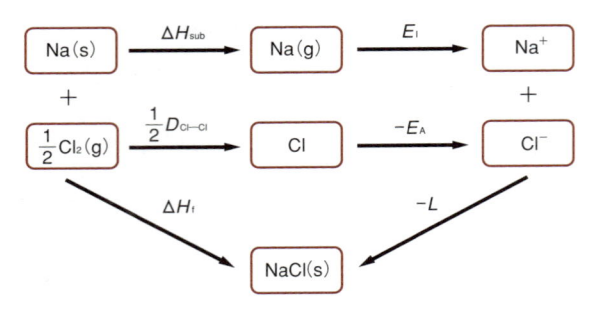

```
Na(s)  --ΔH_sub-->  Na(g)  --E_I-->  Na⁺
  +                                    +
½Cl₂(g) --½D_Cl–Cl--> Cl   ---−E_A--> Cl⁻
         ↘ΔH_f                 ↙−L
              NaCl(s)
```

図 13.13 NaCl 結晶のボルン・ハーバーサイクル

サイクル (Born–Haber cycle) という.

式 (13.7) のそれぞれの項に値を代入すると

$$L = (411.1 + 107.5 + 495.8 + 119.6 - 349.0)\,\text{kJ/mol}$$
$$= 785.0\ \text{kJ/mol}$$

という値が得られる.

(2) 静電相互作用と近接反発エネルギーに基づいた計算法

異符号のイオン（電荷を q_+ と q_- とする）を無限に離したときの静電エネルギーはゼロである. これらを次第に近づけてくると，互いに引力を及ぼし合い，図 13.14 の曲線 A に示すように静電エネルギーは低下する. このときのエネルギーの低下は

$$V = \frac{q_+ q_- e^2}{4\pi\varepsilon_0 r}$$

で表される. ただし r はイオン間の距離，ε_0 は真空の誘電率である.

同符号のイオンの場合には，近づくにつれて静電反発が起こり，曲線

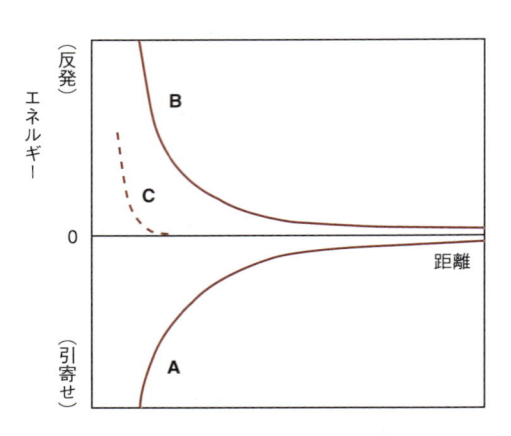

図 13.14 2個のイオン間に作用するエネルギー

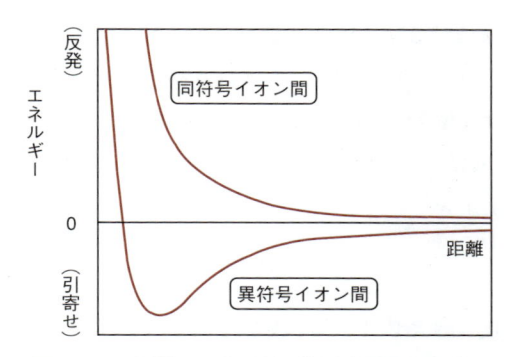

図 13.15　2 個のイオン間に作用するエネルギー

Bが示すように静電エネルギーは増える．また異符号イオンの場合でも，両者はどこまでも近づくわけではない．やがて互いの電子雲が接するようになると，急激な反発エネルギーが作用する．これを近接反発といい，曲線 C で示す．

結果として，異符号イオン間には曲線 A と C を足し合わせたようなエネルギーが働き，同符号イオン間には曲線 B と C を足し合わせたようなエネルギーが作用する．この様子を図 13.15 に示す．イオン結合している二つのイオンの間の距離は，エネルギーが極小となる距離である．結晶を構成しているすべてのイオンについて，エネルギーの極小値の総和をとれば，その結晶の格子エネルギーが求まる．

これらのことを踏まえて，NaCl を例にあげ，この格子エネルギーを計算してみよう．

図 13.16 に NaCl の結晶構造を示す．まず静電エネルギー V_L を考慮する．いま ● で表した 1 個の Na^+ に着目する．

注目している Na^+ と隣接する Cl^- との距離を d とすると，d の距離に 6 個の Cl^-，$\sqrt{2}\,d$ の距離に 12 個の Na^+，$\sqrt{3}\,d$ の距離に 8 個の Cl^-，$2d$ の距離に 6 個の Na^+，……があり，静電エネルギーを及ぼしている．これらの総和を式で表すと式（13.8）が得られる．

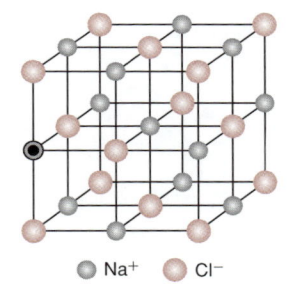

図 13.16　NaCl の結晶構造

$$V = \frac{q_+ q_-}{4\pi\varepsilon_0}\left(-\frac{6e^2}{d} + \frac{12e^2}{\sqrt{2}\,d} - \frac{8e^2}{\sqrt{3}\,d} + \frac{6e^2}{2d} - \cdots\cdots\right)$$

$$= -\frac{q_+ q_- e^2}{4\pi\varepsilon_0 d}\left(6 - \frac{12}{\sqrt{2}} + \frac{8}{\sqrt{3}} - \frac{6}{2} + \cdots\cdots\right) \tag{13.8}$$

第 2 行のカッコのなかの無限級数は，計算の順序を入れ替えるなどすると 1.74756…… という値に収束することがわかっており，この値を NaCl 型構造の**マーデルング定数**（Madelung constant）M という．マー

デルング定数は結晶構造で決まる定数であって，物質の種類で決まるものではない[†]．

[†] NaCl 型以外の構造のマーデルング定数は CsCl 型で 1.76267，閃亜鉛鉱型で 1.63806，蛍石型で 2.51939 である．

式 (13.8) の計算を 1 mol の Na^+ と 1 mol の Cl^- のすべてについて行うと，N をアボガドロ定数として

$$V_L = -\frac{q_+ q_- e^2}{4\pi\varepsilon_0 d} MN \tag{13.9}$$

が得られる．

次に，近接反発エネルギー V_R を考慮する．近接反発エネルギーは距離の 8〜10 乗に反比例することが，結晶の圧縮率などから知られているので，1 mol の結晶について表すと B を適当な定数として以下のようになる．

$$V_R = \frac{B}{d^n} N \tag{13.10}$$

ここで n は 8〜10 の値である．

格子エネルギー L は，V_L と V_R の和になるから

$$L = V_L + V_R = \left(-\frac{q_+ q_- M e^2}{4\pi\varepsilon_0 d} + \frac{B}{d^n}\right) N \tag{13.11}$$

安定なイオン間距離 d_0 において格子エネルギー L は最大となるから

$$\frac{dL}{dd} = 0 = \left(\frac{q_+ q_- M e^2}{4\pi\varepsilon_0 d^2} - \frac{nB}{d^{n+1}}\right) N \tag{13.12}$$

である．

式 (13.11) と (13.12) から B を消去すると，安定なイオン間距離 d_0 における格子エネルギー L_0 が求まる．次の式 (13.13) はボルン・ランデの式と呼ばれる．

$$L_0 = -\frac{q_+ q_- M e^2}{4\pi\varepsilon_0 d_0}\left(1 - \frac{1}{n}\right) N \tag{13.13}$$

NaCl の場合に $q_+ = 1$，$q_- = -1$，$d_0 = 2.81 \times 10^{-10}$ m，$n = 8$ を代入すると，格子エネルギー L_0 は 756 kJ/mol と計算される．これは 136 ページでボルン・ハーバーサイクルから計算された 785 kJ/mol ときわめて近い値である．両者の値に差が生じるのは，イオン間の分極によりイオンの価数が厳密には +1 と −1 ではないこと，熱力学データの誤差，近接反発力の近似誤差などのためである．

同じ NaCl 型構造をとる物質でも，NaCl よりも MgO のほうが水への溶解度が低く，融点や沸点が高い．これは MgO の格子エネルギーが大きいためである．また KCl は NaCl よりも格子エネルギーが小さいので，融点や沸点が低い．

> **例題** MgO の格子エネルギーが NaCl のそれよりも大きい理由，また KCl の格子エネルギーが NaCl のそれよりも小さい理由を考察せよ．

解答 MgO では，イオンの価数が NaCl の場合よりも大きい．このため陽イオンと陰イオンが強く引き合うので静電エネルギーの低下が大きくなる分，格子エネルギーが大きくなる．KCl では，K^+ と Cl^- の距離が NaCl の場合の Na^+ と Cl^- の距離よりも大きくなるので，静電エネルギーの低下が小さくなる分，格子エネルギーが小さくなる．◆

学習のキーワード
☐ 六方最密充填 (hcp)　☐ 立方最密充填 (ccp)　☐ 面心立方構造 (fcc)　☐ 体心立方構造 (bcc)　☐ 単純立方構造　☐ 格子エネルギー　☐ ヘスの法則　☐ ボルン・ハーバーサイクル　☐ マーデルング定数

章末問題

13.1 いまボルン・ハーバーサイクルを用いて LiF の格子エネルギーを求める．図 13.17 の ① 〜 ⑦ に当てはまる，考慮すべきエネルギーの名称，および化学種（Li^+ などのこと）を答えよ．

図 13.17

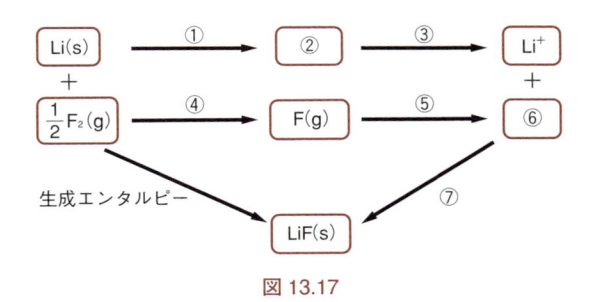

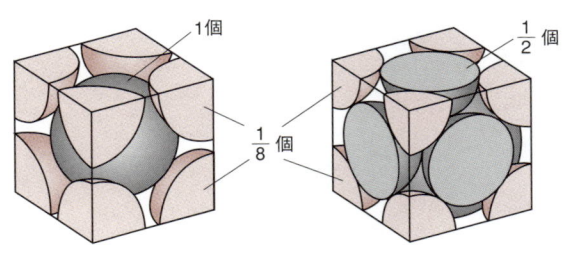

図 13.18

第 13 章　固体の構造と格子エネルギー

13.2 体心立方構造と面心立方構造の単位格子（全体の構造を代表する最小の単位のこと）は図 13.18 のように表される．この図からは，単位格子のなかに球がそれぞれ 2 個，4 個含まれていることがわかる．このような方法に基づいて，NaCl 型構造の単位格子（図 13.7）に含まれる陽イオンと陰イオンの球の数をそれぞれ数えよ．

13.3 以下の熱力学データとボルン・ハーバーサイクルを用いて，MgO の格子エネルギーを計算せよ．

$Mg + \dfrac{1}{2} O_2 \longrightarrow MgO$　の生成熱は -601.7 kJ/mol

Mg の昇華エネルギーは 147 kJ/mol

$Mg \longrightarrow Mg^{2+}$ のイオン化エネルギーは 2188 kJ/mol

$O_2 \longrightarrow 2O$ 結合エネルギーは 498 kJ/mol

$O + 2e^- \longrightarrow O^{2-}$ の電子親和力は -649.6 kJ/mol

Chapter 14 錯体化学の基礎

■ この章の目標 ■

"錯体"という言葉のなかの"錯"には,複雑でなじみにくいという意味がある.しかし錯体は,実際は特殊な化合物ではなく,古くから私たちの身のまわりに存在していた.ところが,錯体の結合や性質などが詳細に理解されはじめたのは20世紀初め,ウェルナーが配位説を提唱して錯体化学を体系化してからである.錯体の理論は金属化合物の性質を理解するためには必要不可欠であり,生体内の金属タンパク質の性質の理解に役立つだけでなく,金属触媒を利用する合成化学工業にも大きな変化をもたらした.本章ではウェルナーの配位説を紹介し,錯体の性質を理解するために必要な基礎的事項である化学式,構造,名称などについて述べる.

14.1 錯体とは

かつて塩類は**単塩**(single salt),**複塩**(double salt),**錯塩**(complex salt)の三種に分類されていた.陽イオンと陰イオンがそれぞれ一種類からなるものが単塩であり,陽イオンと陰イオンの両方あるいは一方が二種類以上から構成されているものが複塩である.複塩は二種以上の単塩を組み合わせたかたちであり,水溶液中で電離して,各単塩の混合溶液と同じイオン組成を与える.ところが**フェロシアン化カリウム**〔potassium ferrocyanide. **黄血塩**(yellow prussiate of potash)ともいう〕と呼ばれる化合物がある.この組成式は$K_4FeC_6N_6$であり,複塩であるならば$4KCN \cdot Fe(CN)_2$のかたちで書くことができ,水溶液中で電離してK^+,Fe^{2+},CN^-の三種のイオンが生成するはずである.しかしFe^{2+}とCN^-の存在は確認されず,いろいろな実験から$[Fe(CN)_6]^{4-}$が生成していることが明らかになった.このように,独立した二種以上

の化学種，すなわち陽イオン，陰イオン，あるいは中性分子が集まって生じたと考えられる複雑なイオンを**錯イオン**（complex ion）といい，錯イオンの塩を**錯塩**（complex salt）と命名した．しかし$[CoCl_3(NH_3)_3]^0$のように事実上，電離しない化合物もあり，また$[Ni(CO)_4]^0$のように塩とは考えにくい化合物もあるので，より一般性をもたせて**錯体**（complex）とか**配位化合物**（coordination compound）の名称が与えられることになった．

例題 次の塩類を単塩，複塩，錯塩に分類せよ．
(a) $K_3[Fe(CN)_6]$ (b) K_2SO_4 (c) $KAl(SO_4)_2 \cdot 12H_2O$
(d) $[CoCl(NH_3)_5]Cl_2$

解答 (a) $3KCN \cdot Fe(CN)_3$ と同じ組成であるので複塩と見なせるが，上の本文で述べた理由によって錯塩に分類される．これは**フェリシアン化カリウム**〔potassium ferricyanide．**赤血塩**（red prussiate of potash）ともいう〕と呼ばれる化合物である．(b) 単塩．(c) 陽イオンが二種類あるので複塩．(d) 錯塩．◆

14.2 ウェルナーの配位説

Co^{3+}，NH_3 および Cl^- からなるコバルト錯体が合成されている．表14.1に示すように，三つの化合物のそれぞれの組成式に含まれる塩素 Cl は，そのすべてが塩化銀 AgCl として沈殿するものもあるが，一部しか沈殿してこないものもある．また，これらの化合物すべてにおいて加熱しても，アルカリ性にしてもアンモニア臭がしない．そこで，塩化ナトリウム中でのような通常の塩化物イオンの状態をとっていない Cl の個数と，通常のアンモニアの状態にはなっていない NH_3 の個数を数えて合計したところ，三つの化合物ともそれは 6 ということになった．たとえば $CoCl_3 \cdot 4NH_3$ の場合，塩化銀として沈殿してくる塩化物イオン

表 14.1 コバルト(Ⅲ)化合物の性質

	色	AgCl として沈殿する Cl の個数	通常の状態ではない NH_3 と Cl の個数		
			NH_3 数	Cl 数	合計
$CoCl_3 \cdot 6NH_3$	黄	3	6 +	0 =	6
$CoCl_3 \cdot 5NH_3$	紫	2	5 +	1 =	6
$CoCl_3 \cdot 4NH_3$	緑 青紫	1	4 +	2 =	6

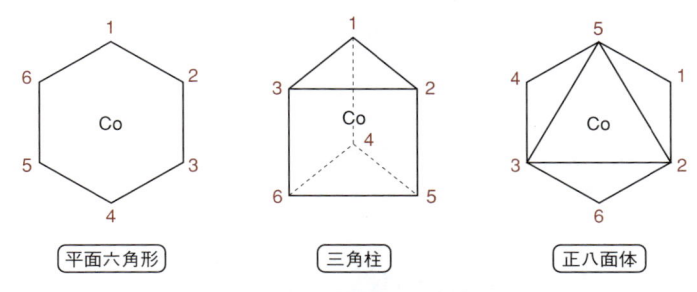

図 14.1 ウェルナーが推定した三種の基本構造

は1個であるので，通常の状態になっていない塩化物イオンは2個となる．また，アンモニアは4個となる．したがって合計6個が，通常の状態になっていない分子やイオンの数となる．そこでウェルナー(Werner)は，コバルト(III)はその周囲に，ほかのイオンや分子を結合できるところを6か所もっていると考えた．つまりコバルトは6本の手を使って，ほかのイオンや分子と結合できると考えたのである．この考えに基づいて，それぞれを表記すると $[Co(NH_3)_6]Cl_3$，$[CoCl(NH_3)_5]Cl_2$，$[CoCl_2(NH_3)_4]Cl$ のようになる．

次に彼は，その6か所の立体配置について検討を進めた．基本となる考え方は"自然界における万物は，一般に対称性に優れていること"であった．分子やイオンもその例外ではない．6個という分子やイオンをコバルトCoの周囲に配置する場合には，図14.1に示すように平面六角形，三角柱，正八面体の三つが考えられる．番号1～6の位置に，イオンや分子が結合すると考える．表14.1の三番目の化合物について，2個の Cl^- と4個の NH_3 を番号1～6の位置に配置する．この場合，後述するように幾何異性体が存在する．二つの塩素原子を配置してしまえば，残りの四つのアンモニアは自動的に空いている場所に配置されるので，ここでは塩素原子の位置番号だけを示すことにする．

平面六角形の場合は (1, 2)，(1, 3)，(1, 4) の三種の幾何異性体が可能である．これはベンゼンのオルト，メタ，パラ位に対応する．三角柱の場合は平面三角形の (1, 2)，側面の平面四角形の一辺の (1, 4) および，その対角線関係にある (1, 5) の三種の幾何異性体が可能である．最後の正八面体の場合は隣どうしの (1, 2) と，対角線関係にある (1, 3) の二種の幾何異性体が可能である．さて表14.1に記されているように三番目の化合物 $[CoCl_2(NH_3)_4]Cl$ には緑と青紫の，色の異なる化合物が存在している．色が異なるということは構造が異なること，すなわち異性体が存在していることになる．この二種類の色の異なる化合物が

存在するということから，図 14.1 に示す三種の基本構造のうち，二種の幾何異性体をもつ正八面体構造をしていると推定できる．——ウェルナーはこのように結論しようとしたのであるが，そこで一つの疑問が発せられた．それは三番目の異性体がきわめて不安定であって，単離できなかったのかもしれない，というのである．つまり，実は第二の三角柱構造が正解であるのに（1, 2）と（1, 4）が安定なために合成されていて，（1, 5）が不安定なために得られなかったかもしれない，ということである．結局，以上の実験結果だけから，コバルト錯体の構造の絶対証明はなされなかった．

その後，光学異性現象を使うことで，立体構造は正八面体であるという絶対的な証明がなされ 1912 年，彼はノーベル化学賞を受賞することになったのである．その詳細は 15.1.5 項の光学異性体のところで説明するが，ウェルナーは

> コバルト(III)イオンは，その周囲に 6 個の他のイオンや分子を結合させたかたちで錯塩を形成し，その 6 個は正八面体の各頂点に位置した三次元構造をとる．

として，これを**配位説**（coordination theory）と呼ぶことにした．従来は，コバルト(III)イオンは 3 本の手で他の分子やイオンを結合させるという考えであったが，ウェルナーの配位説によって，6 本もの手が存在することが示されたのである．配位説のなかで述べられている"他のイオンや分子"のことを**配位子**（ligand）という．また"6"という数字を**配位数**（coordination number）と呼び"コバルト(III)イオンの配位数は 6 である"と表現する．なお正八面体の立体構造は，彼の死後 1922 年に，ブラッグ（Bragg）によって行われた X 線回折法による $[Co(NH_3)_6]Cl_3$ の結晶構造解析の結果から立証された．

14.3　配位子の種類

中心金属イオンに 1 か所で結合する配位子を**単座配位子**（monodentate ligand）という．チオシアン酸イオン SCN^- のように，たとえ二つ以上の結合可能な原子（ここでは S と N）をもっていても，錯体をつくるときに 1 か所でしか結合できないものは単座配位子である．

エタン-1,2-ジアミン[†]のように 2 か所以上で結合する配位子は**多座配位子**（polydentate ligand）と呼び，配位座の数により**二座配位子**（bidentate

[†] 旧名称はエチレンジアミンである．

ligand), **四座配位子** (tetradentate ligand), **六座配位子** (hexadentate ligand) などという. 多座配位子が結合すると環ができる. この環を**キレート環** (chelate ring) といい, 環をつくる配位子を**キレート配位子** (chelate ligand), キレート環をもっている錯体を**キレート化合物** (chelate compound) あるいは単に**キレート** (chelate) と呼ぶ[†]. エチレンジアミン四酢酸イオン (edta) は水溶液中の金属イオンの定量分析

[†] キレートとは, カニのはさみの意味である.

表 14.2 代表的な配位子とその記号および名称

名　称	略号	化学式	錯体としての名称
単座配位子			
水		H_2O	アクア
アンモニア		NH_3	アンミン
一酸化炭素		CO	カルボニル
水素化物イオン		H^-	ヒドリド
アジ化物イオン		N_3^-	トリニトリド (慣用名:アジド)
フッ化物イオン		F^-	フルオリド
塩化物イオン		Cl^-	クロリド
臭化物イオン		Br^-	ブロミド
ヨウ化物イオン		I^-	ヨージド
シアン化物イオン		CN^-	シアニド
酸化物イオン		O^{2-}	オキシド
亜硝酸イオン		NO_2^-	ニトリト-κN(ニトリト-N)
			ニトリト-κO(ニトリト-O)
チオシアン酸イオン		SCN^-	チオシアナト-κS(チオシアナト-S)
			チオシアナト-κN(チオシアナト-N)
炭酸イオン		CO_3^{2-}	カルボナト
酢酸イオン		$CH_3CO_2^-$	アセタト
ピリジン	py	(構造式: ピリジン環)	(そのまま使用)
二座配位子			
シュウ酸イオン	ox	$^-O_2CCO_2^-$	エタンジオアト (慣用名:オキサラト)
グリシンイオン	gly	$NH_2CH_2CO_2^-$	アミノアセタト (慣用名:グリシナト)
エタン-1,2-ジアミン	en	$NH_2CH_2CH_2NH_2$	(そのまま使用)
2,2'-ビピリジン	bpy	(構造式: 2,2'-ビピリジン)	(そのまま使用)
三座配位子			
ジエチレントリアミン	dien	$NH_2CH_2CH_2NHCH_2CH_2NH_2$	(そのまま使用)
四座配位子			
ニトリロトリ酢酸イオン	nta	$N(CH_2CO_2^-)_3$	2,2',2''-ニトリロトリアセタト
六座配位子			
エチレンジアミン四酢酸イオン	edta	$(^-O_2CH_2C)_2NCH_2CH_2N(CH_2CO_2^-)_2$	2,2',2'',2'''-(エタン-1,2-ジイルジニトリロ)テトラアセタト (慣用名:エチレンジアミンテトラアセタト)

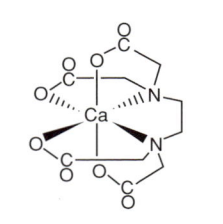

図 14.2 [Ca(edta)]$^{2-}$ 錯体の構造

に使用されている．これはキレート滴定と呼ばれる．たとえば，カルシウムイオンに edta が配位した錯体の構造は図 14.2 のように描くことができる．代表的な配位子を表 14.2 に示す．

14.4 錯体の立体構造

錯体の配位数は 6 以外にも数多く知られていて，それぞれ錯体の**立体構造**（coordination geometry）を決めている．たとえば配位数 2 の場合は**直線型**（linear）の構造のみをとり，配位数 3 の場合も**平面三角形型**（trigonal plane）のみをとるが，配位数が 4 以上ではそれぞれ二種類の構造が存在する．配位数 4 の場合は**平面四角形型**（square planer）と**正四面体型**（tetrahedral）の二種類があり，5 の場合には**三方両錐型**（trignal bipyramid）と**四角錐型**（square pyramid）の二種類，また 6 の場合でも**正八面体型**（octahedral）以外に**三角柱型**（trigonal prism）も存在する．表 14.3 にこれらをまとめた．

表 14.3 配位数とそれに対応する立体構造

配位数	立体構造	
2	直線	—M—
3	平面三角形	
4	平面四角形	
4	正四面体	
5	三方両錐	
5	四角錐	
6	正八面体	
6	三角柱	

14.5 錯体の結合 — 配位結合 —

　配位子中の配位原子には，少なくとも一対の非共有電子対が存在する．一方，コバルト(III)イオンのような金属イオンには，電子対を受け入れることができる空軌道が存在する．したがってルイスによる酸と塩基の定義によれば，**中心金属イオンは電子対受容体になりうるのでルイス酸であり，配位子は電子対供与体になりうるのでルイス塩基である．**したがって錯体の結合は，酸と塩基の結合である．

　中心金属イオンと配位子の結合，すなわち錯体の結合を**配位結合**（coordination bond）という．中心金属イオンは陽イオンが多く，配位子は陰イオンやイオン性を帯びた分子が多いので，錯体の結合はイオン結合であると考えられるが，中心金属イオンと配位子の間の結合力は水溶液中でも変化がない場合もあり，また結合に方向性と飽和性をもっているので，**錯体の結合すなわち配位結合の本質はイオン結合性を帯びた共有結合である**と結論される．ただし通常の共有結合とは異なり，共有電子対は配位子から供給されている．

14.6　錯体の化学式の書き方

　錯体の化学式は，IUPAC 2005年勧告〝無機化学命名法〟[†]に基づいて，以下の手順に従って記述される．
① 錯体の部分を [ ] で囲む．
② 錯体の部分には最初に中心金属の元素記号を書く．
③ 次いで配位子の記号（化学式，略号を問わず）をアルファベット順で並べる．
④ 可能な限り，配位子の供与原子が中心金属を向くように表記する．
⑤ 錯体以外のイオンや結晶水などは [ ] の外に書く．

[†] 日本化学会化合物命名法委員会訳著，『無機化学命名法 — IUPAC 2005年勧告 —』，東京化学同人（2010）．

14.7　錯体の名称のつけ方

　名称を記述する場合，英語表記と日本語表記では異なる場合がある．ここでは日本語表記を中心に述べる．名称というのは，**名称から化学式を書き起こすことができなければならない**ので，以下のような決まりがある．
① 錯体部分を先に，それ以外の陽イオン，陰イオン，結晶水などをあとに書く．英語名の場合は日本語名と違って，化学式の最初の

ものから書く．
② 錯体の部分は最初に配位子を，ついで中心金属の名称を書く．
③ 配位子は陰イオン，陽イオン，中性分子を問わず，英語名のアルファベット順とする．
④ 陰イオン性配位子の場合，語尾が -o（オ）で終わるように変える．たとえば

Cl^-　クロリド†	Br^-　ブロミド†	CN^-　シアニド†
SCN^-　チオシアナト	酢酸イオン　アセタト	
グリシンイオン　グリシナト		
シュウ酸イオン　オキサラト		

など．

† IUPAC 2005年勧告により名称が変更になった．旧名称はそれぞれクロロ，ブロモ，シアノである．他にも F^-（フルオロ），I^-（ヨード），O^{2-}（オキソ）の名称が変更になった（表14.2を参照のこと）．

⑤ 陽イオン性および中性配位子は，通常そのままの名称を使う．ただし，次のような例外がある．

　　H_2O　アクア　　　NH_3　アンミン　　　CO　カルボニル

⑥ 配位子の個数を示す次の数詞を，それぞれの配位子名の前につける．

　　2　ジ（di）　　3　トリ（tri）　　4　テトラ（tetra）
　　5　ペンタ（penta）　　6　ヘキサ（hexa）

⑦ 配位子名にすでに数詞が入っている場合や，配位子が複雑な場合は，次の数詞を使う．

　　2　ビス（bis）　　3　トリス（tris）
　　4　テトラキス（tetrakis）

⑧ 錯体部分が陽イオンあるいは中性のとき，中心金属の元素名のあとに酸化数を，（　）内にローマ数字（IIやIIIなど）で書く．
⑨ 錯体部分が陰イオンの場合，中心金属の酸化数の（　）のあとに，"酸"という文字を書き入れる．

例題　次の各錯体の日本語名を記せ．
(a) $K_4[Fe(CN)_6]$　(b) $K_3[Fe(CN)_6]$　(c) $[Fe(CN)_6]^{4-}$
(d) $[Co(NH_3)_6]^{3+}$　(e) $[CoCl(NH_3)_5]Cl_2$
(f) $[CoCl_3(NH_3)_3]$　(g) $[Ni(CO)_4]$
(h) $[CoCl(NH_3)_2(NO_2)(OH_2)_2]^+$　(i) $[CoCl_2(en)_2]Cl$
(j) $[Pt(NH_3)_4][PtCl_4]$

解答　(a) ヘキサシアニド鉄(II)酸カリウム，(b) ヘキサシアニド鉄(III)酸カリウム，(c) ヘキサシアニド鉄(II)酸イオン，(d) ヘキサア

ンミンコバルト(III)イオン, (e) ペンタアンミンクロリドコバルト(III)塩化物, (f) トリアンミントリクロリドコバルト(III), (g) テトラカルボニルニッケル(0), (h) ジアンミンジアクアクロリドニトリト-κN-コバルト(III)イオン, (i) ジクロリドビス(エタン-1,2-ジアミン)コバルト(III)塩化物, (j) テトラクロリド白金(II)酸テトラアンミン白金(II). ◆

例題 上の例題の日本語名から化学式を記せ.

解答 上の例題の解答を参考に各自確認すること. ◆

$[Co(NH_3)_6]Cl_3$, $[CoCl(NH_3)_5]Cl_2$, $[CoCl_2(NH_3)_4]Cl$ の化学種には, 錯体以外のイオンとして塩化物イオンが含まれている. それは"塩化物"という名前で, 錯体部分のあとに記される. 日本語名から化学式を書き起こす場合, その"塩化物"という言葉だけからは何個の塩化物イオンが必要かはすぐには判断できないが, 錯体部分の名称から錯体部分のイオン価が決まってくるので, それに合うように塩化物イオンの数を決める. そのためには, 中心金属の酸化数が重要になってくる. 例題にあるヘキサシアノ鉄錯体でも, 鉄の酸化数によってカリウムの数が決まる.

第15章で述べるように, 錯体にはさまざまな異性体が存在する. そのため, それぞれの異性体にも記号がつけられる. たとえば幾何異性体では $cis-$ や $trans-$ という言葉が, 光学異性体では $\Delta-$ や $\Lambda-$ が, それぞれ錯体の名前の前につけられる. またチオシアン酸イオンのようにNあるいはSで配位していることを示したい場合には, それぞれチオシアナト-κN, チオシアナト-κS のように, 配位子名のあとに配位原子の元素記号をイタリック体で付加する.

学習のキーワード

☐ 単塩 ☐ 複塩 ☐ 錯塩 ☐ フェロシアン化カリウム(黄血塩) ☐ 錯イオン ☐ 錯体 ☐ 配位化合物 ☐ フェリシアン化カリウム(赤血塩) ☐ 配位説 ☐ 配位子 ☐ 配位数 ☐ 単座配位子 ☐ 多座配位子 ☐ 二座配位子 ☐ 四座配位子 ☐ 六座配位子 ☐ キレート環 ☐ キレート配位子 ☐ キレート化合物(キレート) ☐ 立体構造 ☐ 直線型 ☐ 平面三角形型 ☐ 平面四角形型 ☐ 正四面体型 ☐ 三方両錐型 ☐ 四角錐型 ☐ 正八面体型 ☐ 三角柱型 ☐ 配位結合

章末問題

14.1 本文でとりあげた以外の二座配位子の例をいくつかあげよ．

14.2 次の錯体の日本語名を示せ．
(a) $[CoCl_2(NH_3)_4]ClO_4$ (b) $NH_4[Cr(NCS)_4(NH_3)_2]$ (c) $[Fe(bpy)_3]Cl_2$
(d) $[Co(en)_2(ox)]NO_3$ (e) $K[Co(edta)]$

14.3 $[ML_n]$ ($n=3\sim 6$) について平面三角形型，平面四角形型，正四面体型，三方両錐型，四角錐型，正八面体型の立体構造を図示せよ．ただし M と L は，それぞれ中心金属と配位子の略号である．

Chapter 15 異性現象

■この章の目標■
> 錯体は中心金属と複数の配位子から成り立っているため，さまざまな構造をとることができる．中心金属と配位子の組成が同じでも，構造が違う錯体が多く存在する．一般に，組成が同じでも構造が異なる化合物を異性体という．ここでは，これらについて見ていく．

15.1 異性体

錯体ではイオン化異性体，連結異性体，配位異性体，幾何異性体，光学異性体といった**異性体**（isomer）が重要である．以下で一つずつ順に見ていくことにする．

15.1.1 イオン化異性体

イオン化異性体（ionization isomer）とは，同一組成であるが，配位している陰イオンの種類が異なる異性体である．たとえば $[CoCl(NH_3)_5]SO_4$ と $[Co(NH_3)_5SO_4]Cl$ がイオン化異性体であり，前者では塩化物イオンが，後者では硫酸イオンが配位している．

> **例題** 次の錯体には，どのようなイオン化異性体が存在するか．
> (a) $[Cr(OH_2)_6]Cl_3$ (b) $[CoCl_2(NH_3)_4]NO_2$
>
> **解答** (a) $[CrCl(OH_2)_5]Cl_2 \cdot H_2O$ (b) $[CoCl(NH_3)_4(NO_2)]Cl$ ◆

15.1.2 連結異性体

一つの配位子内に異なる配位原子が二つ以上存在する場合，どの配位原子が金属イオンに結合するかによって生じるのが**連結異性体**（linkage isomer）である．たとえばチオシアン酸イオン SCN^- は，硫黄原子 S あるいは窒素原子 N で配位することが可能である．また亜硝酸イオン NO_2^- の場合も，窒素原子 N あるいは酸素原子 O で結合することができる．149 ページで述べたように，このような異性体の命名では，金属イオンに結合する原子の元素記号を配位子の日本語名のあとにイタリック体で書く．たとえば

$[(NC)_5Co(SCN)]^{3-}$　ペンタシアニドチオシアナト-κS-コバルト(III)酸イオン

$[(NC)_5Co(NCS)]^{3-}$　ペンタシアニドチオシアナト-κN-コバルト(III)酸イオン

$[(NH_3)_5Co(NO_2)]^{2+}$　ペンタアンミンニトリト-κN-コバルト(III)イオン

$[(NH_3)_5Co(ONO)]^{2+}$　ペンタアンミンニトリト-κO-コバルト(III)イオン

などとなる．

15.1.3　配位異性体

配位異性体（coordination isomer）は，陽イオンと陰イオンの両方が錯体で，両者の間で配位子の分配のやり方が異なる異性体である．たとえば $[Cr(en)_3][Co(CN)_6]$ と $[Co(en)_3][Cr(CN)_6]$ が配位異性体である．

15.1.4　幾何異性体

幾何異性体（geometrical isomer）は，中心金属と配位子の組成が同じで，配位子の空間的配置が異なる異性体であり，物理的性質や化学的性質が異性体で異なる．配位子どうしがとなり合う場合の**シス体**（*cis*），対向する場合の**トランス体**（*trans*）が重要である．

正八面体の ML_4X_2 の場合，図 15.1 のようなシス体とトランス体がある．

表 14.1 に戻って，$CoCl_3 \cdot 4NH_3$ には色の異なるものが存在する．この錯体としての化学式は $[CoCl_2(NH_3)_4]Cl$ であり，錯体部分の $[CoCl_2(NH_3)_4]^+$ には二つの幾何異性体が存在する．その構造は図 15.2 のように書くことができ，緑色のものがトランス体で，青紫色のものがシス体である．

正八面体の ML_3X_3 の場合，図 15.3 に示すように**ファク体**（*fac*）と**メール体**（*mer*）がある．それぞれ facial（面の），meridional（子午線の）の

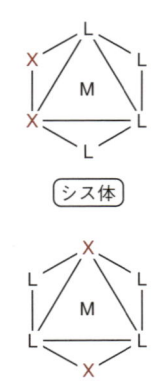

図 15.1　ML_4X_2 の場合の幾何異性体

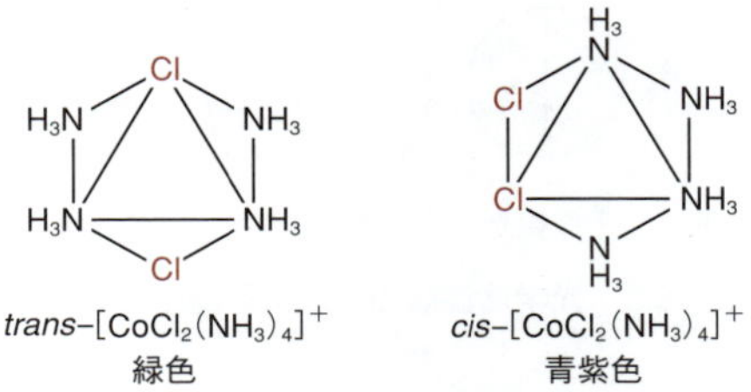

図 15.2 $[CoCl_2(NH_3)_4]^+$ の幾何異性体

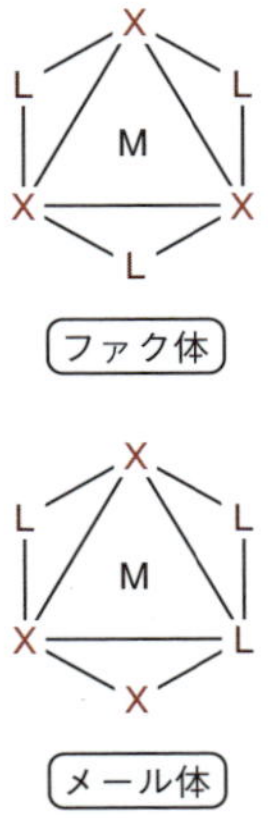

trans-$[CoCl_2(NH_3)_4]^+$ 緑色

cis-$[CoCl_2(NH_3)_4]^+$ 青紫色

図 15.3 ML_3X_3 の場合の幾何異性体

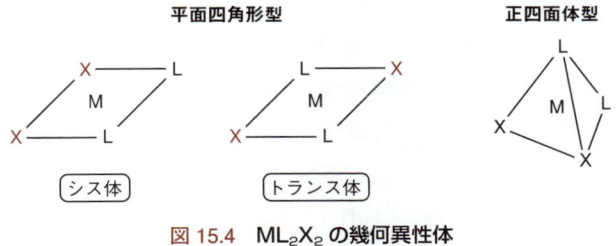

ファク体

メール体

図 15.4 ML_2X_2 の幾何異性体

平面四角形型（シス体／トランス体）　正四面体型

意味である．

平面四角形 ML_2X_2 の場合，シス体とトランス体があるが，正四面体 ML_2X_2 の場合，幾何異性体はない（図 15.4）．

> **例題** $[CoCl_2(en)_2]^+$ の幾何異性体を図示せよ．

解答 塩化物イオンに注目すると，図 15.5 のようなシス体とトランス体が存在する． ◆

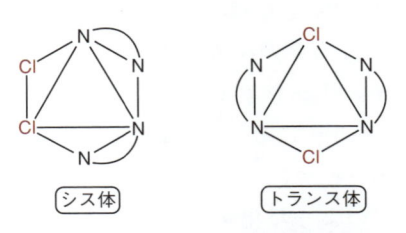

図 15.5 $[CoCl_2(en)_2]^+$ の幾何異性体

15.1.5 光学異性体

図 15.6 に示すように，通常の光はいろいろな方向へ振動している横波であるので，偏光子を通すと一方向に振動する偏光，すなわち**平面偏光**（plane polarized light）となる．この偏光を，ある試料の溶液に導くと，偏光面が右または左に回転する現象が見いだされた．この現象は 19 世紀の末頃に，パスツール（Pasteur）による酒石酸の光学活性の実

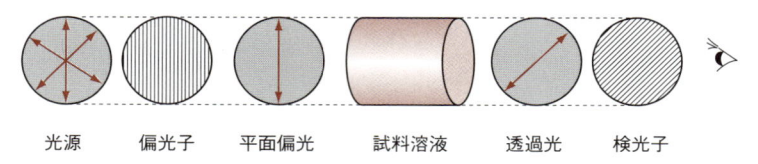

図 15.6　光学活性な物質による偏光面の回転

験で明らかになった．偏光子を通過した平面偏光が試料溶液を通過したとき，試料溶液が偏光面を回転させる性質を**旋光性**（optical rotatory power）という．旋光性を示す物質は**光学活性**（optical activity）であるといい，その物質には**光学異性体**（optical isomer）が存在する．偏光面を右に回転させるものが**右旋性**（dextrotatory）の異性体であり，偏光面を左に回転させるものが**左旋性**（levorotatory）の異性体である．右旋性の異性体は左旋性の異性体（この逆も）の**対掌体**〔enantiomorph．または**鏡像異性体**（enantiomer）〕という．また両者の等量混合物を**ラセミ体**（racemate）といい，旋光性は消失する．当初は**ナトリウム D 線**（sodium-D line．波長 589 nm）が光源として使われていた．

　分子内に対称面[†]をもたないとき，その分子は光学活性を示し，それを鏡に映した異性体，すなわち光学異性体が存在する．このような分子は，平面偏光の偏光面を回転させる性質があり，それぞれ回転方向が反対になっている．図 15.6 の場合には平面偏光を時計周り，つまり右に回転させたので，試料溶液に含まれる物質は右旋性の異性体である．

15.1.6　6 配位八面体型錯体の光学異性

　コバルト錯体として，3 個のエタン-1,2-ジアミンが配位した場合をとりあげてみる．エタン-1,2-ジアミンには二つの窒素原子が含まれており，それが同時にコバルトに結合，つまり配位する．そのため，配位数 6 をもつコバルト(III)イオンにはエタン-1,2-ジアミンが 3 個結合できるので $[Co(en)_3]^{3+}$ のような化学式になる[†2]．図 15.7 に示すように，この錯体トリス(エタン-1,2-ジアミン)コバルト(III)イオンは対称面をもたないので，一方の構造を鏡に写した場合，それを元の構造に重ね合わせることはできず，光学異性体が存在することになる．それぞれの構造に対して，絶対構造を表すための記号としてギリシャ文字のデルタとラムダ，すなわち Δ と Λ が付与される．

　4 配位錯体の場合，平面四角形型錯体には，その平面自体が対称面であるので光学異性体は存在しない．ただし，配位子が光学活性の場合を除く．一方，正四面体型錯体の場合で，配位子が四つとも異なると光学

[†] 対称面（symmetry plane）とは鏡面のこと．なお，ここでは正しくは回映軸というべきである．

[†2] en はエタン-1,2-ジアミンの略号であり，化学式は $H_2NCH_2CH_2NH_2$ である．

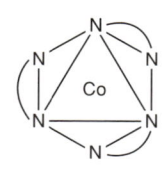

Δ-$[Co(en)_3]^{3+}$

Λ-$[Co(en)_3]^{3+}$

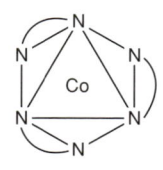

図 15.7　$[Co(en)_3]^{3+}$ の光学異性体

異性体が存在する．

> **例題** ［CoCl$_2$(en)$_2$］$^+$の幾何異性体には光学異性体が存在するものがある．その関係を図示せよ．

解答 分子内対称面はトランス体には存在するが，シス体には存在しない．したがって，シス体に光学異性体が存在する．図15.8で左側に示したものが Δ 体で，右側に示したものが Λ 体である．◆

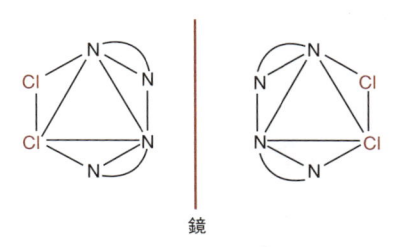

図 15.8 ［CoCl$_2$(en)$_2$］$^+$の光学異性体

> **例題** ［Be(gly)$_2$］は光学活性を示すが，［Pt(gly)$_2$］は光学活性を示さない．それぞれの錯体の構造について説明せよ．なお gly はグリシンイオンの略号である．

解答 いずれも4配位の錯体であるので，正四面体型と平面四角形型のいずれかであることが考えられる．［M(N―O)$_2$］の場合，光学異性体が存在できるのは正四面体型であるので，［Be(gly)$_2$］は正四面体型となる．一方，光学異性体ではなく幾何異性体が存在できるのは平面四角形型であるので［Pt(gly)$_2$］には，図15.9のような幾何異性体が存在する．◆

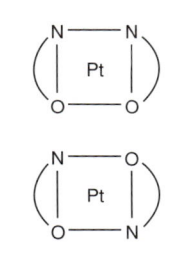

図 15.9 ［Pt(gly)$_2$］の幾何異性体

15.2 ウェルナーによる錯体の立体構造の絶対証明

エタン-1,2-ジアミン（en）がコバルトに結合した場合，どのような形になるか，図14.1をもとに描いてみる．エタン-1,2-ジアミンの分子を ⌒ で略記すると，図15.10のような三つの構造が可能になる．

平面六角形の場合には (1, 2)，(3, 4) および (5, 6) の位置にエタン-1,2-ジアミンを結合することができる．この場合，六角形平面部分が鏡面になるから，それが対称面になり，また，他にも対称面をもつことができるので分子内対称面が存在する．次に三角柱であるが (1, 2)，(3, 6) および (4, 5) にエタン-1,2-ジアミンが結合できる．これ以外

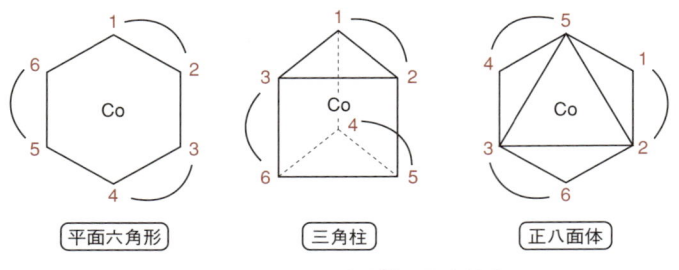

図 15.10 [Co(en)$_3$]$^{3+}$ の推定構造

に (1, 4), (2, 5) および (3, 6) も可能である.ただしエタン-1,2-ジアミンの分子長が短いので (1, 5) のように対角線には結合できない.どちらの場合も三角柱を上下に分ける面, (1, 2) と (4, 5) を分けるように正三角形を半分に縦に割る面などが分子内対称面になる.最後に,正八面体の場合は (1, 2), (3, 6) および (4, 5) にエタン-1,2-ジアミンを結合させることができるが,この場合は分子内に対称面が存在しない.外に置いた鏡に映したものは,元の構造とは重ね合わせることができないので,図 15.7 のように光学異性体が存在する.ウェルナーはその後,二つの光学異性体(実際は cis-[CoBr(en)$_2$(NH$_3$)]$^{2+}$ である)を分離することに成功し,正八面体構造であることを絶対証明したのである.

> **学習のキーワード**
> ☐ 異性体　☐ イオン化異性体　☐ 連結異性体　☐ 配位異性体
> ☐ 幾何異性体　☐ シス体　☐ トランス体　☐ ファク体
> ☐ メール体　☐ 平面偏光　☐ 旋光性　☐ 光学活性　☐ 光学異性体　☐ 右旋性　☐ 左旋性　☐ 対掌体(鏡像異性体)
> ☐ ラセミ体　☐ ナトリウム D 線　☐ 対称面

―――――――― 章末問題 ――――――――

15.1 [CoCl$_2$(gly)$_2$]$^-$ の幾何異性体をすべて描け.ただし gly はグリシンイオンの略号であり,N⌒O として図示せよ.

15.2 [Co(gly)$_3$] の幾何異性体をすべて描け.

15.3 [CoCl(en)$_2$(NH$_3$)]$^{2+}$ を光学分割することができた.この錯体の構造を描け.

15.4 平面四角形型錯体には存在するが,正四面体型錯体には存在しない異性体は何か.また,その逆の関係の異性体は何か.

Chapter 16　d 軌 道

■ **この章の目標** ■

　一般の錯体は，遷移元素に属する金属を中心にもつものが多い．このような錯体の物理的性質や化学的性質を理解するためには，遷移元素の d 軌道についての知識が不可欠となる．d 軌道は配位子が結合することで，そのエネルギー準位が影響を受けることになり，この影響が錯体の性質を支配するようになる．この章では，配位子が結合したときに d 軌道のエネルギー準位がどのように変化するのかについて，理論的な取扱いを試みる．

16.1　d 軌道の方向性

　d 軌道（d-orbital）は 1.3.2 項で述べたように方位量子数 $l = 2$ であるので，その磁気量子数 m は -2，-1，0，1，2 の 5 通りとなる．したがって d 軌道は五つの軌道から成り立ち，それぞれの軌道には d 電子が二つずつ収まるので，d 電子の総数は 10 個となる．d 軌道は五つということから d_{xy}, d_{yz}, d_{zx}, $d_{x^2-y^2}$, d_{z^2} の記号で表される軌道が対応している．最後の d_{z^2} の軌道は，$d_{y^2-z^2}$ と $d_{z^2-x^2}$ の軌道から計算された．五つの d 軌道のそれぞれに d 電子は 2 個ずつ入ることになり，電子の空間分布は図 16.1 のようになる．d_{xy}, d_{yz}, d_{zx} 軌道は x, y, z の座標軸の二等分線方向に d 電子の存在確率が大きい形をもち，$d_{x^2-y^2}$ と d_{z^2} 軌道は座標軸方向に存在確率が大きくなっている．

16.2　d 軌道の分裂

　d 軌道をもつ金属イオンが基底状態にあるときは，五つの d 軌道のエネルギーは等しい．この状態を五重縮重しているという．ところが配位

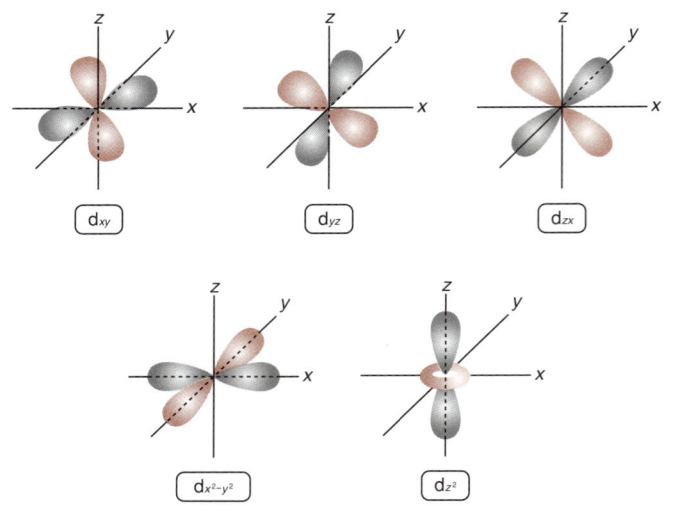

図 16.1　d 軌道の形

　子が結合して錯体を形成すると，五つの d 軌道のエネルギーに違いが生じる．すなわち d 軌道が分裂する．では，どのように分裂するのか．静電引力と斥力を使ったモデルで考察してみることにする．

　$[Co(NH_3)_6]^{3+}$ の立体配置は正八面体であるので，図 16.2 に示すように Co^{3+} は原点に，六つの NH_3 はそれぞれ x, y, z 軸上に存在しているとする．ここで，三軸の無限遠方から NH_3 が Co^{3+} をめがけて接近してくることを想定する．NH_3 には一対の非共有電子対があるので，窒素原子は負の電荷を帯びている．それが Co^{3+} の正の電荷に引き寄せられる．ところが，ある程度接近すると，この非共有電子対の負電荷と Co^{3+} の

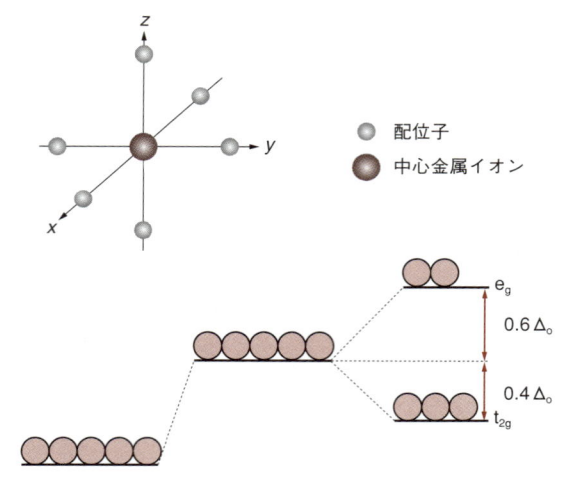

図 16.2　正八面体の場合

最外殻の 3d 軌道にある六つの d 電子（これは負電荷）が反発することになる．したがって d 軌道のエネルギーは上昇する．しかし，五つの d 軌道が等しく反発を感じるわけではない．すなわち x, y, z 軸の方向に d 電子の存在確率の大きい軌道が反発を最も強く感じることになり，$d_{x^2-y^2}$ と d_{z^2} 軌道のエネルギーが最も大きく上昇する．それに比べて d_{xy}, d_{yz}, d_{zx} 軌道は比較的反発は小さい．以上のように配位子が配位することによって，五つの軌道にエネルギー差が生じることを**結晶場**（crystal field）による **d 軌道の分裂**（splitting of d-orbitals）と呼ぶ．分子軌道法によれば〝**配位子場**（ligand field）による d 軌道の分裂〟という表現になる．いずれにせよ，金属イオンに配位子が結合することによって，五つの d 軌道のエネルギーが異なってくるのである．このような分裂が，実は錯体の性質に大きくかかわり，d 軌道の分裂によってはじめて錯体の性質が理解できるのである．

$d_{x^2-y^2}$ と d_{z^2} 軌道を e_g 軌道，d_{xy}, d_{yz}, d_{zx} 軌道を t_{2g} 軌道という．e_g と t_{2g} 軌道のエネルギー差を Δ_o とした場合，d 軌道の平均値に比べて，t_{2g} 軌道は $0.4\Delta_o$ だけ低いエネルギー準位をとり，e_g 軌道は $0.6\Delta_o$ だけ高いエネルギー準位をとっている．

一方，図 16.3 のように正四面体の場合は $d_{x^2-y^2}$ と d_{z^2} 軌道より d_{xy}, d_{yz}, d_{zx} 軌道のエネルギー準位が高くなる．また図 16.4 のように平面四角形の場合は $d_{x^2-y^2}$ 軌道に比べ d_{z^2} 軌道のエネルギー準位が著しく低下する．

図 16.3 正四面体の場合

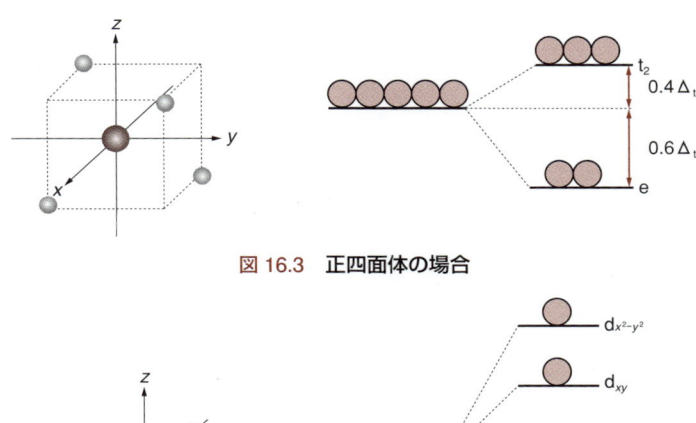

図 16.4 平面四角形の場合

16.3　高スピン型錯体と低スピン型錯体

前述のように，正八面体構造の錯体のd軌道はt_{2g}軌道とe_g軌道に分裂している．このような状況になっている軌道にd電子を詰めてみる．その場合，次の二つの事項が重要になる．

① 電子はエネルギーの低い軌道から充填される．
② 電子はなるべくスピンが平行になるように入る（これはフントの規則として，すでに8ページで述べた）．

d軌道間のエネルギー差Δ_oが大きいとき，①に従って電子が充填される．これは通常の電子の充填のやり方と同じである．ところがΔ_oが小さいときは様子が異なり，②の規則が優先する．つまり電子が対をつくるときにエネルギーを必要とするので，このエネルギーよりもd軌道の分裂Δ_oが小さいときに②の規則に従う．1個から10個までのd電子が充填される様子を図16.5に示す．d電子が1個から3個まではd軌道の分裂の大小にかかわらず**不対電子**（unpaired electron）の数は同じである．またd電子が8個から10個まででも不対電子の数は同じである．ところがd電子が4個から7個まででは，d軌道の分裂の大小によって不対電子の数が異なってくる．このようにd軌道の分裂が大きい状態をとる錯体を**低スピン型錯体**（low spin complex），または**強配位子場錯体**（strong field complex）と呼び，d軌道の分裂が小さいときを**高スピン型錯体**（high spin complex），または**弱配位子場錯体**（weak

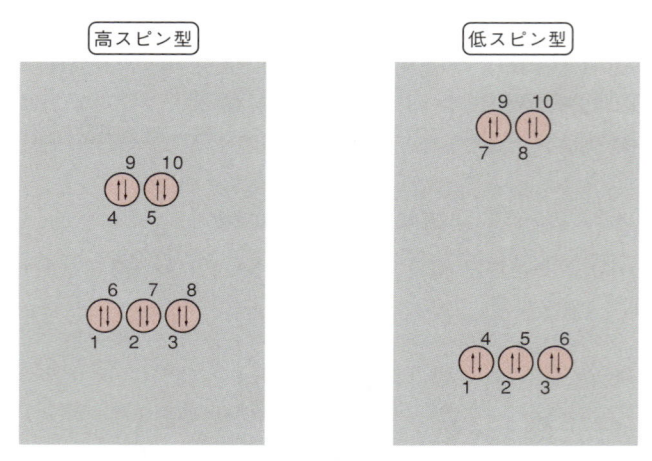

図16.5　6配位正八面体型錯体の場合のd電子の充填のされ方
d^1からd^3，d^8からd^{10}の場合には高スピン型と低スピン型の区別はつかない．しかしd^4からd^7まででは高スピン型と低スピン型の電子配置が生じ，不対電子の数に違いが現れる．

field complex）と呼ぶ．

なお，d軌道の分裂幅は次の要因によって大きくなる．
① 分光化学系列（これは17.2.3項で述べる）の上位にある配位子が結合しているとき．
② 中心金属の酸化数が大きいとき．
③ 酸化数が同じ場合は，原子番号が大きいとき．

また以下のことが知られている．

> 正四面体型錯体の場合はd軌道の分裂幅が小さいので，フントの規則にのっとって電子が充填される高スピン型しか存在しない．一方，平面四角形型錯体の場合は，エネルギーの低い軌道から順次充填される場合が多い．

例題 d^6 の場合について，6配位正八面体型錯体の高スピン型と低スピン型の電子配置について記せ．

解答 高スピン型の場合は t_{2g} 軌道に4個の電子が入り，e_g 軌道に2個の電子が入る．一方，低スピン型の場合には，6個の電子はすべて t_{2g} 軌道に入る．◆

例題 上の例題と同様な問題を，正四面体型錯体の場合について考えよ．

解答 正四面体型錯体の場合はすべて高スピン型であるので，e軌道に3個，t_2 軌道に3個の電子が入る．◆

学習のキーワード
□ d軌道　　□ 結晶場　　□ d軌道の分裂　　□ 配位子場
□ 不対電子　　□ 低スピン型錯体（強配位子場錯体）　　□ 高スピン型錯体（弱配位子場錯体）

---------- 章 末 問 題 ----------

16.1 平面四角形型，正四面体型，正八面体型のNi(II)錯体について，分裂したd軌道へのd電子の配置をそれぞれ記せ．

16.2 本文中では静電引力と斥力を使って正八面体型錯体のd軌道の分裂を説明した．同様な方法で正四面体型錯体のd軌道の分裂を説明せよ．

Chapter 17 錯体の物理的性質

■この章の目標■

錯体の性質には，物理的性質と化学的性質がある．前者には，電気的性質や機械的性質，磁気的性質や光学的性質などが，後者にはいわゆる化学反応性や化学的安定性などが含まれる．この章では，物理的性質として磁性と色をとりあげ，これらの性質にd軌道の分裂がどのようにかかわっているかを説明する．

17.1 錯体の磁性

17.1.1 常磁性と反磁性

分子レベルでの磁性は**常磁性**（paramagnetic）と**反磁性**（diamagnetic）に分けられる．分子やイオンのなかの電子は，一つの軌道に通常，2個ずつ対をつくって存在している．しかし，なんらかの原因で一つの軌道に1個の電子をもつ場合がある．このように1個で存在する電子を**不対電子**（unpaired electron）と呼ぶ．電子は小さな磁石と見なせるので**不対電子を1個以上もっているときに常磁性を示す**．一方，**不対電子をまったくもたないときに反磁性を示す**．すなわち，すべての電子が2個ずつ対をつくると，小磁石がそれぞれペアになってしまうので，電子の磁性は相殺されてしまう．したがって常磁性の分子やイオンは磁石に引きつけられる性質をもっているが，反磁性の物質は逆に反発する性質がある．

> **例題** 161ページの最初の例題において，不対電子の数を述べよ．
>
> **解答** 高スピン型の場合は4個であり，低スピン型の場合は0個である．◆

> **例題** 161ページの二番目の例題の場合，不対電子数はいくらか．

> **解答** 4個． ◆

17.1.2 高スピン型錯体と低スピン型錯体の判別

錯体の例として $K_4[Fe(CN)_6]$ と $[Fe(OH_2)_6]SO_4$ をとりあげる．いずれも Fe(II) であるので，3d 電子数は 6 個である．ところが前者は反磁性であり，後者は常磁性である．d 軌道は五つあるので，これに 6 個の電子を単純に詰めた場合，四つの不対電子が生じることになる．したがって常磁性を示すと推定されるので，後者の錯体が常磁性を示すのは理解できる．しかし，前者の反磁性は説明ができない．これを説明するためには d 軌道の分裂が必要になる．図 16.5 で示したように d 電子数が 6 個の場合の不対電子数は，高スピン型の場合では 4 個，低スピン型のときは 0 個である．このことより $K_4[Fe(CN)_6]$ は反磁性を示したので低スピン型錯体であり，$[Fe(OH_2)_6]SO_4$ は常磁性を示したので高スピン型錯体と判断される．

では，いずれも常磁性である $[Fe(CN)_6]^{3-}$ と $[Fe(OH_2)_6]^{3+}$ は，どのように判別できるのであろうか．いずれも酸化数が +3 の鉄であるので，d 電子は五つ存在する．図 16.5 によれば分裂の大小にかかわらず，どちらの錯体も数は異なるものの不対電子をもっているので，両者とも常磁性を示すことになる．このようにどちらも**常磁性を示す場合，高スピン型か低スピン型かのどちらの状態かを知るには，磁化率の測定が有効**であり，磁化率から**磁気モーメント**（magnetic moment）μ を計算することができる．

遷移金属イオンの磁気モーメントは，一般に次式 (17.1) を用いることで，不対電子の数から予想することが可能である．この式 (17.1) を**スピンオンリーの式**（spin only equation）といい，**おおよその磁気モーメントを推定するのに役立つ**．単位は**ボーア磁子**（Bohr magneton）であり，記号は B.M. である．

$$\mu = \sqrt{n(n+2)} \tag{17.1}$$

ここで n は不対電子数である．

図 16.5 より，d 電子が 5 個の錯体の場合，高スピン型であるならば $n = 5$，低スピン型であるならば $n = 1$ である．そこで，それぞれの場合の磁気モーメントをスピンオンリーの式 (17.1) から推定すると，高スピン型ならば約 5.9 B.M.，低スピン型ならば約 1.7 B.M. が得られる．

そこで，それぞれの錯体の磁気モーメントを実際に測定して，その実測値がどちらの計算値に近いのかを比較することで，低スピン型か高スピン型かが決定される．

このように，高スピン型であるか低スピン型であるかの判断には中心金属イオンの不対電子数が必要であり，それを求めるためにはまず，中心金属イオンの酸化数とd電子数が必要になる．たとえば$K_4[Fe(CN)_6]$の場合にはKは+1，CN^-は-1，したがって鉄の酸化数は+2である．そのとき電子配置は

$$1s^2 2s^2 2p^6 3s^2 3p^6 3d^6$$

となり，Fe(II)のd電子数は6である．鉄原子Fe(0)の場合には$3p^6$以降に電子を充填していくとき，まず4s軌道に電子が入って$4s^2$となり，その後，3d軌道に電子が入って$3d^6$となると習ったはずである．この鉄原子から電子を2個取り去るとFe(II)となるわけだが，その2個の電子は4s軌道から外すのである．つまり**電子を入れるときも，取り去るときも，必ず4s軌道から**である．

例題 $[CoCl_2(NH_3)_4]Cl$のd電子数はいくらか．

解答 Co原子（酸化数0）の電子配置は
$$1s^2 2s^2 2p^6 3s^2 3p^6 3d^7 4s^2$$
である．錯体のCoの酸化数は+3であるので，Co原子から電子を3個取り去る．この場合，4s軌道から最初に外す．その結果
$$1s^2 2s^2 2p^6 3s^2 3p^6 3d^6$$
となるので，d電子数は6である．◆

例題 正八面体型錯体では，高スピン型と低スピン型とを区別できるのは，d^4からd^7までの電子配置の錯体の場合に限られることを確かめよ．

解答 図16.5より，d^1からd^3，およびd^8からd^{10}までは高スピン型でも，低スピン型でも同じ電子配置をもっていることがわかる．しかし，d^4からd^7までは異なった電子配置になっている．したがって，磁気モーメントの測定から判別できるのはd^4からd^7までの錯体の場合である．◆

17.2　錯体の色

17.2.1　着色の原因

　錯体はさまざまな色をもっている．**私たちが眼にしている色は，ある波長の可視光がその物質に吸収されたとき，吸収されずに透過あるいは反射してきた波長の可視光の色である．**この色を**補色**（complementary color）という．表 17.1 に示すように，たとえばある物質が波長 450 nm 付近の光を吸収した場合，それ以外の波長の光が眼に見えることになり，それが補色としての黄に着色する．錯体の着色の原因は

① d-d 遷移吸収
② 電荷移動吸収
③ π-π 吸収

に分けることができる．このうち ① の吸収は，d 軌道の分裂が原因になっている．

17.2.2　コバルト(III)錯体の紫外可視吸収スペクトル

　$[CoCl(NH_3)_5]^{2+}$ の水溶液の**紫外可視吸収スペクトル**（ultraviolet and visible absorption spectrum）を測定すると，図 17.1 のような結果が得られる．波長 530 nm 付近には一つの**吸収帯**（absorption band）が現れ，これが可視光領域にあるため着色の原因となっている．このほかに 350 nm 付近にも同じような強さの吸収帯があるが，紫外部にあるので錯体の着色の原因ではない．また，より短波長には大きな強度の吸収帯が現れる．これらの三つの吸収帯をそれぞれ第 I 吸収帯，第 II 吸収帯，第 III 吸収帯と呼ぶ．

　図 17.1 の吸収スペクトルにおいて，縦軸は**モル吸光係数**（molar extinction coefficient）ε の対数であり，横軸は光の波長である．モル吸

表 17.1　光の色と補色の関係

波長(nm)	光の色	補色
380 ～ 435	紫	黄緑
435 ～ 480	青	黄
480 ～ 490	緑青	橙
490 ～ 500	青緑	赤
500 ～ 560	緑	赤紫
560 ～ 580	黄緑	紫
580 ～ 595	黄	青
595 ～ 650	橙	緑青
650 ～ 780	赤	青緑

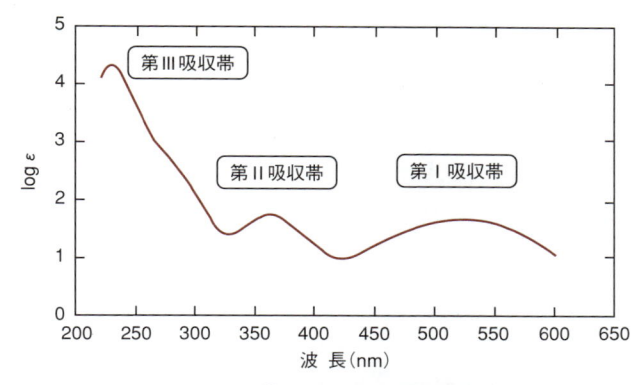

図 17.1 [CoCl(NH$_3$)$_5$]$^{2+}$ の水溶液の紫外可視吸収スペクトル

光係数 ε はランバート・ベールの法則（Lambert-Beer's law）によれば，溶液の濃度 c とセル長 l，および吸光度 A を用いて次式で表すことができる．

$$A = \varepsilon c l \tag{17.2}$$

図 17.1 は，吸光度を波長に対して測定して，波長ごとの吸光度 A をセル長 l と濃度 c で除することで波長ごとのモル吸光係数 ε を求め，それを波長に対してプロットしたものである．

17.2.3　d-d 遷移吸収と分光化学系列

配位子が結合することで遷移金属イオンの d 軌道が分裂することは，すでに述べたとおりである．たとえば**正八面体構造をとる 6 配位錯体は t_{2g} 軌道と e_g 軌道に分裂している**ので，t_{2g} 軌道にある d 電子は，分裂幅 Δ_o に等しいエネルギーの光によって e_g 軌道に遷移することができる．この原因によって光が吸収されることを **d-d 遷移吸収**（d-d transition absorption）と呼ぶ．図 17.1 での第 I 吸収帯と第 II 吸収帯が d-d 遷移に帰属される．

[Co^{III}(NH$_3$)$_5$X] 型錯体について，X を変えたときの第 I 吸収帯の波長を表 17.2 に示す．この表には錯体の色も示した．吸収波長と色の関係についても対応がなされていることを，表 17.1 に示した光の色と補色の関係から確認しておくことをすすめる．さて X は，以下の順にしたがって長波長へ移行していく．すなわち CN$^-$ が最も短波長側であり，I$^-$ が最も長波長側に吸収をもつ．

CN$^-$ → NO$_2^-$ → NH$_3$ → H$_2$O → SCN$^-$ → OH$^-$ → F$^-$ → Cl$^-$ → Br$^-$ → I$^-$

表 17.2 [Co^{III}(NH$_3$)$_5$X] 型錯体の第 I 吸収帯の極大波長と錯体の色

X	波長(nm)	色
CN$^-$	440	淡黄
NO$_2^-$	458	黄
NH$_3$	476	橙黄
H$_2$O	487	赤
SCN$^-$	496	赤
OH$^-$	504	赤紫
F$^-$	514	赤紫
Cl$^-$	530	赤紫
Br$^-$	549	紫
I$^-$	579	紫

この現象を見いだしたのは**槌田竜太郎**であり，1938 年に発表された序列である．しかし，なぜこのような序列が存在するのかはわからなかった．その後 1950 年代になって，配位子が結合することによって分裂した d 軌道間の遷移に起因すること，強い配位子場をつくる配位子ほど大きな Δ_o を与え，より短波長側に吸収を示すことが明らかにされた．槌田はこの序列を**分光化学系列**（spectrochemical series）と命名した．この序列は，おおむね次のようになっている．すなわち，配位原子の順序は

$$C \rightarrow N \rightarrow O \rightarrow X (ハロゲン)$$

であり，原子番号順になっている．

d-d 遷移吸収が起こるためには，d 軌道にいくつかの電子と空の軌道が存在しなければならない．d^1 から d^9 までの金属イオンの場合に，この d-d 遷移吸収が起こる．しかし d-d 遷移は本来起こってはいけない遷移，すなわち**禁制遷移**（forbidden transition）である．このために，**d-d 遷移のモル吸光係数は 1 ～ 100 程度**で，かなり小さな**吸収強度**である．

17.2.4 電荷移動吸収

図 17.1 に示した紫外可視吸収スペクトルにおいて，紫外部の短波長側にある大きな吸収帯（第 III 吸収帯）は**電荷移動吸収**（charge transfer absorption）によるものである．また d^0 や d^{10} のように d-d 遷移が起こらないはずの物質が着色している場合も電荷移動吸収であることが多い．この電荷移動吸収は二つの場合に分けられる．一つは，配位子の軌道に存在している電子が，光のエネルギーによって金属イオン

の空軌道へ遷移することで着色する **LMCT 吸収**（ligand to metal charge transfer absorption）である．もう一つは，金属イオンの電子が配位子の空軌道へ遷移する **MLCT 吸収**（metal to ligand charge transfer absorption）である．前者は配位子が電子を放しやすいほど，また金属イオンが電子を引きつけやすいほど低エネルギーで遷移が起こるため，吸収帯の波長は長波長側に現れる．たとえばハロゲン化物イオン，酸化物イオン，硫化物イオンの錯体の色は LMCT 吸収に起因しており，同族で比較すると，ハロゲン化物ではヨウ化物イオン I^- が，また酸化物イオンよりも硫化物イオンが長波長側に吸収をもつようになる．次の例は I^- が最も電子を放しやすいために，吸収帯が可視光領域に移行している．

　　　AgCl（白）　　　AgBr（淡黄）　　　AgI（黄）

　一方，MLCT 吸収では $[Fe(phen)_3]^{2+}$（濃赤色．phen は 1,10-フェナントロリンの略）が代表的である．中心金属イオンの t_{2g} 軌道の電子が，配位子の反結合性 π 軌道へ遷移することによる着色であり，中心金属イオンの酸化数が比較的低く，かつ配位子が芳香族系の分子であるときに起こりやすい．いずれにせよ，**電荷移動吸収のモル吸光係数は 10,000 程度と大きな値をもつ**．このために，金属イオンの高感度検出に利用される．

17.2.5　π-π 吸収

　配位子がすでに着色している場合には，その配位子が金属イオンに配位することで一般に長波長側へ吸収帯が移動する．こうした **π-π 吸収**（π-π absorption）は電荷移動吸収と同様，大きなモル吸光係数をもち，強い吸収を示す．

学習のキーワード

☐ 常磁性　　☐ 反磁性　　☐ 不対電子　　☐ 磁気モーメント　☐ スピンオンリーの式　　☐ ボーア磁子　　☐ 補色　　☐ 紫外可視吸収スペクトル　　☐ 吸収帯　　☐ モル吸光係数　　☐ ランバート・ベールの法則　　☐ d-d 遷移吸収　　☐ 槌田竜太郎　☐ 分光化学系列　　☐ 禁制遷移　　☐ 電荷移動吸収　　☐ LMCT 吸収　　☐ MLCT 吸収　　☐ π-π 吸収

章末問題

17.1 次の錯体の中心金属イオンの電子配置を書け．
   (a) $[Fe(CN)_6]^{3-}$　　(b) $[CuCl_2(NH_3)_2]$　　(c) $[Cr(CO)_6]$

17.2 $K_3[CoF_6]$ の磁気モーメントの実測値は 5.3 B.M. である．この錯体は高スピン型か低スピン型か．

17.3 一般に鉄化合物の鉄の酸化数は +2 あるいは +3 である．いま 6 配位正八面体型鉄錯体の磁気モーメントが 2.4 B.M. であった．この鉄錯体の鉄の酸化数はいくらか．

17.4 $[CoCl(NH_3)_5]^{2+}$ の水溶液は波長約 530 nm 付近に吸収極大を与える．この錯体の水溶液は何色か．

17.5 $[Co(CN)_6]^{3-}$ と $[Co(NH_3)_6]^{3+}$ の水溶液について一方は黄色であり，もう一方は無色であった．$[Co(NH_3)_6]^{3+}$ の水溶液は何色か．

Chapter 18 錯体の安定度

■この章の目標■

錯体の化学的性質を議論する場合，二つの方法論が重要となる．一つは平衡論であり，もう一つが速度論である．前者では平衡定数，自由エネルギー変化，エンタルピー変化，エントロピー変化などが重要なキーワードである．一方，速度論においては一次反応速度式，二次反応速度式などを駆使して反応機構の知見が得られる．本章では，錯体の化学的性質としての安定度を平衡論を使って議論する．

18.1 安定度定数

"この錯体ともう一つの錯体のどちらが安定なのか"ということを判断しなければならない状況にあったとする．そのときに使うのが平衡定数の一つである**安定度定数**（stability constant）である．この安定度定数はまた**生成定数**（formation constant）ともいう．

硫酸銅 $CuSO_4 \cdot 5H_2O$ の水溶液をビーカーにとり，そこに濃アンモニア水を滴下すると，淡青色だった溶液は，瞬時に濃青色に変化する．これは水溶液中に $[Cu(NH_3)_4]^{2+}$（Cu^{2+} は4配位錯体を形成するものとする）が生成したためである．このときの反応は

$$[Cu(OH_2)_4]^{2+} + 4\,NH_3 \rightleftarrows [Cu(NH_3)_4]^{2+} + 4\,H_2O \qquad (18.1)$$

と表すことができるが，実際は配位子の置換は一つずつ起こっているので，次のように表すのが正しい．

$$[Cu(OH_2)_4]^{2+} + NH_3 \rightleftarrows [Cu(NH_3)(OH_2)_3]^{2+} + H_2O \qquad (18.2)$$

$$[Cu(NH_3)(OH_2)_3]^{2+} + NH_3 \rightleftarrows [Cu(NH_3)_2(OH_2)_2]^{2+} + H_2O \qquad (18.3)$$

$$[Cu(NH_3)_2(OH_2)_2]^{2+} + NH_3 \rightleftarrows [Cu(NH_3)_3(OH_2)]^{2+} + H_2O \qquad (18.4)$$

$$[\mathrm{Cu(NH_3)_3(OH_2)}]^{2+} + \mathrm{NH_3} \rightleftharpoons [\mathrm{Cu(NH_3)_4}]^{2+} + \mathrm{H_2O} \qquad (18.5)$$

式 (18.2) から (18.5) の平衡反応に対して**平衡定数** (equilibrium constant) K_1, K_2, K_3, K_4 が割り当てられる．それぞれの平衡定数は，溶液中に存在する化学種の濃度を用いて以下のように表すことができる．

$$K_1 = \frac{[\mathrm{Cu(NH_3)(OH_2)_3}][\mathrm{H_2O}]}{[\mathrm{Cu(OH_2)_4}][\mathrm{NH_3}]}$$

$$K_2 = \frac{[\mathrm{Cu(NH_3)_2(OH_2)_2}][\mathrm{H_2O}]}{[\mathrm{Cu(NH_3)(OH_2)_3}][\mathrm{NH_3}]}$$

$$K_3 = \frac{[\mathrm{Cu(NH_3)_3(OH_2)}][\mathrm{H_2O}]}{[\mathrm{Cu(NH_3)_2(OH_2)_2}][\mathrm{NH_3}]}$$

$$K_4 = \frac{[\mathrm{Cu(NH_3)_4}][\mathrm{H_2O}]}{[\mathrm{Cu(NH_3)_3(OH_2)}][\mathrm{NH_3}]}$$

通常，実験を行う場合は銅イオンの濃度は低いので，反応によって生成してくる水分子の濃度も低い．そのため水溶液の水の濃度（約 55.6 mol/dm^3）は反応の前後において変化することなく一定であると見なせるので，K_1 から K_4 をそれぞれ [H$_2$O] で割ったものを，あらためて K_1 から K_4 というように定義しなおす．

$$K_1 = \frac{[\mathrm{Cu(NH_3)(OH_2)_3}]}{[\mathrm{Cu(OH_2)_4}][\mathrm{NH_3}]}$$

$$K_2 = \frac{[\mathrm{Cu(NH_3)_2(OH_2)_2}]}{[\mathrm{Cu(NH_3)(OH_2)_3}][\mathrm{NH_3}]}$$

$$K_3 = \frac{[\mathrm{Cu(NH_3)_3(OH_2)}]}{[\mathrm{Cu(NH_3)_2(OH_2)_2}][\mathrm{NH_3}]}$$

$$K_4 = \frac{[\mathrm{Cu(NH_3)_4}]}{[\mathrm{Cu(NH_3)_3(OH_2)}][\mathrm{NH_3}]}$$

このように定義した平衡定数 K_1, K_2, K_3, K_4 を**逐次安定度定数** (stepwise stability constant) または**逐次生成定数** (stepwise formation constant) と呼ぶ．

[Cu(NH$_3$)$_4$]$^{2+}$ 錯体がほかの銅錯体（たとえば [Cu(en)$_2$]$^{2+}$）に比べてどのくらい安定なのかを知るには，逐次安定度定数は使い勝手が悪い．できれば銅のアクア錯体 [Cu(OH$_2$)$_4$]$^{2+}$ からそれぞれの錯体が直接生成する式 (18.1) の平衡定数を求め，その値を比較することで判断するのが有効である．式 (18.1) の平衡定数を β_4 とした場合，逐次安定度定

表 18.1 銅(II)アンミン錯体の安定度定数[a]

$\log K_1$	$\log K_2$	$\log K_3$	$\log K_4$
4.3	3.7	3.0	2.0
$\log \beta_1$	$\log \beta_2$	$\log \beta_3$	$\log \beta_4$
4.3	8.0	11.0	13.0

a) 25 ℃.

数と同様に水分子の濃度を一定と見なせるとして，β_4 は次の平衡式で表すことができる．この β_4 を**全安定度定数**（overall stability constant）あるいは**全生成定数**（overall formation constant）と呼ぶ．

$$\beta_4 = \frac{[\mathrm{Cu(NH_3)_4}]}{[\mathrm{Cu(OH_2)_4}][\mathrm{NH_3}]^4}$$

この式と，K_1 から K_4 の式を用いると，β_4 は

$$\beta_4 = K_1 K_2 K_3 K_4$$

のように表すことができるので，K_1 から K_4 の値が既知であれば，β_4 を簡単に計算することが可能である．表 18.1 に，銅(II)アンミン錯体の逐次安定度定数と全安定度定数を示す．なお，一般に β_n は

$$\beta_n = K_1 K_2 \cdots K_n$$

で表される．

例題 全安定度定数は，逐次安定度定数の積で表されることを証明せよ．

解答 いま中心金属イオンを M，配位子を L として，4 配位錯体を例にとって

$$\beta_4 = K_1 K_2 K_3 K_4$$

を証明する．逐次安定度定数 K_1 から K_4，および β_4 は次式で表される．

$$K_1 = \frac{[\mathrm{ML}]}{[\mathrm{M}][\mathrm{L}]}$$

$$K_2 = \frac{[\mathrm{ML_2}]}{[\mathrm{ML}][\mathrm{L}]}$$

$$K_3 = \frac{[\mathrm{ML_3}]}{[\mathrm{ML_2}][\mathrm{L}]}$$

$$K_4 = \frac{[\mathrm{ML_4}]}{[\mathrm{ML_3}][\mathrm{L}]}$$

$$\beta_4 = \frac{[\mathrm{ML_4}]}{[\mathrm{M}][\mathrm{L}]^4}$$

$K_1 K_2 K_3 K_4$ を計算すると

$$\frac{[\mathrm{ML_4}]}{[\mathrm{M}][\mathrm{L}]^4}$$

となり，これは β_4 に一致する．したがって

$$\beta_4 = K_1 K_2 K_3 K_4$$

となる． ◆

18.2　安定度を支配する因子

18.2.1　金属イオンの陽イオン価とイオン半径

　錯体の安定度を支配する因子としては第一に，金属イオンのイオン半径と陽イオン価をあげることができる．これは遷移元素だけでなく典型元素の金属イオンにも当てはまる因子である．金属イオンと配位子の間の結合には静電引力がかかわっているが，この引力が大きいほど結合が強いといえる．そのため陽イオン価が大きいほど，配位子を強く引きつけるであろう．また金属イオンが球であると仮定した場合，イオン半径が小さいならば，金属イオン球の表面電荷密度が大きくなるため，これによっても強く配位子を引きつけることになる．したがって次のようにまとめられる．

> 金属イオンの陽イオン価が大きいほど，また陽イオン価が等しいときはイオン半径が小さいほど，安定度は大きくなる．

> **例題**　次の (a) と (b) の各組において，それぞれ大きな安定度をもつと考えられる錯体はどちらか．
> (a) $\mathrm{AlF^{2+}}$ と $\mathrm{ScF^{2+}}$　　(b) $\mathrm{FeF^{2+}}$ と $\mathrm{FeF^{+}}$

解答　(a) イオン半径から $\mathrm{AlF^{2+}}$，(b) 鉄の陽イオン価から $\mathrm{FeF^{2+}}$．◆

18.2.2　アーヴィング・ウィリアムズ系列

　遷移元素の金属イオンには前述の関係は成り立たず，**アーヴィング・ウィリアムズ系列**（Irving-Williams series of stability）という経験則が見いだされている．+2価の遷移金属陽イオンの高スピン八面体型錯体の逐次安定度定数 K_1 の大きさは，配位子の種類によらず

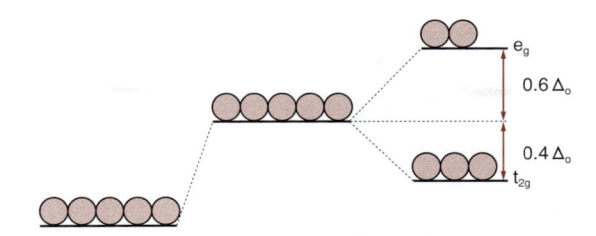

図 18.1 正八面体の場合の d 軌道の分裂

$$Mn^{2+} < Fe^{2+} < Co^{2+} < Ni^{2+} < Cu^{2+} > Zn^{2+}$$

の序列になることが見いだされた．では，なぜこのような序列になるのか．ここで理論的な考察を試みてみる．

図 18.1 に，あらためて d 軌道の分裂の様子を図示する．ここで t_{2g} 軌道に電子が 1 個入った場合には $0.4\Delta_o$ のエネルギーの得をし，e_g 軌道に電子が 1 個入った場合には $0.6\Delta_o$ だけエネルギーの損であるとして，損得の差のエネルギーが錯体の安定度に影響すると考える．そのようにして求めた損得の差を表 18.2 に示す．表の最下段に示したエネルギーの損得差の求め方の一例を示そう．たとえば d 電子数が 6 の場合，t_{2g} 軌道には四つの電子があるので

$$4 \times 0.4\Delta_o = 1.6\Delta_o$$

のエネルギーを得することになる．一方，e_g 軌道には二つの電子があるので

$$2 \times 0.6\Delta_o = 1.2\Delta_o$$

のエネルギーを損することになる．結局，これらの差である $0.4\Delta_o$ だけ安定化すると考えるのである．このエネルギー差 $0.4\Delta_o$ を**配位子場安定化エネルギー**（ligand field stabilization energy，LFSE と略す）または**結晶場安定化エネルギー**（crystal field stabilization energy，CFSE）と呼ぶ．表 18.2 によれば，d 電子数が 5 と 10 のとき d 軌道の分裂の恩恵はないが，それ以外は d 軌道が分裂することで錯体の安定度が増す．

表 18.2 6 配位錯体の配位子場安定化エネルギー

d 電子数	1	2	3	4	5	6	7	8	9	10
t_{2g} 軌道の電子数	1	2	3	3	3	4	5	6	6	6
e_g 軌道の電子数	0	0	0	1	2	2	2	2	3	4
得したエネルギー（Δ_o）	0.4	0.8	1.2	0.6	0	0.4	0.8	1.2	0.6	0

ところでd電子が9個の場合の銅(II)イオンであるが，アーヴィング・ウィリアムズ系列では，最も安定な錯体を形成するとなっている．しかし表18.2によれば，d電子が8個のニッケル(II)イオンより安定度は低い．この違いは錯体の構造に原因があるといわれている．すなわち銅(II)イオン以外は正八面体構造をとっているが，銅(II)イオンのみ第五配位子と第六配位子は，ほかの四つの配位子に比べて，銅(II)イオンからの距離が長くなる傾向がある．これはヤーン・テラー効果（Jahn-Teller effect）による構造の歪みであり，その結果として，配位子場安定化エネルギーよりもさらに安定化するようになる．いくつかのedta錯体の安定度定数を表18.3に示す．アーヴィング・ウィリアムズ系列が成り立っていることがわかる．

表18.3 いくつかのedta錯体の安定度定数[a]

金属イオン	$\log \beta_1$
Mn^{2+}	14.0
Fe^{2+}	14.3
Co^{2+}	16.3
Ni^{2+}	18.6
Cu^{2+}	18.8
Zn^{2+}	16.5

a) 25℃，イオン強度0.1．

例題 正八面体型錯体について，d^8 の場合の配位子場安定化エネルギー（LFSE）を求めよ．

解答 この場合，高スピン型も低スピン型も同じ電子配置をとっている．t_{2g} 軌道には6個の電子が入っているので，$6 \times 0.4\Delta_o$ のエネルギーを得する一方，e_g 軌道には2個の電子が入っているので，$2 \times 0.6\Delta_o$ のエネルギーを損することになる．これより，差し引き $1.2\Delta_o$ のLFSEとなる．◆

18.2.3 配位子の塩基性

配位子の塩基性が大きいほど，その配位子が結合した錯体の安定度は大きい．配位子の塩基性が大きいということは，配位子は水素イオンと強く結合する（配位子の共役酸は弱酸）ので，金属イオンとも強く結合するといえる．

例題 $[Cu(CH_3CO_2)]^+$ と $[Cu(CClH_2CO_2)]^+$ では，どちらが安定であるか．

解答 配位子の塩基性を比較すると $CH_3CO_2^-$ の塩基性が大きいので $[Cu(CH_3CO_2)]^+$ のほうが安定である．◆

18.2.4 キレート効果

二座配位子によるキレート錯体の場合，より安定な錯体が生成することが知られている．例として，銅(II)イオンとエタン-1,2-ジアミンとの錯体の安定度定数を表18.4に示す．
エタン-1,2-ジアミンが二分子配位した銅(II)錯体の全安定度定数は

表 18.4　銅(Ⅱ)イオンと各種アミン類との錯体の安定度定数

配位子	化学式	配位座	$\log K_1$	$\log K_2$	$\log K_3$	$\log K_4$
アンモニア	NH_3	1	4.3	3.7	3.0	2.0
エタン-1,2-ジアミン	$NH_2CH_2CH_2NH_2$	2	10.7	9.3		

$$\log \beta_2 = \log K_1 + \log K_2 = 10.7 + 9.3$$

から求めることができ，それは 20.0 という値になる．すなわち β_2 は $10^{20.0}$ である．一方，この β_2 と比較されるものは，アンミン錯体ではテトラアンミン銅(Ⅱ)イオンの全安定度定数であるので，表 18.4 より

$$\log \beta_4 = \log K_1 + \log K_2 + \log K_3 + \log K_4$$

から，β_4 は $10^{13.0}$ となる．全安定度定数は，エタン-1,2-ジアミン錯体のほうが 10^7 倍も大きいことになる．**このようにキレートを生成した場合には，単座配位子だけの場合よりも大きな安定度定数を示すので**，これを**キレート効果**（chelate effect）と呼ぶ．分析化学の分野で，水溶液中の金属イオンを定量する場合にキレート滴定を用いることがあるが，これがまさにキレート効果を利用しての分析法である．

さて，アンミン錯体とエタン-1,2-ジアミン錯体を生成する場合の反応式を以下に示す．

$$[Cu(OH_2)_4]^{2+} + 4\,NH_3 \rightleftharpoons [Cu(NH_3)_4]^{2+} + 4\,H_2O \qquad (18.6)$$

$$[Cu(OH_2)_4]^{2+} + 2\,en \rightleftharpoons [Cu(en)_2]^{2+} + 4\,H_2O \qquad (18.7)$$

式 (18.6) において，アンミン錯体が生成する反応の前後では，溶液中に存在して，独立に運動することができる粒子の数には変化がない．つまり，反応式の左辺では $[Cu(OH_2)_4]^{2+}$ が一つと NH_3 が四つの合計五つ，一方の右辺では $[Cu(NH_3)_4]^{2+}$ が一つと H_2O が四つの合計五つと，同じままである．ところが式 (18.7) のエタン-1,2-ジアミン錯体の場合には，左辺が 3 個であるのに対して，右辺では 5 個の粒子が存在している．反応の結果，二つの粒子が増加したことになる．**これは自由度の増加を意味しており，したがってエントロピーが増加したことになる．**

一般に，平衡定数 K と自由エネルギー変化 $\Delta G°$ との間には次の関係が成り立つ．

$$\Delta G° = -RT \ln K \qquad (18.8)$$

また $\Delta G°$ については，エンタルピー変化 $\Delta H°$ とエントロピー変化 $\Delta S°$

との間に

$$\Delta G° = \Delta H° - T \Delta S° \tag{18.9}$$

が成り立っている．ただし R は気体定数，T は絶対温度である．ここでエントロピーが増加すると $\Delta S° > 0$ であるので，式（18.9）より $\Delta G°$ は減少する．$\Delta G°$ が減少すれば式（18.8）より $\ln K$ が増加することになる．したがって，エントロピーの増加は平衡定数の増大を生みだす．錯体形成の場合も同様であり，エントロピーが増加すれば安定度定数が増加することになる．アンミン錯体やエチレンジアミン錯体の $\Delta H°$ や $\Delta S°$ が測定されており，エントロピーの増加によって安定度が増加したことが確められている．以上のことから**キレート効果はエントロピーの影響が大きい**といえる．

18.2.5 HSAB 則

14.5 節でも述べたように，錯体を構成する中心金属イオンは，電子対を受け入れてもよい空の軌道をもっているためにルイス酸である．一方，配位子は相手に供与できる非共有電子対をもっているのでルイス塩基である．したがって**錯体の中心金属イオンと配位子の結合，すなわち配位結合は酸と塩基の結合と見なせる**．

すでに表 4.2 に関連して述べたように，ルイス酸とルイス塩基の結合には **HSAB 則**（HSAB concepts）が見いだされている．これは，**硬い酸は硬い塩基と，軟らかい酸は軟らかい塩基と結合して安定な付加体（化合物）を与える**が，それぞれ逆の場合の組合せでは化合物を生成することはできるものの，その物質は不安定な場合が多い，という規則である．先に述べたように，錯体の結合も酸と塩基の結合であるので，錯体の安定度もこの HSAB 則に従うことになる．なお配位子の塩基性との関係が成り立つのは，硬い酸と硬い塩基の組合せのときである．

> **例題** 一酸化炭素は，酸化数 0 のクロムや鉄と安定な錯体を形成するが，酸化数 +3 の金属イオンとはほとんど錯体をつくらない．この理由を説明せよ．

> **解答** HSAB 則によれば（表 4.2 を参照のこと），一酸化炭素は軟らかい塩基であるので，安定な錯体は軟らかい酸と形成される．酸化数 0 の金属は軟らかい酸であるので安定な錯体をつくるが，酸化数 +3 の金属イオンは硬い酸であるので，ほとんど錯体をつくらない．◆

> **学習のキーワード**
> ☐ 安定度定数（生成定数）　☐ 平衡定数　☐ 逐次安定度定数（逐次生成定数）　☐ 全安定度定数（全生成定数）　☐ アーヴィング・ウィリアムズ系列　☐ 配位子場安定化エネルギー（結晶場安定化エネルギー）　☐ ヤーン・テラー効果　☐ キレート効果　☐ HSAB 則

――――――― 章末問題 ―――――――

18.1　硫酸銅(II)水溶液にアンモニア水を加えたとき，水溶液中に存在する銅(II)錯体のすべての化学式を示せ．ただし銅(II)イオンの配位数は 4 とする．

18.2　硫酸銅(II)水溶液に化学調味料を添加したところ，より濃い青色を呈した．何が起こったのか説明せよ．

18.3　6 配位正八面体型錯体において，d 電子が 7 個の場合，高スピン型と低スピン型錯体での配位子場安定化エネルギー（LFSE）をそれぞれ計算せよ．

18.4　次のそれぞれの錯体の組で，安定度定数の大きなほうはどちらか．理由も述べよ．
　　　(a)　$[Co(CN)_6]^{3-}$ と $[Fe(CN)_6]^{3-}$　　　(b)　$[Ni(edta)]^{2-}$ と $[Cu(edta)]^{2-}$
　　　(c)　$[Co(NH_3)_6]^{3+}$ と $[Co(edta)]^{-}$　　　(d)　$[Fe(CN)_6]^{3-}$ と $[Fe(CN)_6]^{4-}$

Chapter 19 錯体の反応

■この章の目標■

錯体の化学的性質の一つが，化学反応である．一般に化学反応は酸塩基反応と，酸化還元反応に大別される．反応の前後において，前者は酸化数の変化はないが，後者は酸化数の変化を伴う．錯体の反応でも，この二つが重要である．本章では酸塩基反応である配位子置換反応と，酸化還元反応である電子移動反応（これは中心金属イオンの酸化数が変化する）について説明する．

19.1 配位子置換反応

19.1.1 反応機構

1952年，タウビー(Taube)は遷移金属イオンの**配位子置換反応**(ligand substitution reaction)には，d電子の配置が関係することを明らかにした．配位子置換反応が1分以内に速やかに終了するものを**置換活性**(substitution labile)，まったく反応しないか遅いものを**置換不活性**(substitution inert)と名づけた．そして多くの錯体の置換反応速度を調べた結果，**d^3錯体，低スピン型のd^6錯体，6配位d^8錯体が置換不活性型錯体**であった．たとえば$Cr(III)[d^3]$，$[Fe(CN)_6]^{4-}$などの低スピン$Fe(II)[d^6]$，$[Co(NH_3)_6]^{3+}$などの低スピン$Co(III)[d^6]$，および$Ni(II)[d^8]$は置換不活性である．しかし現在では"置換活性""置換不活性"という言葉は，定性的な意味で使用されている．

配位子置換反応は，**第一配位圏**[†]にある配位子と，その周囲を取り囲んでいる第二配位圏に進入してきた配位子との置き換わりとして議論される．水溶液では第二配位圏に水分子がとり込まれており，これは"沖合い"の水分子とは異なり，金属イオンの影響をわずかに受けている．

6配位錯体の場合の配位子置換反応を

[†] **第一配置圏**(first coordination sphere)とは，金属イオンに配位している配位子が存在する領域である．**第二配置圏**(second coordination sphere)は，その周りを取り囲む領域である．

$$\mathrm{ML_5X + Y \longrightarrow ML_5Y + X}$$

で表すことにする．ここで，配位子 X が Y によって置き換わる．置換反応は次のような機構によって進行する．

① **解離機構**（dissociative mechanism．**D 機構**と略す）：配位子 X が解離して第一配位圏から第二配位圏に移動し，5 配位の $\mathrm{ML_5}$ が中間体として生成したのち，第二配位圏に進入した配位子 Y が第一配位圏に入って金属イオンと結合する機構である．

$$\mathrm{ML_5X \longrightarrow ML_5 + X}$$
$$\mathrm{ML_5 + Y \longrightarrow ML_5Y}$$

② **会合機構**（associative mechanism．**A 機構**）：第二配位圏に進入した配位子 Y がさらに第一配位圏に入り込み，$\mathrm{ML_5X}$ に付加して 7 配位の $\mathrm{ML_5XY}$ が中間体として生成し，これから X が離れて第二配位圏に移動していく機構である．

$$\mathrm{ML_5X + Y \longrightarrow ML_5XY}$$
$$\mathrm{ML_5XY \longrightarrow ML_5Y + X}$$

③ **交替機構**（interchange mechanism．**I 機構**）：第一配位圏から X が離れていくのと，ここへ Y が入ってくるのが同時に起こり，活性錯体を与える機構である．中間体は生成しない．

$$\mathrm{ML_5X + Y \longrightarrow [ML_5 \cdots XY] \longrightarrow ML_5Y + X}$$

なお D 機構と I 機構，A 機構と I 機構の中間的な機構も考えられ，それぞれ**解離的交替機構**（dissociative interchange mechanism．$\mathrm{I_d}$ **機構**），**会合的交替機構**（associative interchange mechanism．$\mathrm{I_a}$ **機構**）と呼ばれている．

6 配位八面体型錯体の置換反応は，7 配位中間体よりも 5 配位中間体のほうが立体障害が少ないので D 機構，あるいは $\mathrm{I_d}$ 機構で進行する場合が多い．たとえばコバルト(III)錯体は置換不活性のものが多いため，配位子置換反応の研究がくわしく行われてきた．一例として

$$\mathrm{[CoCl(NH_3)_5]^{2+} + H_2O \rightleftharpoons [Co(NH_3)_5(OH_2)]^{3+} + Cl^-}$$

の場合，右に進む反応を**アクア化反応**（aquation），左に進む反応を**アネーション反応**（anation）というが，いずれも $\mathrm{I_d}$ 機構で反応が進む．これはコバルト(III)錯体について一般的に当てはまるといわれている．

一方，平面四角形型錯体では配位数の多い中間体をつくりやすいため，A機構あるいはI_a機構が起こりやすいと考えられている．

例題 $[CoCl(NH_3)_5]^{2+}$の水溶液を調製したところ，溶液の色が赤紫色から赤色に変化した．どのような反応が進行したと考えられるか．

解答 上記のように，配位子のClが水分子で置換され$[Co(NH_3)_5(OH_2)]^{3+}$が生成したと考えられる．◆

例題 $[CoCl(NH_3)_5]^{2+}$は低スピン型であるため，置換不活性な錯体である．このような錯体を合成するときの方法について説明せよ．

解答 塩化コバルト$CoCl_2 \cdot 6H_2O$のような置換活性なものを原料にする．$[Co(OH_2)_6]^{2+}$は置換活性であるので，これにアンモニアなどの配位子を加えて目的物と同じ組成をもつ錯体を合成し，その後，過酸化水素や酸素などで酸化して，最終目的の錯体とする方法がとられる．◆

19.1.2 トランス効果

平面四角形型のPt(II)錯体の置換反応にはトランス効果と呼ばれる特異な反応機構が存在している．$[PtCl_4]^{2-}$にNH_3を反応させたときcis-$[PtCl_2(NH_3)_2]$が生成する．一方，$[Pt(NH_3)_4]^{2+}$にCl^-を反応させると$trans$-$[PtCl_2(NH_3)_2]$が生成する．

これらの反応では，いずれもCl^-のトランス位にある配位子が置換されていることがわかる．このようにトランス位にある配位子を置換させやすくする効果のことを**トランス効果**（trans effect）といい，この効果の強い順に配位子を並べると次のようになる．

C_2H_4, CO, $CN^- \to H^- \to NO_2^- \to I^- \to SCN^- \to Br^- \to Cl^- \to NH_3 \to OH^- \to H_2O$

例題 cis-ジアンミンジクロロ白金(II)錯体を合成するには$[Pt(NH_3)_4]^{2+}$と$[PtCl_4]^{2-}$のどちらを原料にすべきか．

解答 本文中でも触れたが，図19.1より$[PtCl_4]^{2-}$を使用すべきである．◆

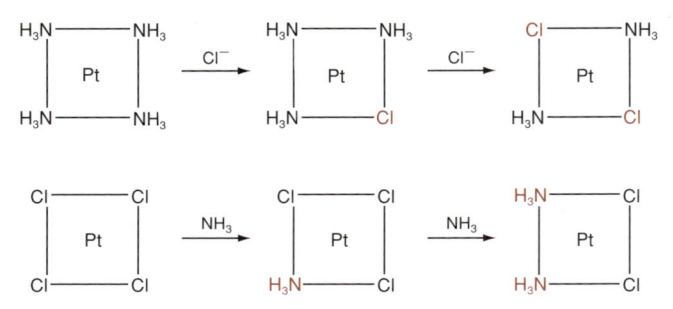

図 19.1　$[Pt(NH_3)_4]^{2+}$ および $[PtCl_4]^{2-}$ に見られる配位子置換反応

19.2　電子移動反応

電子移動反応（electron transfer reaction）とは，中心金属イオンの酸化数が増減する酸化還元反応の一種であり，**内圏型反応機構**（inner-sphere reaction mechanism）と**外圏型反応機構**（outer-sphere reaction mechanism）に大別される．

19.2.1　内圏型反応機構

1953 年，タウビーは $[CoCl(NH_3)_5]^{2+}$ の酸性水溶液に $[Cr(OH_2)_6]^{2+}$ の水溶液を窒素気流下で混合した場合，ただちに反応が起こり，$[Co(OH_2)_6]^{2+}$ と $[CrCl(OH_2)_5]^{2+}$ が生成することを見いだした．この反応は次のように記述できる．

$$[CoCl(NH_3)_5]^{2+} + [Cr(OH_2)_6]^{2+} + 5H_3O^+$$
$$\longrightarrow [Co(OH_2)_6]^{2+} + [CrCl(OH_2)_5]^{2+} + 5NH_4^+$$

前述のように $[CoCl(NH_3)_5]^{2+}$ は置換不活性な錯体であり，$[Cr(OH_2)_6]^{2+}$ は置換活性である．この二つの錯体の間で電子の授受が行われたとすると $[CoCl(NH_3)_5]^+$ と $[Cr(OH_2)_6]^{3+}$ が生成するはずである．前者は Co(II) であるので置換活性となり，Cl^- や NH_3 は大量に存在する水分子によって置換され $[Co(OH_2)_6]^{2+}$ が生成すると考えられる．一方，後者は Cr(III) であるので置換不活性であるから，これ以上の配位子置換反応は期待できない．しかし，実験事実では $[CrCl(OH_2)_5]^{2+}$ が生成している．$[CoCl(NH_3)_5]^+$ から解離した Cl^- が $[Cr(OH_2)_6]^{3+}$ と反応したとも考えられるが，Cl^- 濃度がきわめて低い状況では不可能といわざるをえない．そこで Cl^- は置換活性な $[Cr(OH_2)_6]^{2+}$ の状態のときに移動したと考えるべきであり，以下のような反応機構が提案された．

$$[CoCl(NH_3)_5]^{2+} + [Cr(OH_2)_6]^{2+}$$
$$\longrightarrow [(H_3N)_5Co^{III}—Cl—Cr^{II}(OH_2)_5]^{4+} \quad (19.1)$$

$$[(H_3N)_5Co^{III}—Cl—Cr^{II}(OH_2)_5]^{4+}$$
$$\longrightarrow [(H_3N)_5Co^{II}—Cl—Cr^{III}(OH_2)_5]^{4+} \quad (19.2)$$

$$[(H_3N)_5Co^{II}—Cl—Cr^{III}(OH_2)_5]^{4+} + 5H_3O^+$$
$$\longrightarrow [Co(OH_2)_6]^{2+} + [CrCl(OH_2)_5]^{2+} + 5NH_4^+ \quad (19.3)$$

順に説明を加えると次のようになる.

① 式 (19.1) において $[CoCl(NH_3)_5]^{2+}$ は置換不活性であること，また，結合している Cl^- は相手に供与してもよい非共有電子対をもっていることから，この錯体全体を一つの大きな配位子と見なすことができる．一方，$[Cr(OH_2)_6]^{2+}$ は置換活性であるから，配位子である $[CoCl(NH_3)_5]^{2+}$ と簡単に結合して $[(H_3N)_5Co^{III}—Cl—Cr^{II}(OH_2)_5]^{4+}$ の錯体を形成することができる．

② 式 (19.2) のように，Cl^- のような橋渡しができると，これを通して電子が $Cr(II)$ から $Co(III)$ へ移動して $[(H_3N)_5Co^{II}—Cl—Cr^{III}(OH_2)_5]^{4+}$ が形成される．

③ 式 (19.3) のように，ところが $Co(II)$ は置換活性に，$Cr(III)$ は置換不活性に変化したために $Co(II)$ と Cl^- の結合は弱くなり，$Cr(III)$ との結合が強くなる．その結果，Cl^- は $Co(II)$ から外れ，$Cr(III)$ のほうに残ることになる．また $Co(II)$ は置換活性であるので，大量に存在する水分子によって NH_3 が置換されることになる．

以上の ② で述べた Cl^- のように架橋できる配位子〔これを**架橋配位子**（bridged ligand）という〕が存在する場合，その配位子を通して電子移動が行われる反応機構を**内圏型反応機構**（inner-sphere reaction mechanism）という．架橋配位子としてはハロゲン化物イオン，シアン化物イオン，酢酸イオン，チオシアン酸イオンなどが知られている．

例題 $[Co(CN)(NH_3)_5]^{2+}$ に $[Cr(OH_2)_6]^{2+}$ を反応させた場合に生成する錯体は何か.

解答 $[Co(OH_2)_6]^{2+}$ と $[Cr(OH_2)_5(NC)]^{2+}$ である. 後者は連結異性体である $[Cr(CN)(OH_2)_5]^{2+}$ に次第に変化する. ◆

19.2.2 外圏型反応機構

前項で述べた内圏型反応機構に対して，架橋配位子があっても酸化剤，

還元剤がともに置換不活性であったり，架橋配位子をもっていない場合の電子移動反応は**外圏型反応機構**（outer-sphere reaction mechanism）で進む．たとえば次の反応

$$[Fe(CN)_6]^{4-} + [Fe(CN)_6]^{3-} \longrightarrow [Fe(CN)_6]^{3-} + [Fe(CN)_6]^{4-}$$

は外圏型で進行することが知られている．この反応の前後で成分の変化はないわけであるが，実は電子移動が起こっている．その実験方法は，たとえば反応前の $[Fe(CN)_6]^{4-}$ に放射性同位体の鉄を使う方法であり，十分に反応が進行したときに $[Fe(CN)_6]^{3-}$ のほうに放射性を認めることができれば，この反応が進行したと結論できる．

学習のキーワード

□ 配位子置換反応　□ 置換活性　□ 置換不活性　□ 第一配位圏　□ 第二配位圏　□ 解離機構(D機構)　□ 会合機構(A機構)　□ 交替機構(I機構)　□ 解離的交替機構(I_d機構)　□ 会合的交替機構(I_a機構)　□ アクア化反応　□ アネーション反応　□ トランス効果　□ 電子移動反応　□ 内圏型反応機構　□ 外圏型反応機構　□ 架橋配位子

――― 章末問題 ―――

19.1 $[PtCl_4]^{2-}$ に NO_2^- を加え，ついで NH_3 を加えたときに生成する錯体を予想せよ．

19.2 塩化クロム(III) から $[Cr(NH_3)_6]^{3+}$ を合成する方法の概略を述べよ．

19.3 $[Co(NH_3)_5(SCN)]^{2+}$ と $[Cr(OH_2)_6]^{2+}$ を反応させた場合に生成するクロム錯体の化学式を書け．

19.4 $[Cr(OH_2)_6]^{2+}$ と $[CrCl(OH_2)_5]^{2+}$ を反応させたとき，得られる錯体を化学式で記せ．

Chapter 20 有機金属錯体

■ この章の目標 ■

これまで述べた錯体の結合では，配位子からの非共有電子対が中心金属イオンの空軌道に供与されていたが，この章では，中心金属イオンの電子が配位子の空軌道へ供与される逆供与について述べることにする．これまでの錯体は**ウェルナー錯体**（Werner complex）と呼ばれ，これから述べる錯体は**非ウェルナー錯体**（non-Werner complex）と呼ばれることがある．

20.1 金属カルボニル錯体

50 ℃でニッケル金属粉末に一酸化炭素を通気すると，次の反応でテトラカルボニルニッケル(0)錯体 $[Ni(CO)_4]$ が生成する．

$$Ni + 4\,CO \rightleftharpoons [Ni(CO)_4]$$

$[Ni(CO)_4]$ は沸点 47 ℃の猛毒液体であるが，130 ℃以上では分解して金属ニッケルが再生する．これはモンド（Mond）によって 1890 年に見いだされたもので，高純度ニッケルの製造に用いられる．その後，$[Cr(CO)_6]$，$[Fe(CO)_5]$，$[Mn_2(CO)_{10}]$ など，多くの種類の**金属カルボニル錯体**（carbonyl complex）が合成された．

金属カルボニル錯体について，次のことが知られている．

> 金属カルボニル錯体は $[V(CO)_6]$ を除き，**18 電子則**（eighteen electron rule）が成立したとき安定な錯体を生成する．

では上述の四種の錯体について，18 電子則が成り立つかどうか調べてみることにする．

まず $[Ni(CO)_4]$ の場合，ニッケル原子は $3d^8 4s^2$ であるから10個の外殻電子をもっている．四つの CO から計 8 電子が供給されるので，合計 18 電子が結合に関係することになる．$[Cr(CO)_6]$ の場合もクロム原子から 6 電子が，六つの CO から 12 電子が供給されるので合計 18 電子となり，18 電子則を満たす．一方，ペンタカルボニルマンガン(0)錯体 $[Mn(CO)_5]$ は不安定である．Mn からの 7 個の外殻電子と，5 個の CO からの 10 個の電子の合計は 17 個であり，1 個の電子が不足している．そこで $[Mn_2(CO)_{10}]$ のように二核錯体をつくることで 18 電子則を満たして安定化している．すなわち一方の Mn について計算すると，7 個の外殻電子と，5 個の CO からの 10 電子，そして Mn—Mn 結合のもう一つの Mn からの 1 個の電子を使って，18 電子則を満たすようになる．

$[Ni(CO)_4]$ の正四面体構造を図 20.1 に示す．一酸化炭素は炭素原子が配位原子となっていて，Ni—C—O は直線状の結合をもっている．

図 20.1　$[Ni(CO)_4]$ の構造

例題　$[Fe(CO)_5]$ と $[Co(CO)_4]$ を比較したとき，安定な錯体はどちらか．

解答　$[Fe(CO)_5]$ の場合，Fe(0) から $3d^6$ と $4s^2$ の 8 電子と，5 個の CO からの 10 電子の合計 18 電子が結合に関与する．一方，$[Co(CO)_4]$ では Co(0) から $3d^7$ と $4s^2$ の 9 電子と，4 個の CO からの 8 電子の合計 17 電子が結合に関与する．したがって 18 電子則から $[Fe(CO)_5]$ が安定であると推定される．　◆

20.2　オレフィン錯体

1827 年，ツァイゼ (Zeise) は K_2PtCl_6 にいろいろな還元剤を作用させる実験を行っていたところ，$KPtCl_3C_2H_4$ の組成をもつ淡黄色の針状結晶，すなわち**ツァイゼ塩** (Zeise salt) を得た．その後，この化合物は K_2PtCl_4 の水溶液にエチレンガス C_2H_4 そのものを通気するだけで得られることがわかった．この化合物の錯体の化学式は $K[Pt(\eta^2-C_2H_4)Cl_3]$ で，名称はトリクロリド(η^2-エテン)白金(II)酸カリウムであり，1952 年，その構造が明らかにされた．図 20.2 に示すように，白金(II) は 4 配位平面四角形構造をとっていて，3 個の Cl^- と 1 分子の C_2H_4 が配位している．エチレンは C=C の中点が平面四角形の頂点を占め，エチレンの平面は Pt を向いている．

このようにオレフィンが金属原子に結合した錯体を**オレフィン錯体** (olefin complex) と呼ぶ．

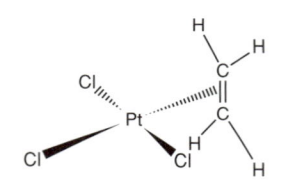

図 20.2　$[Pt(\eta^2\text{-}C_2H_4)Cl_3]^-$ の構造

20.3 逆供与

金属カルボニル錯体やオレフィン錯体はかなり安定な錯体である．この安定性を説明するには通常の配位，すなわち**配位子から中心金属の空軌道への電子対供与**だけでは不十分であり，**中心金属原子から配位子の空軌道への逆供与**[†]を加えた二重結合を考える必要がある．

[†] 逆供与（back donation）は逆配位ともいう．

図 20.3 にヘキサカルボニルクロム(0)，すなわち $[Cr(CO)_6]$ を示す．この錯体は反磁性であるため，$3d^6$ の低スピン型であると考えられる．そのため d_{xy}, d_{yz}, d_{zx} 軌道は 6 個の電子で充填されている．一方，配位子である CO には空の反結合性 π 軌道である $π^*$ が存在している．そのため d_{xy}, d_{yz}, d_{zx} 軌道は $π^*$ 軌道と重なることができ，Cr から CO への電子対供与，つまり逆供与が行われる．CO の炭素原子には非共有電子対があり，これは Cr の空軌道である $d_{x^2-y^2}$, d_{z^2} 軌道へ供与されて通常の配位結合が行われるので，逆供与と合わせて二重結合が完成する．

図 20.4 に，エチレンが配位した $[Pt(η^2\text{-}C_2H_4)Cl_3]^-$ を示す．エチレンには電子が充填されている π 軌道と空の $π^*$ 軌道がある．π 軌道の電子対は白金(II)の空の $d_{x^2-y^2}$ 軌道へ供与される一方，白金(II)の d_{xy} 電子

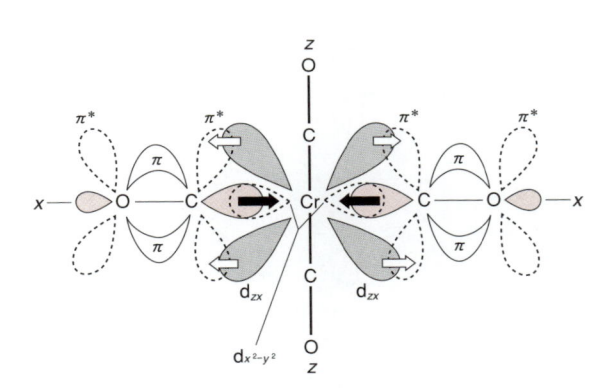

図 20.3 $[Cr(CO)_6]$ に見られる配位結合の様子
黒の矢印が通常の配位で，白の矢印が逆供与である．

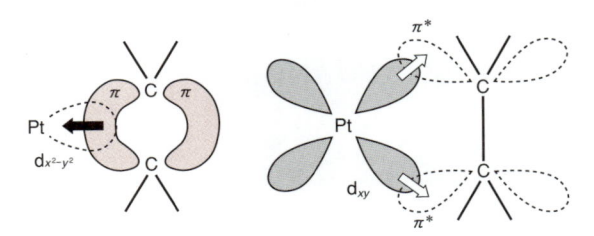

図 20.4 $[Pt(η^2\text{-}C_2H_4)Cl_3]^-$ に見られる配位結合の様子
黒と白の矢印の意味は図 20.3 と同じ．

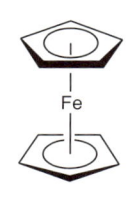

図 20.5　フェロセン [$Fe(C_5H_5)_2$] の構造

対がエチレンの空の $π^*$ 軌道へ逆供与されることで，錯体の二重結合が完成している．

これ以外には，図 20.5 に示す**フェロセン**（ferrocene）がよく知られた有機金属錯体であるが，これにも逆供与が見られる．

現在では，数多くの非ウェルナー錯体が合成されている．非ウェルナー錯体には，明らかに逆供与が見られる．通常の配位結合に加えて逆供与をつくり，中心金属原子と配位子の間に二重結合を生じている．このような錯体を形成する条件として，中心金属原子の酸化数が 0 か低酸化数であることがあげられる．**酸化数が低いことで，d 軌道の電子が金属原子核からより遠いところに広がることができ，配位子の空の軌道に電子対を供与できるようになるから**である．なお HSAB によれば，**非ウェルナー錯体は軟らかい酸と軟らかい塩基の結合によって生成している**ことに気がつくであろう．表 4.2 で見たように，金属原子は軟らかい酸であり，CO や C_2H_4 は軟らかい塩基に分類されているので，HSAB 則から予想されるように安定な錯体を形成することになる．

学習のキーワード

☐ ウェルナー錯体　　☐ 非ウェルナー錯体　　☐ 金属カルボニル錯体　　☐ 18 電子則　　☐ ツァイゼ塩　　☐ オレフィン錯体　　☐ 逆供与（逆配位）　　☐ フェロセン

──────── 章末問題 ────────

20.1　金属と一酸化炭素のみからなる単核錯体（金属が 1 個）の化学式を，金属がクロム，鉄，ニッケルの場合について記せ．

20.2　[$Co_2(CO)_x$] の x はいくらか．ただし二つの Co どうしは直接結合している．

Appendix A 有効数字

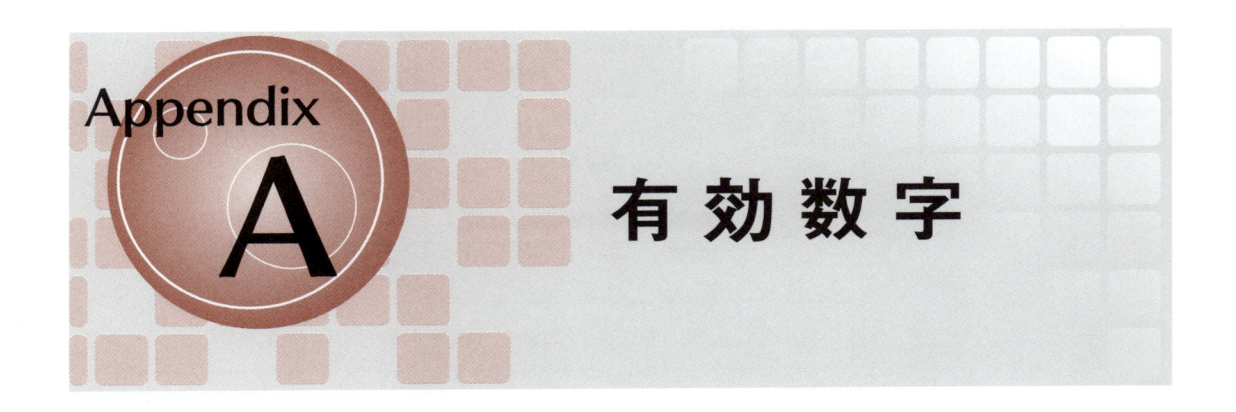

A.1 物理量と測定値

　物理量（physical quantity）とは質量，長さ，体積，圧力など，客観的に測定できる量のことである．一般に，**物理量は数値と単位の積で表される**．
　測定値（measured value）とは，人為的な測定によって求められる物理量の数値のことである．測定値には必ず誤差が含まれる．それがどの程度であるかは測定器具の精度に支配される．同じ量を測定していても使用する器具によって測定値の精度は違ってくる．

問 読者自身についての物理量にはどのようなものがあるか．10個あげよ．また，それらは一般に何を用いて測定されるか．

A.2 有効数字と絶対数

　有効数字（effective digit）とは数値の精度に関する表現のことで，最小桁で示す場合と，全桁数で示す場合がある．最小桁で示す場合は"小数第●位まで有効"と表現する．数値が整数の場合は"一の位まで有効"と表現する．たとえば9.876 cm^3 は小数第三位まで有効である．最小桁は測定器具の性能によって決まる．一方，全桁数で示す場合は"有効数字●桁"あるいは"●桁が有効"と表現する．たとえば9.87 cm^3 は有効数字3桁である．全桁数は測定器具の性能と試料の量によって決まる．
　測定値を表現するときには，その有効数字の桁数もあわせて表現すべきである．
　ものさしの読みなど，肉眼で目盛を読んで測定する場合には最小目盛の1/10までを読み，最後の桁すなわち最小目盛の1/10までを有効数字

とする．有効数字の最小の桁には誤差が含まれている．

> **例題** 図 A.1 に示す赤い棒の長さを，図のように最小目盛 1 cm のものさしで測った．測定値と，その有効数字を答えよ．
>
> 図 A.1　長さの測定
>
> **解答** 人によって目盛の読みは異なるはずであるが，この場合は，たとえば 12.3 cm，あるいは 12.4 cm となるであろう．この場合，有効数字 3 桁，あるいは小数第一位まで有効である．仮に，ある人が〝12.3 cm〟というとき，それは，12.25 cm より長く 12.35 cm 未満の長さである，という意味をもつ†．　◆

† A.4 節の〝数値の丸め方〟を参照のこと．

一方，有効数字に左右されない数値，たとえば〝1 ダースが 12 個である〟という場合の 12 や〝1 cm は 10 mm である〟という場合の 10 などは **絶対数**（absolute number）と呼ばれ，有効数字の全桁数が無限であると見なす．三角形の面積の計算に現れる

　　（底辺）×（高さ）÷ 2

の 2 も絶対数である．また，べき乗を表す〝10^3〟などの数も絶対数である．

A.3　有効数字の全桁数の数え方と表し方

有効数字の全桁数は，次の ①〜⑥ に従って数え，表現する．
① 1 から 9 の数字はすべて有効数字となる．
② 0 以外の数字ではさまれた 0 は，有効数字となる．
　〔例〕1005（有効数字 4 桁）　　20.04（有効数字 4 桁）
③ 数値が整数の場合，一の位から続く 0 は有効数字にならない．
　〔例〕25000（有効数字 2 桁）
④ 数値が 1 未満の場合，一の位から小数点以下に続く 0 は有効数字にならない．
　〔例〕0.00012（有効数字 2 桁）
⑤ 数値が 1 以上の場合，小数点以下の 0 は有効数字となる．
　〔例〕1.0000（有効数字 5 桁）　　1.0（有効数字 2 桁）

⑥ 0以外の数字から小数点以下まで続く0は有効数字となる．
〔例〕0.02000（有効数字4桁．"2000"の部分が有効である）
10.00（有効数字4桁）

たとえば，2000という数値を有効数字4桁で表現したい場合，2.000×10^3 と表せばよい．

問 次の数値について，有効数字の全桁数を答えよ．
(a) 458.7 (b) 0.004 (c) 1.704 (d) 0.27650
(e) 0.0056 (f) 10500

A.4 数値の丸め方

数値を小数第 n 位に丸めようとするとき，基本的には小数第 $(n+1)$ 位の数字によって四捨五入する．しかし小数第 $(n+1)$ 位の数字が5である場合には，切り捨てと切り上げの割合を均等にするために，小数第 $(n+1)$ 位以下の数値を見て判断する方法が，以下の①〜③のようにJISで定められている†．

① 小数第 $(n+1)$ 位の数字が5以外のときは，通常の四捨五入をする．
② 小数第 $(n+1)$ 位の数字が5のとき，小数第 $(n+2)$ 位以下の数値が明らかに0でなければ通常の四捨五入により切り上げる．
③ 小数第 $(n+1)$ 位の数字が5で，小数第 $(n+2)$ 位以下の数値が不明なとき，あるいは0であるときは次の判断による．
　(a) 小数第 n 位が偶数のとき，切り捨てる．
　(b) 小数第 n 位が奇数のとき，切り上げる．
すなわち，この場合には，小数第 n 位は常に偶数になる．

† 以下に記す方法は，小数点以下の桁だけでなく，一の位，十の位，……に関しても適用できる．仮に元の数値が小数でなくても（たとえば12500などの場合でも），べき乗の表し方を用いて 1.25×10^4 などと表せるからである．

問 以下の数値を有効数字3桁に丸めよ†2．
(a) 32.25 (b) 32.35 (c) 32.351 (d) 2065
(e) 2055 (f) 20551

問 以下の数値が意味する範囲を不等号を用いて表せ．
(a) 1 (b) 1.0 (c) 10 (d) 100 (e) 1.00×10^2 (f) 2

†2 一つの計算の過程で，数値を丸めるのは最後の一度だけにとどめなくてはならない．たとえば13.451を有効数字2桁に丸める場合には13とする．これを 13.451 → 13.5 → 14 としてはならない．

A.5 測定値の加減算

加減算の場合のルールは，次のようにまとめられる．

> 測定値の加減算を行う場合，計算結果の有効数字の最小桁は，計算に用いた数値のうち最も高い桁に規定される．

たとえば 54 g の水に 57.23 g の水を加えたときの質量を求める場合，54 の最小桁は一の位，57.23 の最小桁は小数第二位なので，その和の有効数字の最小桁は一の位となる．すなわち，電卓で計算すれば

$$54 \text{ g} + 57.23 \text{ g} = 111.23 \text{ g}$$

という答えが得られるが，有効数字を考慮するならば，和が一の位までの数値で表されるように，小数第一位を丸めて 111 g としなくてはならない．

このように加算を行う場合には，計算に用いた数値の有効数字の全桁数よりも，和の数値のそれのほうが多くなることがある．

一方，たとえば 253.86 g の水溶液から 212 g を使用したあとの，残りの水溶液の質量を計算する場合，電卓で計算すれば

$$253.86 \text{ g} - 212 \text{ g} = 41.86 \text{ g}$$

という答えが得られるが，差は有効数字の最小桁の高いほう，すなわち一の位の数値になるように，小数第一位を丸めて 42 g としなくてはならない．

この場合，差をとることによって有効数字の全桁数が減っていることに注意する必要がある．このことを**桁落ち**という．すべての計算を一気に行うと，桁落ちに気がつかないことがある．

重要なことは，**まずはとにかく数値どおり計算しておいて**，**最後に有効数字の桁を考慮して数値を丸める**ことである．

問 次の計算をせよ．
　(a) 25 + 1.278 + 5.45　　(b) 19.5 − 1.286 + 10

A.6　測定値の乗除算

乗除算の場合のルールは，次のようにまとめられる．

> 測定値の乗除算を行う場合，計算結果の有効数字の全桁数は，計算に用いた数値のうちで最も少ない全桁数に規定される．

たとえば底辺が 12.522 cm，高さが 7.4 cm の長方形の面積を求める場合，12.522 の全桁数は 5 で，7.4 の全桁数は 2 であるから，答えの有効数字の全桁数は 2 になる．

すなわち，電卓で計算すれば積は 92.6628 となるが，有効数字の全桁数は 2 であるから，小数第一位を丸めて，正しい答えの表現は 93 cm^2 となる．

問 次の計算をせよ．
(a) 5.015×3（ただし 3 は絶対数）　　(b) 5.015×3
(c) 10×1.25　　(d) $1.00 \times 10^1 \times 1.25$

A.7　計算に必要な定数の桁

乗除算において使用する定数は，精度を落とさないように十分な桁数を準備する．測定値に 3 桁の精度があるなら，分子量や気体定数なども最低 3 桁が必要であるが，4 桁を用意することが望ましい．たとえば気体定数 R を用いる測定値の計算において $R = 8.3$ J/K·mol を使用すると，測定値の有効数字が 3 桁以上あったとしても，計算結果の有効数字は 2 桁になってしまう．

π や e などの無理数を使用するときは，計算途中ではできるだけ記号のまま使い，最終結果を求めるときに数値を代入するとよい．

演習問題

A.1 電卓を使って左辺の計算をしたところ，右辺の結果が表示された．有効数字を考慮して答えを示せ．
(a) $5.3 - 0.2384 = 5.0616$　　(b) $85.67 + 0.2 = 85.87$　　(c) $3.455 + 65.345 = 68.8$
(d) $8.3504 \times 135.0 = 1127.304$　　(e) $0.0125 \div 0.009467 = 1.320376043$
(f) $125 \div 0.009467 = 13203.76043$

A.2 次の問いに答えよ．
(a) 1.2348 を有効数字 3 桁に丸めよ．　　(b) 7.3887 を小数第一位までに丸めよ．
(c) 5.32528 を有効数字 3 桁に丸めよ．　　(d) 7.3501 を小数第一位までに丸めよ．
(e) 0.105 を有効数字 2 桁に丸めよ．　　(f) 7.450 を小数第一位までに丸めよ．
(g) 6.35 を有効数字 2 桁に丸めよ．

Appendix B 濃度の表し方と慣例的な単位

B.1 濃度の表し方

溶液の濃度の表現にはいくつか種類がある．ここでは質量パーセント濃度，モル濃度（容量モル濃度），質量モル濃度について述べる．

(1) 質量パーセント濃度

質量パーセント濃度は，溶液の質量に対する溶質の質量の割合を百分率で表した濃度である．

$$[質量パーセント濃度(\%)] = \frac{[溶質の質量(kg)]}{[溶液の質量(kg)]} \times 100$$

(2) モル濃度（容量モル濃度）

モル濃度（とくに容量モル濃度ともいう）は，溶液 $1\,\mathrm{dm}^3$ 中に溶解している溶質の量を物質量[†]で表した濃度であり，単位は $\mathrm{mol/dm}^3$ である．

$$[モル濃度(\mathrm{mol/dm}^3)] = \frac{[溶質の物質量(\mathrm{mol})]}{[溶液の体積(\mathrm{dm}^3)]}$$

なおモル濃度の単位として M（"モーラー"と読む）が慣例的に用いられるが，M は SI 単位ではないのでそのまま断りなく用いてはならない．必ず "M は $\mathrm{mol/dm}^3$ の意味である" ということを断る必要がある．

また B.2 節であらためて述べるように，リットル（l）という単位は SI 単位ではない．正しくは dm^3（立方デシメートル）と表現される．

(3) 質量モル濃度

質量モル濃度は，溶媒 $1\,\mathrm{kg}$ に溶解している溶質の量を物質量で表した濃度であり，単位は $\mathrm{mol/kg}$ である．

[†] よく "モル数" という言葉を耳にすることがあるが，物質量を "モル数" と表現することは誤りである．人の身長や体重を "メートル数" や "キログラム数" といわないことと同じである．正しくは "物質量" といい，その単位を "モル" で表現するのである．"この物質量はいくら？" ときかれたときに，質問を理解できるようにしておくこと．

また化学式量という術語もある．これは化合物の組成を化学式で表したとき，そのなかに含まれる原子の原子量の総和のことで，単に式量ともいう．分子性化合物の式量は分子量とも呼ばれる．しかし，室温における NaCl のような結晶性化合物に対しては，分子量という術語を用いることはできない．

$$[質量モル濃度(\mathrm{mol/kg})] = \frac{[溶質の物質量(\mathrm{mol})]}{[溶媒の質量(\mathrm{kg})]}$$

このほかにも重量百万分率（ppm. parts per million の略）という単位（SI 単位ではない）も，慣例的に用いられる．溶液 1 kg に溶質が 1 mg 含まれるとき，その濃度が 1 ppm ということになる．

B.2 慣例的な単位に関する注意

原則的に，物理量は SI 単位で表さなくてはならない．以下に，よく用いられる慣例的な単位と SI 単位についての注意を物理量ごとにまとめておく．

① 体積および容積：リットル（l）ではなく，SI 単位である立方デシメートル（dm^3）で表す．
② 長さ：SI 単位であるメートル（m）を基本として用いる．1 オングストローム（Å）は 0.1 nm または 100 pm のように表す．
③ 温度：摂氏（℃）ではなく，SI 単位である絶対温度ケルビン（K）で表す．両者の関係は 0 ℃ = 273.16 K である．
④ 圧力：気圧（atm）ではなく，SI 単位であるパスカル（Pa）で表す．なお Torr や mmHg などの単位も SI 単位ではない．1 atm は 1.01325×10^5 Pa．
⑤ 時間：SI 単位である秒（s）で表す．1 時間や 1 日を表す 1 h, 1 d なども断りなしに用いてはならない．なお 1 h = 3.6 ks である．
⑥ エネルギー：カロリー（cal）ではなく，SI 単位であるジュール（J）で表す．

B.3 水素イオン濃度と pH

pH は水溶液中の水素イオン濃度 $[H^+]$ の逆数の対数で定義される．

$$\mathrm{pH} = \log \frac{1}{[H^+]} = -\log [H^+] \qquad ([H^+] の単位は \mathrm{mol/dm^3})$$

また，水のイオン積 K_w は次のように表されるので，$[OH^-]$ の値から $[H^+]$ を求めて塩基の pH に換算できる．

$$K_w = [H^+][OH^-] = 1.0 \times 10^{-14} \, (\mathrm{mol/dm^3})^2$$

演習問題

B.1 有効数字に注意しながら，以下の問いに答えよ．

(a) 塩 25.0 g を水 1.00×10^2 g に溶かした溶液の質量パーセント濃度を求めよ．

(b) グルコース $C_6H_{12}O_6$（分子量 180）0.63 g を水に溶かして 25 cm^3 にした溶液のモル濃度を求めよ．

(c) 市販の濃塩酸（質量パーセント濃度 37.2%，密度 1.190 g/cm^3）を用いて 3.00 mol/dm^3 の希塩酸を 5.00×10^2 cm^3 だけつくるには，濃塩酸を何 cm^3 とればよいか．

(d) 市販の濃硝酸の質量パーセント濃度はおおよそ 65% であり，密度は 1.38 g/cm^3 である．この硝酸の容量モル濃度を求めよ．

(e) 市販の 28% アンモニア水（密度 0.90 g/cm^3）の容量モル濃度を求めよ．

(f) 純水に含まれる水の容量モル濃度を，有効数字 3 桁で示せ．

B.2 有効数字に注意しながら，次の溶液の pH を求めよ．

(a) 0.0052 mol/dm^3 の H_2SO_4 水溶液．

(b) 0.0025 mol/dm^3 の NaOH 水溶液．

(c) 0.010 mol/dm^3 の HCl 50.0 cm^3 に 0.0020 mol/dm^3 の NaOH を 10.0 cm^3 だけ加えた溶液．

(d) 5.0×10^{-3} mol/dm^3 の H_2SO_4 水溶液 5.0×10^1 cm^3 に 2.5×10^{-3} mol/dm^3 の希塩酸を 2.0×10^1 cm^3 だけ加えた溶液．

Appendix C 酸化数

C.1 酸化数とは

酸化数（oxidation number）という形式的な考え方は，化合物中に含まれるある原子の酸化状態を特徴づけるのに有効である．酸化数を決定する基本的な規則は次のとおりである．

① 遊離元素の酸化数は0である．
② 単原子イオンの元素の酸化数はイオンの価数に等しい．したがって，酸化物イオン O^{2-} 中の酸素の酸化数は -2 である．また Al^{3+} のアルミニウムの酸化数は $+3$ である．
③ 分子または多原子イオンにおいては，基本的には酸素に -2，水素に $+1$，17族元素（F, Cl, Br, I）に -1，1族元素（Li, Na, K, Rb, Cs）に $+1$，2族元素（Be, Mg, Ca, Sr, Ba）に $+2$ をそれぞれ割り当て，これら以外の元素には，全原子の酸化数の合計が分子または多原子イオンの価数と等しくなるように酸化数を割り当てる．

元素の酸化数を表すときには，その元素記号の右肩にローマ数字で書いて添える．たとえば $Cl^{VII}O_4^-$ などのように表す．

C.2 酸化数の決め方

上に述べたルールだけでは酸化数が決められない，あるいは決めにくい場合がある．そのような場合について，以下にまとめておく．

① H_2O_2
 この場合，酸素原子Oには酸化数 -1 を割り当てる．
② $S_2O_3^{2-}$
 このイオンの構造を平面的に表すと，図C.1のようになる．このとき

図 C.1

末端のSは同種元素（中央のS）としか結合していないので，その酸化数は0である．中央のSは3個のOと結合していて，イオン全体の価数が−2であることから，この酸化数をxとおくと

$$x + (-2) \times 3 = -2$$

が成り立つ．これより$x = +4$となる．

③ S_2F_2

この分子は図C.2のような形をしている．末端のSの酸化数は0，中央のSの酸化数は+2である．この化学式を"SF"のようにしてしまうと，正しい酸化数を知ることができない．

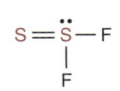

図C.2

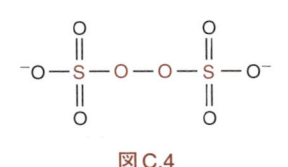

④ Fe_3O_4

この物質の化学式を$FeO \cdot Fe_2O_3$と書き直せば，2個のFe原子の酸化数が+3，1個のFe原子の酸化数が+2であることがわかる．

⑤ $S_4O_6^{2-}$（テトラチオン酸イオン）

このイオンは図C.3のような構造をもつ．したがって中央の2個のSの酸化数は0，両端のOと結合したSの酸化数xは

$$2x + 0 \times 2 + (-2) \times 6 = -2$$

より$x = +5$である．このように分子やイオンの構造がわからないと，酸化数が決められない場合がある．

図C.3

⑥ LiH

アルカリ金属の水素化物の場合，アルカリ金属に+1，水素に−1の酸化数を与える．水素のほうが高い電気陰性度をもつからである．

⑦ $S_2O_8^{2-}$（ペルオキソ二硫酸イオン）

このイオンは図C.4のような構造をもつ．中央の2個の酸素 —O—O— は，過酸化水素と同じように2個で−2の酸化数をもつと見なすと，このイオンの化学的性質（高い酸化力など）と矛盾しない．Sは+6の酸化数をもつ〔②と⑤と同様にして$2x + (-2) \times 1 + (-2) \times 6 = -2$の関係を利用する〕．

図C.4

問 次の酸化還元反応において，各原子の酸化数はどのように変化したか．また反応の前後で酸化数の増減がつりあっていることを確認せよ．

(a) $I_2 + 2 S_2O_3^{2-} \longrightarrow S_4O_6^{2-} + 2 I^-$

(b) $4 ClO^- + S_2O_3^{2-} + 2 OH^- \longrightarrow 2 SO_4^{2-} + 4 Cl^- + H_2O$

(c) $NaH + H_2O \longrightarrow NaOH + H_2$

演習問題

C.1 次の分子およびイオンに含まれる窒素 N の酸化数を求め，酸化数の小さいほうから順に並べよ．
(a) NO　(b) NH_4^+　(c) NO_2　(d) N_2O_5　(e) N_2　(f) N_2O　(g) NO_3^-
(h) N_2O_4　(i) N_2H_4　(j) NO_2^-

C.2 次の化合物およびイオンに含まれるマンガン Mn の酸化数を示せ．
(a) $MnCl_2$　(b) MnF_3　(c) Mn_2O_7　(d) MnO_3F　(e) $[Mn(OH_2)_6]^{2+}$

C.3 次の化合物およびイオンに含まれる硫黄 S の酸化数を示せ．
(a) SF_6　(b) SCl_4　(c) S_2Cl_2　(d) H_2S　(e) $Na_2S_2O_3$　(f) $S_4O_6^{2-}$
(g) $SOCl_2$

C.4 次の化合物およびイオンについて，赤色で示した原子の酸化数を求めよ．
(a) HClO　(b) $KClO_4$　(c) $NaClO_3$　(d) ClO_2^-　(e) H_2O_2　(f) NaH
(g) CO_2　(h) CO　(i) FeO　(j) Fe_2O_3　(k) Fe_3O_4　(l) $CoCl_2$
(m) $Co(CH_3COO)_3$　(n) CoO_2

Appendix D 無機化合物の命名法

D.1 命名法について

おおまかにいえば，錯体以外の比較的単純な無機化合物は"●●化▲▲"または"●●酸▲▲"という化合物名になっている[†]．"●●化▲▲"で表される物質群は"●●化物"と呼ばれ，"●●酸▲▲"で表される物質群は"●●酸塩"と呼ばれる．これらは，それぞれ"●●化物イオン"（陰イオン）と"▲▲イオン"（陽イオン）との塩，および"●●酸イオン"（陰イオン）と"▲▲イオン"（陽イオン）との塩である．酸素酸と塩基との塩と見なされる化合物は"●●酸塩"，それ以外の化合物は"●●化物"である．

化合物名は国際純正・応用化学連合（IUPAC）のルールに準じるが，必ずしもそれに従わない慣用名が用いられることもある．たとえばNH_3のIUPAC名はazane（アザン）であるが，この名称はまだ一般的ではない．

[†] 錯体の命名法については別に14.7節で述べた．

D.2 イオンの名称

イオンの名称のつけ方は，次のようなルールに従う．

① 価数の変化しない陽イオンの名称："元素名＋イオン"というかたちになる．

〔例〕 Na^+　ナトリウムイオン　　　Mg^{2+}　マグネシウムイオン
　　　Cl^+　塩素イオン

② 価数が変化しうる陽イオンの名称："元素名＋（酸化数）＋イオン"というかたちになる[†2]．

〔例〕 Fe^{2+}　鉄(II)イオン　　　Fe^{3+}　鉄(III)イオン
　　　Sn^{2+}　スズ(II)イオン　　Sn^{4+}　スズ(IV)イオン

[†2] 以前は例に示したFe^{2+}とFe^{3+}をそれぞれ第一鉄イオン，第二鉄イオンと呼んでいた．しかし元素によって"第一"などといった場合の価数が異なるために，現在ではそのような呼び方はされない．

③ 原子団の陽イオンの名称：固有の名称がある．
　　〔例〕　O_2^+　　二酸素(・1+)イオン
　　　　　　NH_4^+　　アンモニウムイオン
　　　　　　PH_4^+　　ホスホニウムイオン

④ 元素の陰イオンの名称："●●化物イオン"というかたちになる．
　　〔例〕　Cl^-　塩化物イオン　　　H^-　水素化物イオン
　　　　　　F^-　フッ化物イオン　　　S^{2-}　硫化物イオン
　　　　　　Se^{2-}　セレン化物イオン　　O^{2-}　酸化物イオン

⑤ 原子団の陰イオンの名称："●●化物イオン"というかたちになる．
　　〔例〕　CN^-　シアン化物イオン　　　N_3^-　アジ化物イオン
　　　　　　O_2^-　超酸化物イオン　　　　O_2^{2-}　過酸化物イオン
　　　　　　OH^-　水酸化物イオン

⑥ 酸素酸をつくると見なされる原子団のイオンの名称："▲▲酸イオン"というかたちになる．
　　〔例〕　SO_4^{2-}　硫酸イオン　　　　SO_3^{2-}　亜硫酸イオン
　　　　　　$S_2O_3^{2-}$　チオ硫酸イオン　　　NO_3^-　硝酸イオン
　　　　　　NO_2^-　亜硝酸イオン　　　ClO_3^-　塩素酸イオン
　　　　　　ClO_4^-　過塩素酸イオン　　　ClO_2^-　亜塩素酸イオン
　　　　　　ClO^-　次亜塩素酸イオン　　　OCN^-　シアン酸イオン
　　　　　　SCN^-　チオシアン酸イオン　　　PO_4^{3-}　リン酸イオン
　　　　　　HPO_4^{2-}　リン酸水素イオン
　　　　　　$H_2PO_4^-$　リン酸二水素イオン
　　　　　　CrO_4^{2-}　クロム酸イオン
　　　　　　$Cr_2O_7^{2-}$　二クロム酸イオン
　　　　　　MnO_4^-　過マンガン酸イオン
　　　　　　$C_2O_4^{2-}$　シュウ酸イオン

D.3　化合物の名称

化合物の名称は以下のルールに従ってつける．
① 日本語名では陰イオンを先に書く．陽イオンの酸化数が変わりうる場合は，酸化数も付記する．
　　〔例〕　$AgClO_4$　　過塩素酸銀
　　　　　　$Fe(OH)_3$　　水酸化鉄(III)〔この場合，三水酸化鉄(III)と書かなくてもよい〕

N_2O_5　五酸化二窒素〔この場合，五酸化二窒素(V) とする必要はない〕

N_2O　一酸化二窒素

② 陰イオンが複数種類，または陽イオンが複数種類あるときは，以下のようにする[†]．

化学式を書くときには，陽イオンを元素記号のアルファベット順に書いたあと，陰イオンを元素記号のアルファベット順に書く[†2]．

化合物の名称は，英語名と日本語名とでは構成の方式が異なる．英語名では，陽イオンの名称を頭文字のアルファベット順に書き，そのあとに陰イオンの名称を頭文字のアルファベット順に並べる．日本語名では，陰イオンの名称を英語名の語順に従って並べ，そのあとに陽イオンの名称を英語名の語順に従って並べる．すなわち英語名を決めてから日本語名が決まることになる．また化学式に現れる元素の順序と，化合物名に現れる元素の順序は必ずしも一致しない．

〔例〕　FeOOH　iron(III) hydroxide oxide　水酸化酸化鉄(III)

$CaMg(CO_3)_2$　calcium magnesium carbonate　炭酸カルシウムマグネシウム

Fe_3O_4　iron(II) diiron(III) oxide　酸化鉄(II)二鉄(III)．または triiron tetraoxide　四酸化三鉄

$K(NH_4)_2PO_4$　diammonium potassium phosphate　リン酸二アンモニウムカリウム

$ZrCl_2O$　zirconium dichloride oxide　二塩化酸化ジルコニウム

Al_2O_3　aluminium oxide　酸化アルミニウム[†3]

③ 水和物は名称の最後に加える．化学式を書くときは〝・〞で区切る．

〔例〕　$CuSO_4 \cdot 5H_2O$　硫酸銅(II)五水和物

[†] 日本化学会化合物命名法委員会訳著，『無機化学命名法 — IUPAC 2005 年勧告 —』，東京化学同人 (2010).

[†2] 1 文字の元素記号は 2 文字の元素記号よりも前になる．たとえば B は Be よりも前になる．記号が同じならば単原子イオンは多原子イオンよりも前になる．たとえば O^{2-} は OH^- よりも前になる．多原子イオンは中心元素の記号による．たとえば NH_4 は N の部分に入り Ne の後になる．

[†3] 陽イオンや陰イオンの数を指定しなくてもわかる場合（ほかの可能性がない場合）には，それらを省略する場合がある．

------ 演習問題 ------

D.1　次の物質の化学式を記せ．
(a) 塩素酸アンモニウム　(b) リン酸マグネシウムカリウム　(c) 過マンガン酸銀
(d) クロム酸鉛(II)　(e) 炭酸鉄(II)　(f) 二硝酸酸化ジルコニウム
(g) アジ化ナトリウム

D.2　次の物質の日本語名を記せ．
(a) $TiOSO_4$　(b) Ag_2NaPO_4　(c) $CaC_2O_4 \cdot 2H_2O$　(d) SnF_2O　(e) LiH　(f) Na_2O_2
(g) KO_2

Appendix E 化学反応式の立て方

E.1 基本的な方法

実際の例を示しながら見ていくことにする.

> **例題** 次の化学反応式に正しい係数を入れよ.
> $$\mathrm{FeSO_4 + H_2SO_4 + O_2 \longrightarrow Fe_2(SO_4)_3 + H_2O}$$

解答 次の ① 〜 ④ の手順に従えばよい.

① 両辺の物質に $a, b, c, \cdots\cdots$ と係数をふる. すなわち, 以下のような式を考える.
$$a\,\mathrm{FeSO_4} + b\,\mathrm{H_2SO_4} + c\,\mathrm{O_2} \longrightarrow d\,\mathrm{Fe_2(SO_4)_3} + e\,\mathrm{H_2O}$$

② すべての元素について, 係数の一次方程式を立てる.

$\mathrm{Fe} : a = 2d$

$\mathrm{S} : a + b = 3d$

$\mathrm{O} : 4a + 4b + 2c = 12d + e$

$\mathrm{H} : 2b = 2e$

③ どの係数でもよいから値を 1 と仮定する. $12d$ という項があるので
$$d = 1$$
とすると
$$a = 2,\ b = 1,\ e = 1,\ c = \frac{1}{2}$$
となる.

④ 上で得られた値を整数にするために, 全部に 2 を掛ける. すると
$$4\,\mathrm{FeSO_4} + 2\,\mathrm{H_2SO_4} + \mathrm{O_2} \longrightarrow 2\,\mathrm{Fe_2(SO_4)_3} + 2\,\mathrm{H_2O}$$
となる. ◆

> **例題** 次の化学反応式を完成せよ．
> $$a\,\mathrm{Cr_2O_7^{2-}} + b\,\mathrm{H^+} + c\,\mathrm{I^-} \longrightarrow d\,\mathrm{Cr^{3+}} + e\,\mathrm{I_3^-} + f\,\mathrm{H_2O}$$

解答 ① 係数間の式を立てる．

$$\mathrm{Cr}: 2a = d, \quad \mathrm{O}: 7a = f, \quad \mathrm{H}: b = 2f, \quad \mathrm{I}: c = 3e \tag{E.1}$$

② 変数が六つなので，仮に一つの変数の値を仮定したとしても，式は5本にしかならないので，このままでは解けない．そこで，もう1本の式を用意する．

③ 上の②で述べた理由から，電荷についての
$$-2a + b - c = 3d - e \tag{E.2}$$
という式を立てる．これは，両辺の電荷の合計がつりあっているという意味である．

④ ここで
$$a = 1$$
という仮定の式を立てると解けるようになる．式 (E.1) から
$$f = 7, \quad b = 14, \quad d = 2$$
が得られるので，これらを式 (E.2) に代入すると
$$c = 9, \quad e = 3$$

⑤ よって完成された化学反応式は，以下のようになる．
$$\mathrm{Cr_2O_7^{2-}} + 14\,\mathrm{H^+} + 9\,\mathrm{I^-} \longrightarrow 2\,\mathrm{Cr^{3+}} + 3\,\mathrm{I_3^-} + 7\,\mathrm{H_2O}$$
両辺の電荷の総和が +3 で等しいことを確めよ． ◆

E.2 より複雑な場合の方法

次に，化学反応式そのものを考える必要がある場合について見ていく．同じように例題を通して考える．

> **例題** 酸性下，塩素酸イオンで鉄(II)イオンを酸化すると，塩素酸イオンは塩化物イオンに還元される．この反応の化学反応式を完成せよ．

解答 ① 塩素酸イオンが塩化物イオンに還元される部分だけを化学式を用いて表す．
$$\mathrm{ClO_3^-} \longrightarrow \mathrm{Cl^-}$$
ただし，このままでは左右の物質のつりあいがとれないので，次のようにする．

(a) $Cl^VO_3^-$ が Cl^- に変化する際に，Cl が 6 個の電子を受けとることを考慮し，左辺に 6 個の電子を加える．
$$ClO_3^- + 6\,e^- \longrightarrow Cl^-$$

(b) 上で加えた 6 個の負電荷を打ち消すように，左辺に 6 個の H^+ を加える．
$$ClO_3^- + 6\,H^+ + 6\,e^- \longrightarrow Cl^-$$

(c) 左辺の 6 個の H^+ と 3 個の O^{2-} は 3 個の H_2O に相当するから，右辺に $3\,H_2O$ を加える．
$$ClO_3^- + 6\,H^+ + 6\,e^- \longrightarrow Cl^- + 3\,H_2O \qquad (E.3)$$

② 鉄(II)イオンが鉄(III)イオンに酸化される反応は
$$Fe^{2+} \longrightarrow Fe^{3+} + e^- \qquad (E.4)$$
と表される．この式は両辺のつりあいがとれている．

③ 式 (E.3) では電子 6 個を必要とし，式 (E.4) では電子 1 個を放出している．よって電子数のつりあいがとれるように，式 (E.4) を 6 倍したものを式 (E.3) の辺々に加える．すると
$$ClO_3^- + 6\,H^+ + 6\,Fe^{2+} \longrightarrow Cl^- + 6\,Fe^{3+} + 3\,H_2O$$
という正しい反応式ができあがる．◆

演習問題

E.1 次の化学反応式を完成せよ．
 (a) $SO_2 + HNO_3 + H_2O \longrightarrow H_2SO_4 + NO$
 (b) $I_2 + HNO_3 \longrightarrow HIO_3 + NO_2 + H_2O$
 (c) $AsO_2^- + I_2 + OH^- \longrightarrow AsO_4^{3-} + I^- + H_2O$

E.2 次の物質を酸性下，二クロム酸イオン $Cr_2O_7^{2-}$ で酸化する反応の化学反応式を完成せよ．なお二クロム酸イオンはクロム(III)イオンに還元される．
 (a) CH_3OH（HCHO に酸化する）
 (b) SO_2（SO_4^{2-} に酸化する）
 (c) N_2H_4（N_2 に酸化する）

E.3 次の物質を酸性下，過マンガン酸イオン MnO_4^- で酸化する反応の化学反応式を完成せよ．なお過マンガン酸イオンはマンガン(II)イオンに還元される．
 (a) Fe^{2+}（Fe^{3+} に酸化する）
 (b) H_2O_2（O_2 に酸化する）
 (c) シュウ酸 $(COOH)_2$（CO_2 に酸化する）

E.4 次の化学反応式を完成せよ．
 (a) $a\,K_2Cr_2O_7 + b\,SnCl_2 + c\,H_2O \longrightarrow d\,SnO_2 + e\,CrCl_3 + f\,KOH$
 (b) $a\,HNO_3 + b\,Cu \longrightarrow c\,NO + d\,H_2O + e\,Cu(NO_3)_2$

E.5 Fe^{2+} が溶けているアルカリ性水溶液に O_2 を吹き込むと，O_2 は H_2O に還元され，Fe^{2+} が Fe^{3+} に酸化されると同時に Fe_3O_4 の沈殿ができる．この反応の化学反応式を示せ．

もっと学習するために

この本全体の内容に関して，より深い学習または補完的な学習をするために
1) G. L. Miessler, D. A. Tarr 著，『ミースラー・タール　無機化学Ⅰ・Ⅱ』（脇原將孝監訳），丸善（2003）．
2) 平尾一之，田中勝久，中平敦著，『無機化学 — その現代的アプローチ —』，東京化学同人（2002）．
3) 齋藤太郎著，『無機化学』，岩波書店（1996）．
4) 内田希ほか著，『無機化学』，朝倉書店（2000）．
5) 鈴木晋一郎，中尾安男，櫻井武著，『ベーシック無機化学』，化学同人（2004）．
6) 荻野博ほか著，『基本無機化学（第2版)』，東京化学同人（2006）．

典型元素に関するより深い学習のために
1) W. Henderson 著，『典型元素の化学』（三吉克彦訳），化学同人（2003）．
2) 曽根興三著，『酸化と還元』，培風館（1978）．

遷移金属錯体に関するより深い学習のために
1) F. Basolo, R. Johnson 著，『配位化学 — 金属錯体の化学 —』（山田祥一郎訳），化学同人（1966）．

演習書として
1) 齋藤太郎，井本英夫著，『無機化学演習』，岩波書店（2000）．
2) 竹田満洲雄ほか著，『無機・分析化学演習 — 大学院入試問題を中心に —』，東京化学同人（1998）．
3) 中原勝儼著，『無機化学演習』，東京化学同人（1985）．
4) 小倉興太郎著，『無機化学演習』，丸善（1993）．
5) 平尾一之ほか著，『演習無機化学 — 基本から大学院入試まで —』，東京化学同人（2005）．

本書を学習したあとで読むべき，化学関連領域の入門書として
1) 北野康著，『化学の目で見る地球の環境 — 空・水・土 —』，裳華房（1992）．
2) S. E. Dann 著，『固体化学の基礎』（田中勝久訳），化学同人（2003）．
3) 今井弘著，『生体関連元素の化学』，培風館（1997）．

章末問題の略解

第1章

1.1 $1s^2\,2s^2\,2p^6\,3s^2\,3p^6\,4s^2\,3d^{10}\,4p^6\,5s^2\,4d^{10}\,5p^6\,6s^2\,4f^{14}\,5d^{10}$.

1.2 (a) [Ar] $4s^2\,3d^{10}\,4p^1$, (b) [Ar] $3d^2$, (c) [Ar] $3d^6$, (d) [Ar] $3d^9$, (e) [Ar]. すなわち $1s^2\,2s^2\,2p^6\,3s^2\,3p^6$, (f) [Ne]. すなわち $1s^2\,2s^2\,2p^6$.

1.3 (a) $n = 1$, $l = 0$, (b) $n = 2$, $l = 0$, (c) $n = 2$, $l = 1$, (d) $n = 3$, $l = 2$, (e) $n = 4$, $l = 3$.

1.4 原子番号は $51 - 28 = 23$. よって元素記号はV, 電子配置は [Ar] $4s^2\,3d^3$.

第2章

2.1 (a) $Z = 16$. よって $16 - (0.35 \times 5 + 0.85 \times 8 + 1.00 \times 2) = 5.45$.
(b) $Z = 34$. よって $34 - (0.35 \times 7 + 0.85 \times 8 + 1.00 \times 2) = 22.75$.
(c) $Z = 52$. よって $52 - (0.35 \times 7 + 0.85 \times 8 + 1.00 \times 2) = 40.75$.

2.2 $Mg^{2+} < Na^+ < F^-$. これらのイオンはすべてNeと同じ電子配置になっており、そのサイズは2p電子の軌道の広がりによって決まる. 原子番号が大きいほど2p電子に対する有効核電荷が大きくなるので、イオンのサイズは小さくなる.

2.3 CとGa.

2.4 おおまかにいって周期表の右側ほど高く、下の周期になるほど低くなる.

2.5 偽である. イオン化エネルギーの値が正であるということは、イオン化に伴って吸熱が起こることを意味する.

2.6 ヨウ素のほうが塩素より電気陰性度が低いことを考慮する. 式 (2.7) から
$$96.49(\chi_{Cl} - \chi_I)^2 = 212 - (248 \times 153)^{1/2}$$
より
$$\chi_{Cl} - \chi_I = 0.42$$
したがって2.74と求まる. これは表2.4に示されている値とは若干異なっている.

2.7 (a) $BeCl_2$, (b) $ZnCl_2$, (c) CdI_2, (d) ZnS, (e) CaO.

2.9 Gaが大きい. GaからBrへ原子番号が増えるにつれて、4p軌道の電子に対する有効核電荷が増えていく. 有効核電荷が増えると、共有結合半径は小さくなるから.

第3章

3.1 原子軌道の重なりが大きいほど、結合性軌道のエネルギーはより低くなり、反結合性軌道のエネルギーはより高くなるため.

3.3 順に不対電子1個, 結合次数2.5. 不対電子0個, 結合次数3. 不対電子2個, 結合次数2.

第4章

4.1 一つは
$$Cu^{2+} + 2\,OH^- \longrightarrow Cu(OH)_2$$
で、これは青白色沈殿の生成である. 酸は Cu^{2+}, 塩基は OH^-. もう一つは
$$Cu(OH)_2 + 4\,NH_3 \longrightarrow [Cu(NH_3)_4]^{2+} + 2\,OH^-$$
で、これは藍色溶液への変化である. 酸は Cu^{2+}, 塩基は NH_3.

4.2 (a) H_3O^+, (b) Ca^{2+}, (c) F^-.

4.3 (a) $N^{3-} > O^{2-} > OH^-$ (負電荷が大きいほど

プロトンを引きつけやすい).
(b) $H_2PO_4^- > HSO_4^- > ClO_4^-$（強いブレンステッド酸の共役塩基は弱い).
(c) $H_2O > H_2S > H_2Se > H_2Te$（ブレンステッド酸の強さの順序は，この正反対となる).

4.4 表4.1より
$$NH_4^+ + H_2O \rightleftharpoons NH_3 + H_3O^+$$
の酸解離定数 K_a が $10^{-9.25}$ であることから，この平衡は大きく左に偏っていることがわかる．すなわち H_3O^+ のほうが強い酸である．

4.5 (a) 右，(b) 右．

4.6 $H_3O^+ + NH_3 \longrightarrow NH_4^+ + H_2O$．左辺の酸は H_3O^+，共役塩基は H_2O．

第5章

5.1 (a) 右，(b) 左，(c) 右，(d) 左，(e) 左，(f) 左．

5.2 (a) 式(5.5)より $E = -0.44 - 0.03 = -0.47$ V．
(b) $+0.80 - (-0.47) = +1.27$ V．

5.3 標準酸化還元電位の値を表5.1から見つけて差をとればよい．(a) $1.52 - 0.77 = 0.75$ V，(b) $0.77 - 0.53 = 0.24$ V，(c) $0.15 - (-0.26) = 0.41$ V．

5.4 (a) $1.23 - 1.09 = 0.14$ V の変化．関与する電子は2個．したがって式(5.7)より
$$\Delta G° = -2 \times (9.65 \times 10^4) \times 0.14$$
$$= -27.0 \text{ kJ/mol}$$
(b) 同様に $1.36 - 1.09 = 0.27$ V．関与する電子は2個．したがって $\Delta G° = -52.1$ kJ/mol．
(c) 0.38 V の変化．関与する電子は2個．したがって -73.3 kJ/mol．

5.5 $E = 0 - 0.026 \times 2 \times 2.30 = -0.1196$ V．pH は2．

第6章

6.1 (a) 強くなる，(b) 強くなる，(c) 弱くなる．

6.2 一般には，同じ族の元素を比較すると軽い元素どうしの結合のほうが結合エネルギーが大きい．しかし F_2 分子の場合，F のサイズが小さいので，二つの F 上の非共有電子対どうしの静電反発が非常に大きい．そのため F—F 結合は Cl—Cl 結合よりも結合エネルギーが小さくなっている．

6.3 たとえば HF（弱酸．還元力はほとんどない）と HI〔強酸．$I_2 + 2e^- \longrightarrow 2I^-$ の標準酸化還元電位は 0.53 V なので，これよりも高い標準酸化還元電位をもつ酸化還元対に対しては還元力をもちうる〕．

6.4 まず IF_4^+ について．電子の総数は I から7個，4個の F から4個，正電荷の分が -1 個の合計10個．電子対の数は $10 \div 2 = 5$．このことから I を中心とした三方両錐構造が予測される．図A (a) のように非共有電子対がエカトリアルにあるものと，(b) のようにアピカルにあるものの二つの異性体が考えられるが，第一次近似として90°の関係にある電子対反発だけを数え上げると，(a) の場合には lp-bp の反発が二つ，bp-bp の反発が四つであり，(b) の場合には lp-bp の反発が三つ，bp-bp の反発が三つである．電子対反発は (b) のほうが大きいから，(a) の異性体のほうがより安定であると考えられる．

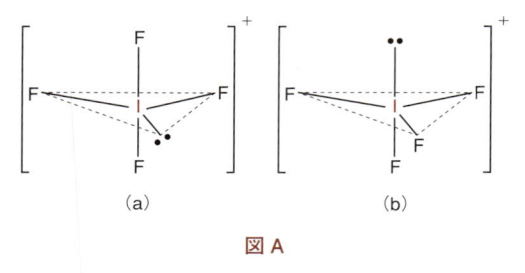

図A

次に IF_6^+ について．電子の総数は I から7個，6個の F から6個，正電荷の分が -1 個で合計12個．電子対の数は $12 \div 2 = 6$．このことから I の周囲に6個の F が正八面体型に配置された構造と考えられる．

第7章

7.1 まず硫酸イオンについて．このイオンのなかには =O と —O^- が含まれていることが化学式からわかるので，まず平面構造を考えておく必要がある（図B）．電子の総数は S から6個，=O から 2×2 個，—O^- から 1×2 個で合計12個．電子対の数

図B　図C

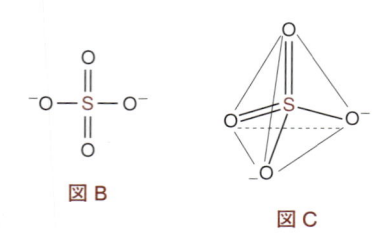

は 12 ÷ 2 = 6 から ═O の数（すなわち 2）を引いて 4．したがって図 C のような四面体構造になると予想される．

次に亜硫酸イオンについては，上と同様の手順を踏んで，図 D のような構造が予測される．

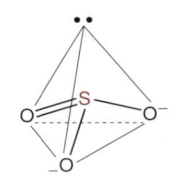

図 D

7.2 (a) 強くなる，(b) 強くなる（標準酸化還元電位が低くなる），(c) H_2O を除けば，高くなる（H_2O は分子間で水素結合するので，例外的に沸点が高い），(d) 狭くなる．

7.3 通常の酸素分子では，分子軌道内の π^* 軌道に 2 個の電子がフントの規則に従って配置されている．しかし一重項酸素では，2 個の電子の配置様式がフントの規則に反したものとなっている．活性酸素には一重項酸素のほか超酸化物イオン，ヒドロキシルラジカル，過酸化水素がある．

7.4 超原子価化合物の周辺原子は，電気陰性度の高い元素でなくてはならない（**ポイント6** 参照）．SH_6 や SH_4 という仮想的な分子においては，S—H 結合の結合電子対が S 原子の周囲に密集することになり，相互の静電反発がいちじるしくなると考えられる．そのため，これらのような超原子価化合物は生成しないと考えられる．

第 8 章

8.1 たとえばオゾン O_3，NOF などがある．

8.2 一つの解釈としては，ポーリングの電気陰性度の差が H—F では 1.78，H—O では 1.24，H—N では 0.84 と順に小さくなってくる．それだけイオン結合性の寄与（H 上の部分的正電荷と相手の原子上の部分的負電荷との静電引力）が小さくなるために，結合エネルギーが小さくなると考えることができる．ポーリングはこのような考えのもとに電気陰性度の尺度を提案した．

8.3 結合次数は順に 2.5，2.0，3.0．常磁性を示すものは不対電子をもつものであるから NO と NO^- である．

8.4 プロトンを 1 個解離したあとの 1 価の陰イオンを比較して考える．硫酸水素イオン HSO_4^- では -1 の電荷を（—OH を除く）三つの酸素で分担できるのに対して，リン酸二水素イオン $H_2PO_4^-$ では -1 の電荷を二つの酸素で分担する．前者のほうが負電荷の空間的広がりが大きいので，プロトンを引きとめる力が弱い．したがって硫酸のほうが強い酸である．

第 9 章

9.1 CO 中の C 側の非共有電子対が空間的に広く分布しており，ルイス酸（金属）に供与する傾向が強いから．

9.2 Cl と Na の電気陰性度の違いが，最も大きな原因と考えられる．周期表の右側かつ上側の元素ほど酸性酸化物をつくりやすい．

9.3 (a) C_2H_6，(b) HClO，(c) O_2^{2-}．

第 10 章

10.1 (a) 順に B，N，C．(b) アンモニア，ヒドラジン，アジ化水素．(c) たとえば三フッ化ホウ素．(d) グラファイト．

10.2 $BH_4^- + 2ClO_2^- \longrightarrow 2Cl^- + H_2O + H_2BO_3^-$

10.3 40.0 cm^3．H_3BO_3 はプロトンを 1 個しか解離しない一塩基酸であることに注意する．

第 11 章

11.1 イオン化エネルギーは低くなっていくと予想される（事実，そのようになる）．

11.2 ①空気中で燃焼させると Li_2O_2 や LiO_2 をつくらず，Li_2O のみをつくること．②窒素と反応して窒化リチウムをつくること．③水和する傾向が非常に強いので，標準酸化還元電位の順序とイオン化エネルギーの順序が，リチウムのみ一致しないこと．

11.3 ①アルカリ水溶液に溶けてベリリウム酸塩をつくること．②ベリリウムのハロゲン化物の結晶構造が，他の 2 族元素のハロゲン化物のそれと異なること．③ベリリウムのハロゲン化物は水に溶けやすいこと．

第 12 章

12.1 $H_2 + 2e^- \rightleftharpoons 2H^-$ の標準酸化還元電位は

なので，H_2 と Ca からは $2H^-$ と Ca^{2+} ができると予想される．しかし，$Sn^{2+} + 2e^- \rightleftharpoons Sn$ のそれは -0.14 V なので，H_2 と Sn から H^- は生成しえないと考えられるから．

12.2 電子の総数は Xe から 8 個，3 個の酸素（＝O）から 6 個で合計 14 個．電子対の数は $14 \div 2 = 7$ から，三つの二重結合の分を差し引いて 4．したがって電子対は正四面体型になり，そのうち一つは非共有電子対，三つは酸素との二重結合．分子の形は Xe を頂点とした三角錐型である．

12.3 O—H…N が強い．水素が直接に結合している元素の電気陰性度が高いほど，水素結合も強くなる．

第 13 章

13.1 ① 昇華熱，② Li(g)，③ イオン化エネルギー，④ 結合解離エネルギー（の 1/2），⑤ 電子親和力，⑥ F^-，⑦ 格子エネルギー．

13.2 まず陽イオンについて．すべての稜（立体の辺）の中点にある陽イオンは 1/4 個分．これが 12 個あり，さらに単位格子の体心に 1 個あるので $(1/4) \times 12 + 1 = 4$ 個となる．次に陰イオンについて．頂点にある陰イオンは 1/8 個分．これが 8 個あり，さらに面心の陰イオン（1/2 個分）が 6 個あるので $(1/8) \times 8 + (1/2) \times 6 = 4$ 個となる．

13.3 $L = -(-601.7) + 147 + 2188 + 249 + 649.6 = 3835.3$ kJ/mol．

第 14 章

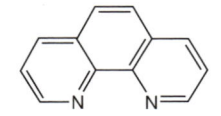

14.1 たとえば 1,10-フェナントロリン．略号は phen で，化学式は図 E に示すとおり．錯体としての名称はそのまま．もう一つは，たとえばアセチルアセトンイオン．略号は acac で，化学式は $CH_3COCH_2COCH_3^-$．錯体としての名称はアセチルアセトナト．

図 E

14.2 （a）テトラアンミンジクロリドコバルト(III)過塩素酸塩，（b）ジアンミンテトラチオシアナト-κN-クロム(III)酸アンモニウム，（c）トリス(2,2'-ビピリジン)鉄(II)塩化物，（d）ビス(エタン-1,2-ジアミン)オキサラトコバルト(III)硝酸塩，（e）エチレンジアミンテトラアセタトコバルト(III)酸カリウム．

14.3 表 14.3 を参照のこと．

第 15 章

15.1 図 F に示す五種類である．これらのうち，中段と最下段の三種に光学異性体が存在する．

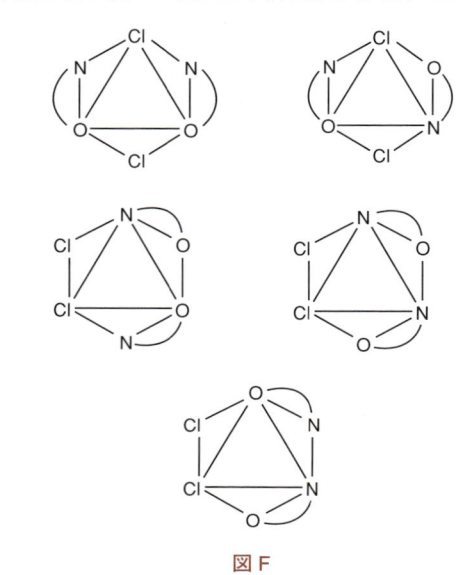

図 F

15.2 図 G に示す二種類である．

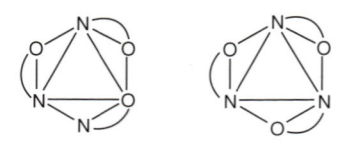

図 G

15.3 光学分割できたということは，光学異性体が存在するということである．図 15.5 のシス体の錯体の一方の Cl を NH_3 に置き換えた図 H のような

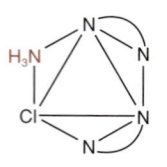

図 H

構造をとる.

15.4 平面四角形型錯体にあって正四面体型錯体にない異性体は幾何異性体である. その逆は光学異性体である.

第 16 章

16.1 Ni(II) は 8 個の d 電子をもっている. 図 16.4, 図 16.3, 図 16.2 を参考に d 電子を詰める. 平面四角形型の場合のみ, すべての d 電子は対をつくる.

16.2 図 16.3 に示すように x, y, z の座標軸方向には配位子が存在しないので, $d_{x^2-y^2}$ 軌道と d_{z^2} 軌道が最もエネルギーが低くなる. 一方, 座標軸の二等分線上にも配位子が存在するわけではないが, 四つの配位子は座標軸よりは二等分線に近いところに存在している. したがって金属イオンの d_{xy}, d_{yz}, d_{zx} 軌道の d 電子と配位子の非共有電子対の静電的な反発のために d_{xy}, d_{yz}, d_{zx} 軌道のエネルギーは上昇する. ただし正八面体型錯体と比べて, その反発力は弱いために d 軌道の分裂幅は小さい.

第 17 章

17.1 (a) 鉄の酸化数は $+3$ で $1s^2 2s^2 2p^6 3s^2 3p^6 3d^5$, (b) 銅の酸化数は $+2$ で $1s^2 2s^2 2p^6 3s^2 3p^6 3d^9$, (c) クロムの酸化数は 0 で $1s^2 2s^2 2p^6 3s^2 3p^6 3d^6$.
(詳細は p.189, 第 20 章 20.3 逆供与を参照のこと.)

17.2 $K_3[CoF_6]$ の Co の酸化数は $+3$ であるので, d 電子数は 6 個である. 不対電子数は高スピン型の場合は 4 個, 低スピン型の場合は 0 個であるので, 磁気モーメントはそれぞれ 4.9 B.M., 0 B.M. と推定される. 実測値が 5.3 B.M. であるので, これは高スピン型の推定値に近い. したがって高スピン型であると考えられる.

17.3 鉄の酸化数が $+2$ の場合と $+3$ の場合に分けて考える. $+2$ の場合には d 電子数は 6 個であるので, 磁気モーメントの推定値は高スピン型で 4.9 B.M., 低スピン型で 0 B.M. である. $+3$ の場合には d 電子数は 5 個であるので, 磁気モーメントの推定値は高スピン型で 5.9 B.M., 低スピン型で 1.7 B.M. である. 実測値 2.4 B.M. は $+3$ の低スピン型の推定値に近い. したがって, 鉄の酸化数は $+3$ であると考えられる.

17.4 表 17.1 によれば, 530 nm の光の補色は赤紫である. よって, この錯体の色は赤紫であると考えられる.

17.5 分光化学系列を比較すると CN^- のほうが上位にある. したがって $[Co(CN)_6]^{3-}$ の d 軌道の分裂が大きいので d-d 遷移は短波長側になる. また $[Co(NH_3)_6]^{3+}$ は長波長側になる. したがって, 後者が黄色であると考えられる.

第 18 章

18.1 式 (18.2) から式 (18.5) を参照のこと.

18.2 化学調味料には, グルタミン酸などのアミノ酸が含まれている. グリシンイオンに見られるような N と O を配位原子に使えるので, これが銅(II)イオンに配位したために, 濃い青色を呈したと考えられる.

18.3 高スピン型の場合, e_g 軌道には 2 個, t_{2g} 軌道には 5 個の電子が入っている. e_g 軌道の寄与が $2 \times 0.6 \Delta_o = 1.2 \Delta_o$ であり, t_{2g} 軌道の寄与が $5 \times 0.4 \Delta_o = 2.0 \Delta_o$ であるので, その差 $0.8 \Delta_o$ が配位子場安定化エネルギーである. 低スピン型の場合, e_g 軌道には 1 個, t_{2g} 軌道には 6 個の電子が入っている. e_g 軌道の寄与は $1 \times 0.6 \Delta_o = 0.6 \Delta_o$ であり, t_{2g} 軌道の寄与が $6 \times 0.4 \Delta_o = 2.4 \Delta_o$ であるので, その差 $1.8 \Delta_o$ が配位子場安定化エネルギーである.

18.4 (a) $[Co(CN)_6]^{3-}$. アーヴィング・ウィリアムズ系列（配位子場安定化エネルギー）による. (b) $[Cu(edta)]^{2-}$. アーヴィング・ウィリアムズ系列（ヤーン・テラー効果）による. (c) $[Co(edta)]^-$. キレート効果による. (d) $[Fe(CN)_6]^{3-}$. 中心イオンのイオン価のため.

第 19 章

19.1 トランス効果の強い順は $NO_2^- \to Cl^- \to NH_3$ である. よって, 図 I に示すような錯体が生成する.

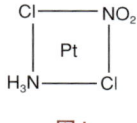

$$\begin{array}{c} Cl \longrightarrow NO_2 \\ | \text{Pt} | \\ H_3N \longrightarrow Cl \end{array}$$

図 I

19.2 Cr(III) は d^3 であるので, 置換不活性である. したがって Cr(III) の水溶液に目的の配位子を加えても反応が遅い. 一方, Cr(II) は置換活性であるので, まず Cr(III) を還元して Cr(II) に変える. そ

こに目的の配位子を加えたのち酸化することで Cr(III) にする．

19.3 SCN^- は，S あるいは N を使って Cr(II) に架橋することができる．そのため $[Cr(OH_2)_5(SCN)]^{2+}$ と $[Cr(NCS)(OH_2)_5]^{2+}$ の二種類が生成する．

19.4 $[Cr(OH_2)_6]^{2+}$ と $[CrCl(OH_2)_5]^{2+}$ である．

第 20 章

20.1 順に $[Cr(CO)_6]$，$[Fe(CO)_5]$，$[Ni(CO)_4]$．いずれも 18 電子則を満たす．

20.2 それぞれの Co について 18 電子則が満たされるように x を求める．Co から 9 個の電子，$x/2$ の CO から x 個の電子，片方の Co から 1 個の電子の合計が 18 個になればよい．よって x は 8 となる．化学式は $[Co_2(CO)_8]$ である．

索　引

欧文

A 機構 → 会合機構
amu → 原子質量単位
bcc → 体心立方構造
ccp → 立方最密充填
D 機構 → 解離機構
d 軌道　157
　——の分裂　159
d-d 遷移吸収　167
fcc → 面心立方構造
hcp → 六方最密充填
HOMO　63
HSAB　47
HSAB 則　178
I 機構 → 交替機構
I_a 機構 → 会合的交替機構
I_d 機構 → 解離的交替機構
LCAO 法　29
LMCT 吸収　169
LUMO　63
MLCT 吸収　169
π 結合　30
π-π 吸収　169
pπ-dπ 結合　72
σ 結合　30
VSEPR 則　68

あ

アーヴィング・ウィリアムズ系列　174
亜塩素酸　44, 72
アキシャル　70
アクア化反応　182
アクチノイド収縮　18
アジ化水素　91
亜硝酸　93
亜セレン酸　84
アネーション反応　182
アピカル　70
亜硫酸　44
亜硫酸イオン　84
アルミナ　112
安定同位体　3
安定度定数　171
アンモニア　90

い

イオン　1
イオン化異性体　151
イオン化エネルギー　18
イオン化傾向　49
イオン結合　27
イオン半径　17
異性体　70, 151
一重項酸素　76
一酸化炭素　101
インターカレーション　105

う

ウェルナー錯体　187
右旋性　154

え

エカトリアル　70
塩化物イオン　64
塩基　37
塩基性酸化物　104
塩橋　50
塩酸　66
塩素酸　72

お

黄血塩 → フェロシアン化カリウム
オキソ酸　43
オキソニウムイオン　37
オクテット則　68
オゾン　75
オルトリン酸 → リン酸
オレフィン錯体　188

か

外圏型反応機構　184, 186
会合機構　182
会合的交替機構　182
解離機構　182
解離的交替機構　182
過塩素酸　44, 72
架橋配位子　185
角運動量子数 → 方位量子数
核子　2
過酸化水素　81
過酸化物イオン　34
活性酸素　34
活量　51
価電子　13
カートネーション　77
カルコゲン　75
還元　49

き

幾何異性体　152
基底状態　10
起電力　51
擬ハロゲン化物イオン　91
起分極力　117
逆供与　189
逆配位 → 逆供与
吸収帯　166
強磁性　33
鏡像異性体 → 対掌体
強配位子場錯体 → 低スピン型錯体
共役　38
共役塩基　38
共役酸　38
共有結合　28
共有結合半径　16
極性　22
キレート　145
キレート環　145
キレート効果　177
キレート配位子　145
禁制遷移　168
金属カルボニル錯体　187
金属結合　28, 115
金属状水素化物　125

索引

く
クラスター	113
グラファイト	97

け
軽水素 → プロチウム	
桁落ち	194
結合	
——の方向性	28
——の飽和性	28
結合次数	33
結合性軌道	30
結晶場	159
結晶場安定化エネルギー → 配位子場安定化エネルギー	
原子	1
原子核	1
——の結合エネルギー	2
原子価結合理論	28
原子価電子対反発則 → VSEPR則	
原子軌道	4
原子質量単位	3
原子番号	3
原子量	2
元素	1
——の周期性	13

こ
光学異性体	154
光学活性	154
格子エネルギー	134
高スピン型錯体	160
構成原理	7
交替機構	182
黒鉛 → グラファイト	
コランダム	112
孤立電子対 → 非共有電子対	

さ
錯イオン	142
錯塩	141, 142
錯体	142
左旋性	154
酸	37
酸化	49
酸解離定数	39
酸化還元対	50
三角柱型	146
酸化数	71, 199
酸化物	71
酸化ホウ素	111
三重項酸素	76
三重水素 → トリチウム	
酸性酸化物	102
酸素酸 → オキソ酸	
三中心二電子結合	108
三方両錐型	146
三ヨウ化物イオン	71

し
次亜塩素酸	72
シアン化物イオン	91
シアン酸イオン	91
紫外可視吸収スペクトル	166
四角錐型	146
磁気モーメント	164
磁気量子数	6
シクロトリボラザン → ボラジン	
シス体	152
ジチオン酸イオン	84
質量欠損	2
質量数	3
質量パーセント濃度	196
質量モル濃度	196
ジボラン	108
弱配位子場錯体 → 高スピン型錯体	
遮蔽	14
遮蔽定数	14
周期性	
元素の——	13
重水素 → ジュウテリウム	
ジュウテリウム	123
18電子則	187
縮合酸	95
主量子数	5
準安定	77
硝酸	93
常磁性	33, 163
侵入型水素化物	125

す
水素化アルミニウムリチウム	116
水素化物	116
水素化物イオン	110
水素結合	65, 127
水平化効果	40
水和	120
スパッタリング	127
スピンオンリーの式	164
スピン量子数	7
スレーターの規則	14

せ
正四面体型	146
生成定数 → 安定度定数	
正八面体型	146
石英	103
赤血塩 → フェリシアン化カリウム	
絶対数	192
セレン酸	84
全安定度定数	173
遷移金属 → 遷移元素	
遷移元素	10
旋光性	154
全生成定数 → 全安定度定数	

そ
相対性原理	2
測定値	191

た
第一配位圏	181
対掌体	154
対称面	154
体心立方構造	131
第二配位圏	181
ダイヤモンド	97
多形	77
多座配位子	144
多重度	73
多中心多電子結合	68
単塩	141
炭化カルシウム	105
炭化ケイ素	105
炭化タングステン	105
単座配位子	144
炭酸	102
炭酸カルシウム	66
単純立方構造	132
単体	1

ち
チオシアン酸イオン	91

チオ硫酸イオン	85	**な**		
置換活性	181	内圏型反応機構	184, 185	
置換不活性	181	内遷移元素	10	標準水素電極 51
逐次安定度定数	172	ナトリウムD線	154	**ふ**
逐次酸解離定数	42			ファク体 152
逐次生成定数 → 逐次安定度定数		**に**		ファヤンス則 117
窒化ホウ素	112	二座配位子	144	ファンデルワールス力 97
窒化リチウム	117	二酸化炭素	101	フェリシアン化カリウム 142
中性子	1			フェロシアン化カリウム 141
超原子価化合物	68	**ね**		フェロセン 190
超酸化物イオン	34			不確定性原理 4
直線型	146	ネルンストの式	55	不活性電子対効果 84
つ		**の**		不均化 54
				複塩 141
ツァイゼ塩	188	濃塩酸	66	不対電子 33, 160, 163
槌田竜太郎	168			フッ化カルシウム 66
て		**は**		フッ化水素酸 → フッ酸
				フッ酸 43, 66
低スピン型錯体	160	配位異性体	152	物理量 191
テトラチオン酸イオン	85	配位化合物	142	フラーレン 97
テトラヒドリドアルミン酸イオン		配位結合	29, 147	ブレンステッド塩基 38
	109	配位子	144	ブレンステッド酸 38
テトラヒドリドホウ酸イオン		配位子置換反応	181	プロチウム 123
	109	配位子場	159	分極 117
電位差	49	配位子場安定化エネルギー		分極率 117
電荷移動吸収	168		175	分光化学系列 168
電気陰性度	22	配位数	144	分子軌道 29
電極電位	50	配位説	144	フントの規則 8
典型元素	10	パウリの排他原理	7	**へ**
電子	1	ハロゲン	61	
電子移動反応	184	ハロゲン化水素	65	閉殻 10
電子雲	4	ハロゲン間化合物	68	平衡定数 172
電子殻	4	反強磁性	33	平面三角形型 146
電子衝撃法	19	半金属	88	平面四角形型 146
電子親和力	20	反結合性軌道	31	平面偏光 153
電子対供与体	40	反磁性	163	ヘスの法則 135
電子対受容体	40	半電池	49	ペルオキシ二硫酸イオン 84
点電子式	28	半導体	26	ペルオキシ硫酸イオン 84
と		半反応	50	**ほ**
		ひ		
同位体	3			ボーア磁子 164
同位体効果	124	非ウェルナー錯体	187	方位量子数 5
同位体シフト	123	非化学量論的	125	ホウ酸 111
等電子的	76	ヒ化ガリウム	88	放射性同位体 3
トランス効果	183	光イオン化法	19	補色 166
トランス体	152	非共有電子対	40	ホスファン 92
トリチウム	123	非結合性軌道	68	ホスホン酸 95
トレーサー	123	ヒドラジン	90	蛍石 66
		標準酸化還元電位	54	ボラジン 112

ボルン・ハーバーサイクル 135

ま

マーデルング定数 137

め

メール体 152
面心立方構造 130

も

モル吸光係数 166
モル濃度 196

や

ヤーン・テラー効果 176

ゆ

有効核電荷 14

有効数字 191

よ

ヨウ化水素 43
陽子 1
溶媒和電子 116
容量モル濃度 → モル濃度
四座配位子 145

ら

ラセミ体 154
ラティマーの電位図 59
ランタノイド収縮 18
ランバート・ベールの法則 167

り

立体構造 146
立方最密充填 130

硫酸イオン 84
量子数 4
両性酸化物 104
リン酸 44, 95

る

類金属 26
ルイス塩基 41
ルイス構造 → 点電子式
ルイス酸 41

れ

連結異性体 151

ろ

六座配位子 145
六方最密充填 130

著者略歴

鵜沼　英郎（うぬま　ひでろう）

1959年秋田県生まれ．1982年東北大学理学部卒業．同年工業技術院北海道工業開発試験所（現：産業技術総合研究所北海道センター），1995年名古屋工業大学助教授，2008年山形大学大学院理工学研究科教授を経て，現在，山形大学名誉教授．工学博士．
専門は無機化学，固体化学．

尾形　健明（おがた　たてあき）

1948年山形県生まれ．1970年東北大学理学部卒業．1975年東北大学大学院理学研究科博士課程修了．同年山形大学工業短期大学部講師．2007年山形大学大学院理工学研究科教授を経て，現在，山形大学名誉教授，理学博士．
専門は無機化学，生物ラジカル化学．

理工系基礎レクチャー　無機化学

2007年4月1日　第1版　第1刷　発行	著　者　鵜沼　英郎
2025年2月10日　　　　　第21刷　発行	尾形　健明

検印廃止

JCOPY 〈出版者著作権管理機構委託出版物〉

本書の無断複写は著作権法上での例外を除き禁じられています．複写される場合は，そのつど事前に，出版者著作権管理機構（電話 03-5244-5088，FAX 03-5244-5089，e-mail: info@jcopy.or.jp）の許諾を得てください．

本書のコピー，スキャン，デジタル化などの無断複製は著作権法上での例外を除き禁じられています．本書を代行業者などの第三者に依頼してスキャンやデジタル化することは，たとえ個人や家庭内の利用でも著作権法違反です．

乱丁・落丁本は送料小社負担にてお取りかえいたします．

発行者　曽根　良介
発行所　㈱化学同人

〒600-8074　京都市下京区仏光寺通柳馬場西入ル
編集部　TEL 075-352-3711　FAX 075-352-0371
企画販売部　TEL 075-352-3373　FAX 075-351-8301
振替　01010-7-5702
e-mail　webmaster@kagakudojin.co.jp
URL　https://www.kagakudojin.co.jp
印刷・製本　モリモト印刷㈱

Printed in Japan © H. Unuma, T. Ogata　2007　　無断転載・複製を禁ず　　ISBN978-4-7598-1070-7

元素の周期表

族→ 周期↓	1	2	3	4	5	6	7	8	9	10	11	12	13	14	15	16	17	18
1	水素 $_1$H 1.008																	ヘリウム $_2$He 4.003
2	リチウム $_3$Li [6.941*]	ベリリウム $_4$Be 9.012											ホウ素 $_5$B 10.81	炭素 $_6$C 12.01	窒素 $_7$N 14.01	酸素 $_8$O 16.00	フッ素 $_9$F 19.00	ネオン $_{10}$Ne 20.18
3	ナトリウム $_{11}$Na 22.99	マグネシウム $_{12}$Mg 24.31											アルミニウム $_{13}$Al 26.98	ケイ素 $_{14}$Si 28.09	リン $_{15}$P 30.97	硫黄 $_{16}$S 32.07	塩素 $_{17}$Cl 35.45	アルゴン $_{18}$Ar 39.95
4	カリウム $_{19}$K 39.10	カルシウム $_{20}$Ca 40.08	スカンジウム $_{21}$Sc 44.96	チタン $_{22}$Ti 47.87	バナジウム $_{23}$V 50.94	クロム $_{24}$Cr 52.00	マンガン $_{25}$Mn 54.94	鉄 $_{26}$Fe 55.85	コバルト $_{27}$Co 58.93	ニッケル $_{28}$Ni 58.69	銅 $_{29}$Cu 63.55	亜鉛 $_{30}$Zn 65.38*	ガリウム $_{31}$Ga 69.72	ゲルマニウム $_{32}$Ge 72.63*	ヒ素 $_{33}$As 74.92	セレン $_{34}$Se 78.97†	臭素 $_{35}$Br 79.90	クリプトン $_{36}$Kr 83.80
5	ルビジウム $_{37}$Rb 85.47	ストロンチウム $_{38}$Sr 87.62	イットリウム $_{39}$Y 88.91	ジルコニウム $_{40}$Zr 91.22	ニオブ $_{41}$Nb 92.91	モリブデン $_{42}$Mo 95.95*	テクネチウム $_{43}$Tc (99)	ルテニウム $_{44}$Ru 101.1	ロジウム $_{45}$Rh 102.9	パラジウム $_{46}$Pd 106.4	銀 $_{47}$Ag 107.9	カドミウム $_{48}$Cd 112.4	インジウム $_{49}$In 114.8	スズ $_{50}$Sn 118.7	アンチモン $_{51}$Sb 121.8	テルル $_{52}$Te 127.6	ヨウ素 $_{53}$I 126.9	キセノン $_{54}$Xe 131.3
6	セシウム $_{55}$Cs 132.9	バリウム $_{56}$Ba 137.3	ランタノイド 57〜71	ハフニウム $_{72}$Hf 178.5	タンタル $_{73}$Ta 180.9	タングステン $_{74}$W 183.8	レニウム $_{75}$Re 186.2	オスミウム $_{76}$Os 190.2	イリジウム $_{77}$Ir 192.2	白金 $_{78}$Pt 195.1	金 $_{79}$Au 197.0	水銀 $_{80}$Hg 200.6	タリウム $_{81}$Tl 204.4	鉛 $_{82}$Pb 207.2	ビスマス $_{83}$Bi 209.0	ポロニウム $_{84}$Po (210)	アスタチン $_{85}$At (210)	ラドン $_{86}$Rn (222)
7	フランシウム $_{87}$Fr (223)	ラジウム $_{88}$Ra (226)	アクチノイド 89〜103	ラザホージウム $_{104}$Rf (267)	ドブニウム $_{105}$Db (268)	シーボーギウム $_{106}$Sg (271)	ボーリウム $_{107}$Bh (272)	ハッシウム $_{108}$Hs (277)	マイトネリウム $_{109}$Mt (276)	ダームスタチウム $_{110}$Ds (281)	レントゲニウム $_{111}$Rg (280)	コペルニシウム $_{112}$Cn (285)	ニホニウム $_{113}$Nh (278)	フレロビウム $_{114}$Fl (289)	モスコビウム $_{115}$Mc (289)	リバモリウム $_{116}$Lv (293)	テネシン $_{117}$Ts (293)	オガネソン $_{118}$Og (294)

元素名 — 水素 $_1$H 1.008 — 原子量
元素記号 ← $_1$H
原子番号

sブロック元素 / dブロック元素 / pブロック元素 / fブロック元素

ランタノイド	ランタン $_{57}$La 138.9	セリウム $_{58}$Ce 140.1	プラセオジム $_{59}$Pr 140.9	ネオジム $_{60}$Nd 144.2	プロメチウム $_{61}$Pm (145)	サマリウム $_{62}$Sm 150.4	ユウロピウム $_{63}$Eu 152.0	ガドリニウム $_{64}$Gd 157.3	テルビウム $_{65}$Tb 158.9	ジスプロシウム $_{66}$Dy 162.5	ホルミウム $_{67}$Ho 164.9	エルビウム $_{68}$Er 167.3	ツリウム $_{69}$Tm 168.9	イッテルビウム $_{70}$Yb 173.0	ルテチウム $_{71}$Lu 175.0
アクチノイド	アクチニウム $_{89}$Ac (227)	トリウム $_{90}$Th 232.0	プロトアクチニウム $_{91}$Pa 231.0	ウラン $_{92}$U 238.0	ネプツニウム $_{93}$Np (237)	プルトニウム $_{94}$Pu (239)	アメリシウム $_{95}$Am (243)	キュリウム $_{96}$Cm (247)	バークリウム $_{97}$Bk (247)	カリホルニウム $_{98}$Cf (252)	アインスタイニウム $_{99}$Es (252)	フェルミウム $_{100}$Fm (257)	メンデレビウム $_{101}$Md (256)	ノーベリウム $_{102}$No (259)	ローレンシウム $_{103}$Lr (260)

原子量の信頼性は有効数字の4桁目で±1以内であるが、例外として*を付したものは±2、†を付したものは±3である。天然で特定の同位体組成を示さない元素については、その元素の最もよく知られた放射性同位体の質量数を( )内に示した。また、市販品中のリチウム化合物中のリチウムの原子量は6.939から6.995の幅をもつ。